石油工程现场作业岗位标准化建设丛书

石油工程现场作业岗位标准化建设

射孔、修井分册

甘振维　何龙　范希连　主编

图书在版编目（CIP）数据

石油工程现场作业岗位标准化建设．射孔、修井分册 / 甘振维，何龙，范希连主编．—北京：中国石化出版社，2019.12

ISBN 978-7-5114-5609-0

Ⅰ．①石… Ⅱ．①甘… ②何… ③范… Ⅲ．①石油工程—标准化管理 ②射孔—标准化管理 ③修井—标准化管理 Ⅳ．① TE-65

中国版本图书馆 CIP 数据核字（2019）第 268606 号

中国石化出版社出版发行

地址：北京市东城区安定门外大街58号

邮编：100011　电话：（010）57512500

发行部电话：（010）57512575

http：//www. sinopec-press. com

E-mail：press@ sinopec. com

北京科信印刷有限公司印刷

全国各地新华书店经销

*

787×1092毫米　16开本　17印张　628千字

2020年6月第1版　2020年6月第1次印刷

定价：118.00元

《石油工程现场作业岗位标准化建设丛书》
编　委　会

《射孔、修井分册》参编人员：

黎　洪　詹　斌　陈　波　徐晓峰　杜　林　赵禹鑫
蒲　杨　程志强　支　林　冯成军　黄国光　谭　猛
刘殿清　李阳兵　范小波　李国成　肖　锋　彭　磊
周　同　王云贵　王艳霞　张　琪　黄洪波　张红兵

《试油（气）、酸化压裂分册》参编人员：

赵祚培　詹　斌　蒋龙军　钟　森　胡钟琴　宋爱军
蒋　斌　郑　平　傅　玉　王智君　徐连春　鲜举阳
蒋　勇　陈　超　张智强　杨棚铄　王绍红　谭福吉
范　青　张小峰　朱　铭　牟小青　左　敏　周　宇

序 PREFACE

能源产业作为国民经济发展的重要支撑，肩负着保障国家能源安全和改善民生的重要使命。2018年，习近平总书记做出大力提升勘探开发力度，保障国家能源安全的重要指示批示。为贯彻落实习总书记的指示批示精神，中国石化积极发展上游板块，全力实施“七年行动计划”，加大油气勘探开发投资力度，加快油气增储上产步伐，高度重视石油工程在勘探开发领域的重要支撑作用，自觉在新时代石油工业的跨越式发展中，担负起保障国家能源安全的重要使命。

随着勘探开发逐渐向深层、非常规领域、深海推进，石油工程也面临新的挑战，以创新驱动发展，以标准化提升管理，是石油工程适应新时代高效勘探、效益开发的内在需求，也是推动中国石化高质量发展，打造具有国际竞争力的世界一流能源化工企业的必然要求。

科技创新是使企业不断进步的驱动力，而标准化作业则是防止现场管理水平下滑的制动力。标准化作业是综合性技术的基础，是科学的管理手段，是强化安全管理、增强员工素质、实现高效益的必经之路。做好现场岗位标准化工作对提高施工质量、减少工程事故、保障人员安全、实现科学管理，都具有重要意义。

中国石化历来重视现场作业岗位标准化工作，在石油工程现场作业岗位标准化建设方面，2006 年就制作了钻井工、钻井液工等工种的岗位标准化操作视频，并全面推广应用，后又组织开展了“两册”编写工作。这些工作有效推动了现场作业岗位标准化水平的提升。但是随着新技术的发展、工艺流程的改进，标准化作业同样需要进一步细化和完善，以更好地适应当前安全管理需求。

在对标准化作业深刻认识的前提下，依据信息化发展需要，中国石化西南油气分公司联合西南石油工程公司、胜利石油工程公司等多家单位，组织大批专家、现场技术骨干及技能操作能手，结合标准作业程序（SOP）思想和现场作业安全分析（JSA）方法，从石油工程关键环节——现场作业入手，建立了涵盖石油工程全专业的标准化操作规程，为石油工程现场作业标准化岗位配置、标准化流程管理、标准化处置措施提供了管理规范。在该标准化操作规程的基础上，西南油气分公司利用信息平台，根据当天作业内容将作业标准推送给岗位员工，使岗位员工快速明确当天“干什么、怎么干、有什么风险、出了问题怎么办”，从而短期内提升员工技能及安全意识，实现连续多年零伤亡管理目标，同时培养了一批新时代的操作技能大师，为西南油气分公司近年来天然气大发展做出了重要的贡献。

《石油工程现场作业岗位标准化建设丛书》是西南油气分公司组织对这套标准化操作规程进行提炼、总结的最新成果。该套丛书包括石油工程现场作业各岗位的岗位描述、岗位标准化操作规程、岗位风险提示、应急处置等内容，具有较强的系统性。同时，该套丛书把“学习知识、了解流程、掌握标准、应急处置”的内容切实落实到操作岗位，可有效强化岗位责任制，加强现场“三基”培训，迅速提升岗位人员的职业技能素养，具有很强的实用性。并且，丛书以岗位为单元定量描述作业规范，为现场作业岗位标准化操作的定量价值考核、石油工程信息化提升、智能化管理奠定了基础，具有非常强的可操作性和推广性。

希望通过此套《石油工程现场作业岗位标准化建设丛书》的出版，融合信息技术的新思路、新模式，探索全新的管理培训方式，为我国油气勘探开发培养更多技能人才，为石油工程的快速发展、保障国家能源安全做出更大贡献。特将该丛书推荐给石油工程生产战线的岗位工作人员、工程技术人员和管理干部。

马永生

2020年3月31日

前言 FOREWORD

石油工程具有投资大、风险高、技术密集、作业工序繁多、不可预见因素多等特点，需要多学科、多专业、多层次的施工人员分工明确、紧密配合，因此，标准化作业是提高施工质量和实施安全管理的关键抓手。为全面提升石油工程全专业、全流程的标准化操作水平，由西南油气分公司组织，西南石油工程公司和胜利石油工程公司共同参与，两百余名石油工程管理专家、现场技术骨干和技能操作能手历时三年，编制完成本套丛书。

《石油工程现场作业岗位标准化建设丛书》的编写以SOP（Standard Operation Procedure，标准作业程序）理念为指导，融合JSA（Job Safety Analysis，工作安全分析）方法，在充分考虑当前设备水平和工艺现状的基础上，整理了石油工程各专业标准化作业流程，将具体操作细化到每一个基层岗位上。同时，对每一个作业节点进行风险分析，将安全的标准体系和要求融入生产环节中。全书以作业流程为主线，以基层岗位为落脚点，强化全作业流程的风险分析，共建立了钻井、钻井液、定向、固井、录井、测井、射孔、试气、压裂及修井等全专业的石油工程现场作业岗位标准化操作规程体系，为各专业岗位编制了岗位职责、岗位说明书、工作流程图、管理（操作）规范、应急处置方案，并提供了风险提示及防范措施。

参与丛书编写的人员均是从事多年基层单位管理工作的专家或技能操作大师，也是实战型石油工程现场作业岗位标准化建设的先行者，本着“写我所干、干我所写、统一标准、量化操作”的理念，对石油工程现场操作进行了系统性的整理。除丛书编委外，编写过程中也得到了众多其他石油工程界的专家、工程技术人员的大力支持和帮助，中国石化出版社为丛书的编写和出版工作也给予了很多指导，在此一并表示感谢。

由于本套丛书涵盖内容较多，不同油田企业的设备和工艺流程也存在差别，而标准化操作与设备和工艺是息息相关的，因此难以建立完全统一的标准化操作模式。限于篇幅原因，编委会只能根据当前条件下多数企业的设备和工艺现状，进行标准化操作流程建设，难免有考虑不周之处，敬请各使用单位及个人提出宝贵意见和建议，以便丛书修订时补充更正。

目录 CONTENTS

上篇

射孔作业

第一章　射孔作业概况

射孔完井是钻井工程最主要、应用最广泛的一种完井方式。射孔是采用特殊聚能器材进入井眼预定层位进行爆炸开孔让井下地层内流体进入孔眼的作业活动，普遍应用于油（气）田和煤田，有时也应用于水源的开采。钻井完成时，需下套管、注水泥将井壁固定住，通过射孔将套管、水泥环直至油（气）层射开，为油、气流入井筒内打开通道。

第一节　射孔项目

射孔弹是高效火药压制成聚能的致密锥形体，外包以铜皮。火药爆燃沿锥形面的中心，瞬间以8000m/s的高速和2000℃以上高温的喷射流，射穿套管壁和水泥层，在地层中再穿透300~500mm。每个射孔枪向四周沿螺旋线装置多发射孔弹，每米射孔数量不少于15~20个，以保证出油的裸露面积。高效力的射孔（有时再加上油层的压裂措施），使射孔完井在完井方法中占主导地位，现在已发展形成过油管射孔和接油管射孔。射孔按作业工艺一般分为电缆射孔、油管（钻杆）传输射孔、过油管输送射孔，且和射孔封隔器联作。本书主要针对电缆射孔和油管（钻杆）传输射孔展开分析。

第二节　射孔工艺流程

电缆射孔是用电缆把射孔枪下放至目的层进行射孔，电点火起爆射孔枪。电缆射孔既可以应用于套管射孔，也可以应用于过油管射孔。电缆作业设备也可以用于坐封桥塞和封隔器施工、油管切割，以及投棒、捞棒等多种爆炸作业施工。电缆射孔具有起下枪快、可实时深度控制的优点。电缆射孔工艺流程如图1–1所示。

油管（钻杆）传输射孔（简称TCP射孔）用油管或钻杆将射孔枪送至目的层，采用头版或加压方式起爆射孔枪，主要应用于大斜度井、水平井。其可以使用大直径射孔器，也可以实现高负压值射孔。与DST测试联作施工时，可以控制井内液体流动，可以实现不压井作业，也可以在射孔后直接永久性完井。油管（钻杆）传输射孔工艺流程如图1–2所示。

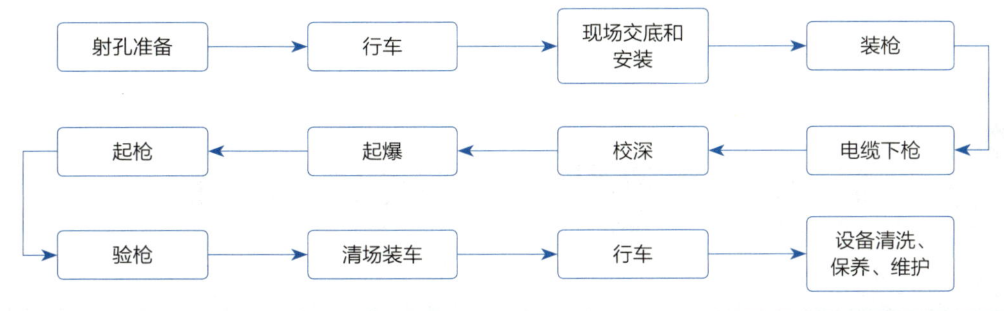

图1-1 电缆射孔工艺流程

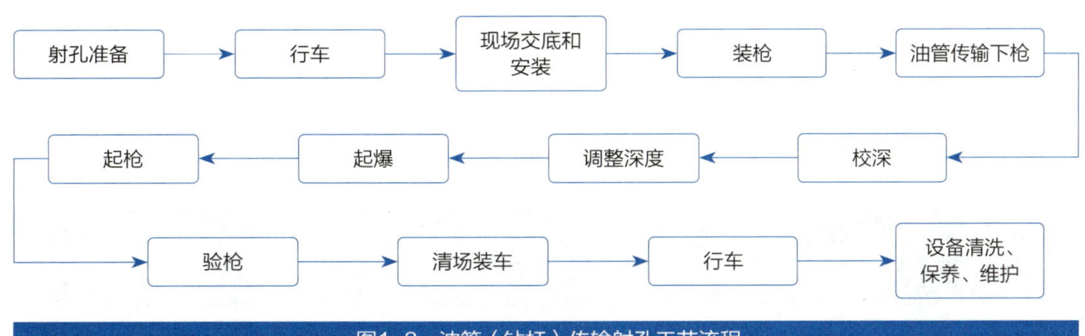

图1-2 油管（钻杆）传输射孔工艺流程

第三节 射孔队岗位设置

本书中的射孔队岗位设置主要参考《中国石化岗位类别划分和用工配置规范》，并根据目前测井公司射孔队实际岗位配置整理而成，共收录射孔队队长、仪器操作工程师、仪器助理操作工程师、井口操作工、地面工和车辆驾驶员6个岗位的标准化操作规程。由于本书侧重于生产施工，未纳入射孔工程车驾驶员等辅助岗位标准化操作要求。

第二章　射孔队队长岗位操作标准

第一节　岗位描述

1. 岗位说明

射孔队队长岗位说明如表2–1所示。

表2–1　射孔队队长岗位说明

项　目		主要内容
工作概述		负责本队生产经营全面工作，抓好生产组织，质量、健康、安全、环境（简称QHSE）管理，设备管理，经营管理，员工培训和队伍管理等工作，是本队安全生产第一责任人
上岗条件	教育程度	大学专科（高职）及以上学历
	从业资格	持有有效的职工上岗资格证、HSSE管理培训合格证、井控培训合格证、硫化氢防护技术证和爆破作业人员许可证；海上作业必须持有有效的海上石油作业安全救生培训证
	技能等级	中国石化集团公司认可的中级专业技术及以上任职资格
	辅助技能	（1）能熟练使用计算机办公软件； （2）具有一定的班组管理经验和协调能力
	工作经历	具有5年以上工作经历，2年以上射孔仪器操作工程师工作经历
	职业道德	爱岗敬业、勇于奉献、团结协作、遵章守纪
	身体素质	身体健康，心理素质良好，能适应野外施工工作
岗位关系	纵向关系	（1）接受基层单位的直接领导； （2）对本队员工进行管理
	横向关系	（1）与本单位工艺室、仪修站、测井队有配合关系； （2）与资料解释单位有合作关系； （3）与现场监督、试油队、钻井液服务方有协作关系
岗位职责	工作职责	（1）负责本队的管理工作，组织、协调分队的生产经营，确保安全生产； （2）严格执行质量、健康、安全、环境管理体系，确保各项记录及时、准确、有效； （3）对射孔施工质量负责，确保质量可靠、技术指标真实； （4）组织本队员工开展危害识别、风险评价及隐患排查与治理工作； （5）组织按照施工设计施工，参与复杂情况和事故处理； （6）负责本队学习培训，不断提高员工的安全意识和技术技能水平，并定期组织应急演练和岗位练兵；

续表

<table>
<tr><th colspan="2">项 目</th><th>主要内容</th></tr>
<tr><td rowspan="2">岗位职责</td><td>工作职责</td><td>（7）负责本队绩效管理，对员工进行监督、检查、考核；
（8）完成上级安排的其他任务</td></tr>
<tr><td>安全职责</td><td>（1）树立“安全第一，预防为主”的思想，执行有关安全规章制度，负责分队安全生产；
（2）定期组织开展安全活动，及时传达上级指示精神；
（3）接到生产任务后，严格按公司生产准备规定，督促各岗人员检查设备、常用料，以及领取射孔器材，并对车辆进行安全检查；
（4）组织召开班前会，安排各岗的任务，说明安全注意事项；
（5）进行巡回检查，督促各岗位严格执行安全操作规程；
（6）组织召开班后会，检查施工现场，清点剩余民爆品数量，按照质量、健康、安全、环境管理体系要求，做到“工完、料尽、场地清”；
（7）定期组织安全检查，发现问题及时整改，发现重大事故隐患立即汇报；
（8）负责本队民爆品领取、保管、使用、归还过程的监督；
（9）督促、检查劳动保护用品穿戴情况，确保本队成员不在井场范围内吸烟和动用明火</td></tr>
<tr><td colspan="2">岗位工作内容</td><td>（1）操作责任：
①接受施工任务，了解施工作业有关的信息；
②负责民爆品领取、回收、保管、运输过程的监督；
③勘察井场，了解井况；
④对各岗位进行巡回检查。
（2）生产组织责任：
①按照安全操作规程组织班组进行生产准备；
②按照生产作业指令组织施工作业；
③组织召开出车前的安全教育会；
④组织召开班前会；
⑤组织检查设备维修保养制度的执行情况；
⑥施工完毕，指挥收工工作；
⑦组织班后会，总结本班工作。
（3）管理责任：
①负责本队生产、经营等全面工作；
②抓好设备、质量、安全、健康、环境等的管理工作；
③做好员工培训、队伍管理和班组建设等工作；
④组织岗位练兵、业务学习，每月不少于一次；
⑤积极参与新工艺、新技术、新设备的推广应用。
（4）安全责任：
①组织每周的班组质量、健康、安全、环境管理活动并记录；
②检查各岗位质量、健康、安全、环境管理工作情况，发现不安全因素及时处理；
③组织本队开展应急演练；
④带头并监督本队人员正确使用劳动防护用具；
⑤熟练使用和维护安全防护设施、消防器材和急救器具；
⑥制止和纠正“三违现象”；
⑦积极正确处置突发情况；
⑧组织事故案例学习，消除事故隐患；
⑨组织做好JSA分析并制定相应的预防措施</td></tr>
<tr><td colspan="2">工作权限</td><td>（1）对队伍和队伍的生产运行有管理权；
（2）对本队员工有管理权；
（3）对违章指挥有拒绝权；
（4）对不合格产品有拒绝使用权；
（5）对生产运行成本有管理权</td></tr>
<tr><td>工作考核</td><td>考核关系</td><td>（1）接受公司相关部门的工作考核；
（2）接受公司的工作考核；</td></tr>
</table>

续表

项　目		主要内容
工作考核	考核关系	（3）对本班组人员工作进行考核
	考核依据	考核细则、岗位职责、工作标准、上级检查反馈的考核信息

2. 工艺流程

1）电缆射孔工艺流程

射孔队队长电缆射孔工艺流程如图2-1所示。

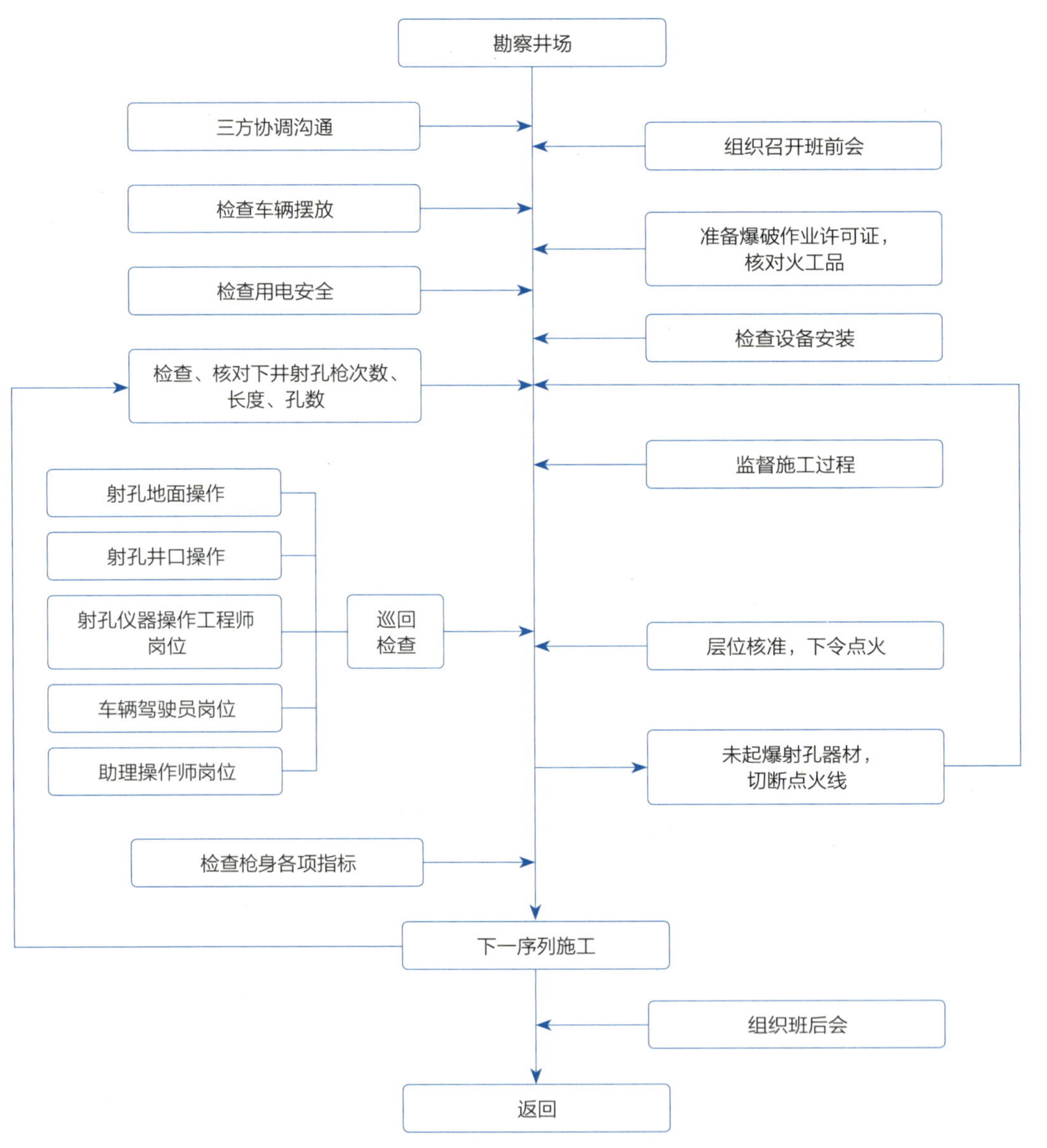

图2-1　射孔队队长电缆射孔工艺流程

2）TCP射孔工艺流程

射孔队队长TCP射孔工艺流程如图2-2所示。

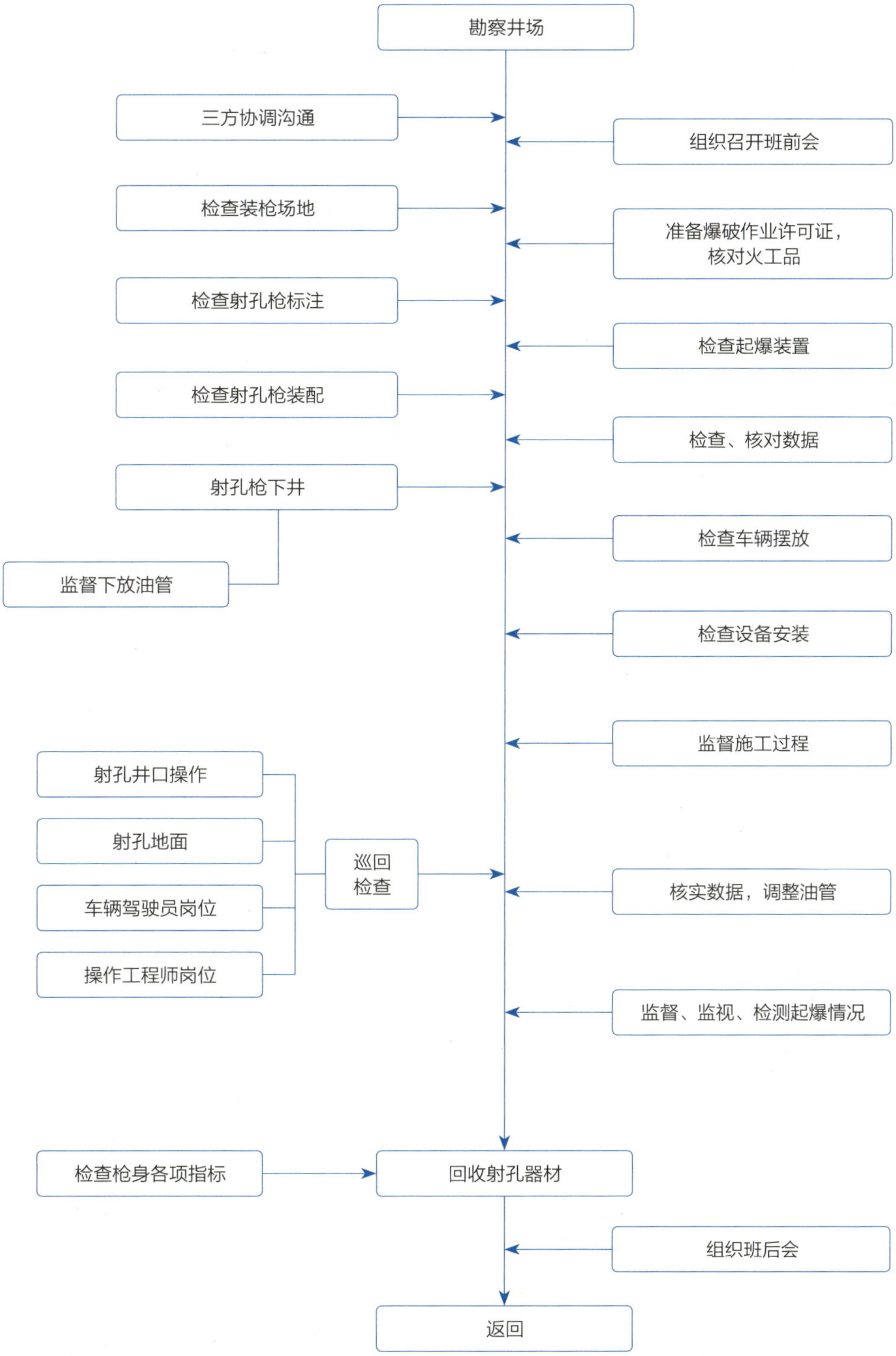

图2-2 射孔队队长TCP射孔工艺流程

3. 工作流程

射孔队队长工作流程如图2–3所示。

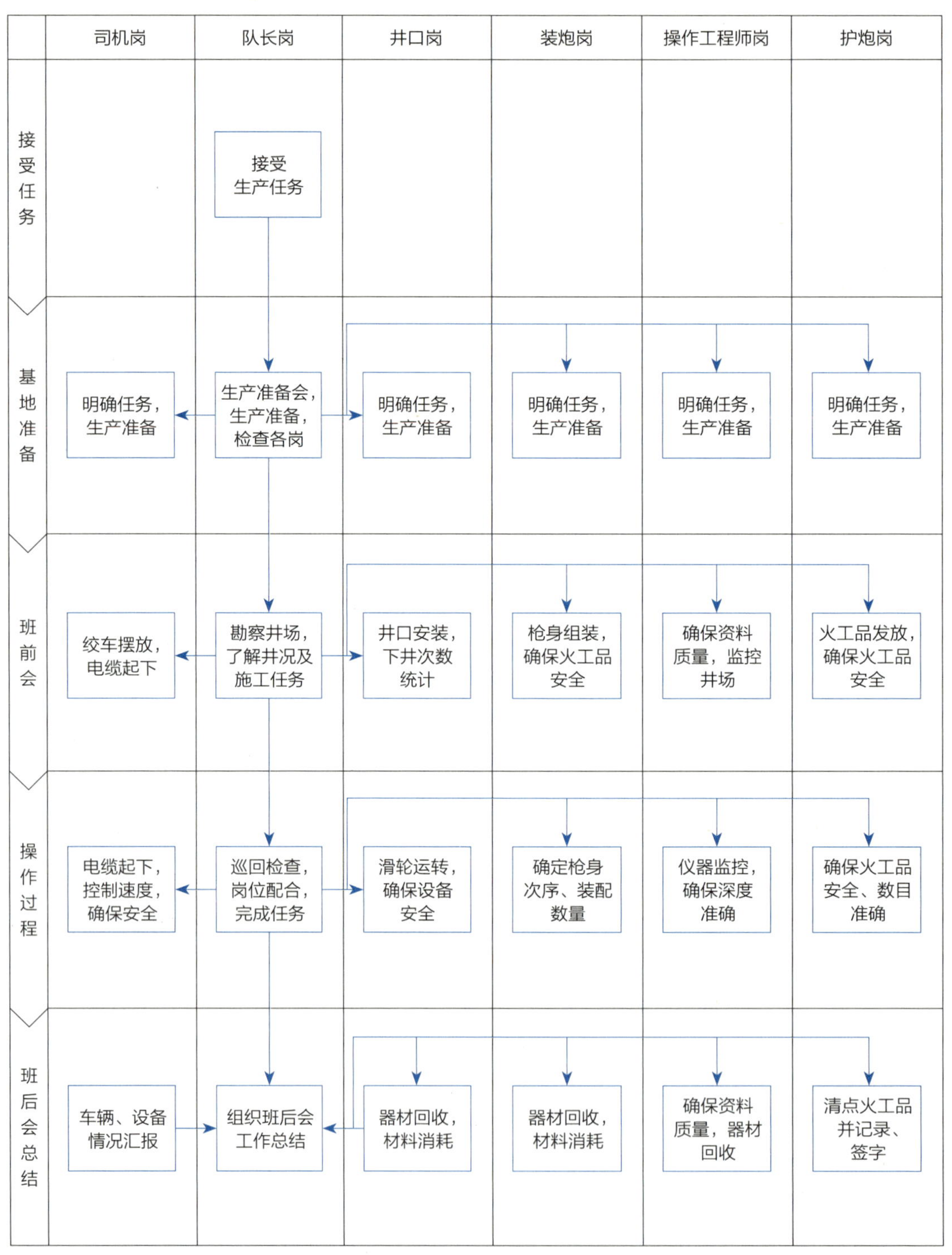

图2–3　射孔队队长工作流程

第二节 岗位标准化操作规程

1. 生产准备标准化操作规程

生产准备标准化操作规程如表2-2所示。

表2-2 射孔队队长生产准备标准化操作规程

工作内容	工作标准	风险提示	风险规避措施
接受生产任务	(1)接受任务，了解施工井井况； (2)通知各岗人员参加生产准备会	(1)若不与现场施工队伍了解井况情况，会造成队伍空返，导致班组运营成本增加； (2)若不组织生产准备会，无法部署任务，可能影响施工进度	(1)及时与现场施工队伍了解施工井井况； (2)及时、认真组织召开生产准备会
召开生产准备会	(1)根据生产任务书安排操作工程师按施工设计绘制射孔施工联炮图，并做好仪器设备准备； (2)安排助理操作工程师借取、核实施工井的相关资料； (3)安排井口操作岗根据施工联炮图领取相应的射孔器材； (4)安排车辆驾驶员做好出车前的检查，协助领取器材； (5)安排地面工岗(井口)做好工具、辅助设备等生产准备； (6)检查确保各岗位证件齐全、有效； (7)召开出车前的班组会议，做好人员分工安排	(1)若不按照施工单进行人员安排和器材领取，可能造成器材领取错误，致使无法施工； (2)操作工程师在借取施工井资料时，若不核实资料，可能造成无法施工； (3)若不是专人领取，可能会出现因为少领取、误领取器材，造成无法正常施工； (4)若安全措施出现问题，会直接造成无法施工； (5)若不明确行车路线，就无法及时到井，会造成甲方的投诉，影响单位声誉	(1)认真组织生产准备会，合理安排岗位分工； (2)监督、检查、核对借取的施工资料； (3)按照射孔施工单领取相关器材； (4)及时检查所需器材的完好率； (5)及时了解行车路线和要求到井时间，确保行车安全并遵守到井时间
检查生产准备	巡回检查各岗位的生产准备情况，发现问题及时处理	若设备检查遗漏，有问题不能及时发现，可能导致使用过程中发生故障，造成返工	基层单位生产组长对施工队的生产准备情况进行确认，具备施工作业条件后，在射孔队生产准备记录上签字，同意其进行射孔施工

2. 民爆品的保管、运输及领取标准化操作规程

民爆品的保管、运输及领取标准化操作规程如表2-3所示。

表2-3 射孔队队长民爆品的保管、运输及领取标准化操作规程

工作内容	工作标准	风险提示	风险规避措施
入库前准备	(1)将危险品库出入证交于库房警卫； (2)在“出入库房登记表”上如实	(1)如果没有出入证的严格管理，那么库房安全将受到威胁，容易导致丢失民爆	(1)遵守库区安全管理规定，服从库区警卫人员的管理；

续表

工作内容	工作标准	风险提示	风险规避措施
入库前准备	登记并签字； （3）进入库房前，所有火源和无线电通信工具交库房管理员统一管理； （4）进入库房前必须更换防静电服和防静电工鞋； （5）领取民爆品车辆进入民爆品库房，应在使用防火罩后方可进入库区	品等意外事故发生； （2）若非实名登记，可能导致冒领等危险； （3）若不穿戴劳保用品进入库房，会产生静电，造成爆炸事故； （4）若不使用防火罩，可能引发火灾或爆炸事故	（2）实名登记，持有有效证件，控制进入人员； （3）严格按规范穿戴劳保用品； （4）车辆进入库区前，检查防火罩是否安装
领取火工器材	（1）进入民爆品库房前，在门口的静电释放装置摩擦3次以上，释放身上静电； （2）井口操作岗、安全员及协助人员按照民爆品领用单依次领取本井施工用的民爆品； （3）检查、核对民爆品领取、发放的种类和数量，并在民爆品发放记录及爆炸物品发放使用记录上签字	（1）若进入民爆品库房前不释放静电，在领取民爆品时可能因为静电引发爆炸事故； （2）若不按领用单领取，可能会使民爆品丢失或者延误施工； （3）若民爆品领取不仔细检查并核对种类、数量，可能会造成民爆品的流失，造成意外事故	（1）相互监督、督促释放静电后再进入库房； （2）领取民爆品等危险物品时，井口操作岗、库房保管员、安全员按照民爆品领用单领取，做到账、卡、物三对口； （3）发放民爆品结束，与库房保管员最后审查、核对发放数量后，及时签字认可
库房组装射孔枪检查	（1）检查射孔枪枪型、弹型和射孔参数是否与射孔设计一致； （2）检查射孔枪是否按下枪顺序做好标记； （3）检查射孔弹是否与导爆索接触良好； （4）检查传爆管是否与导爆索接触良好，在射孔枪的位置是否合适； （5）检查射孔枪接头的密封圈是否安装到位； （6）检查压力起爆器销钉设置是否与设计一致	（1）若参数不一致，易影响射孔效果； （2）若顺序错误，易造成误射孔； （3）若接触不好影响传爆，易造成发射率低； （4）若接触不好，可能断爆； （5）若密封圈安装不到位，易造成射孔枪进水，引起炸枪； （6）若销钉安装错误，易造成提前起爆或加压不起爆	（1）按要求核对参数； （2）对射孔进行编号； （3）按要求安装导爆索； （4）按要求安装传爆管； （5）按要求安装密封圈； （6）按要求安装起爆器销钉

3. 运输途中检查标准化操作规程

运输途中检查标准化操作规程如表2-4所示。

表2-4　射孔队队长运输途中检查标准化操作规程

工作内容	工作标准	风险提示	风险规避措施
途中检查	（1）民爆品检查； （2）车辆检查	（1）若民爆品防爆箱固定不好，民爆品发生摩擦、撞击、翻滚，可能会引发爆炸事故；防爆箱如果双锁不全，可能导致民爆品数量不对，引发民爆品遗失事故；	（1）颠簸路段减速慢行，及时停车检查滚筒是否正常； （2）停车检查绞车室内仪器等是否固定完好，是否无异常情况； （3）停车及时检查防爆箱是否固定完

续表

工作内容	工作标准	风险提示	风险规避措施
行车途中		（2）若车辆的转向机构、制动系统、仪表指示系统不正常，灯光、喇叭、雨刮器、反光镜或其他操作部件无效，可能造成交通事故	好，民爆品防爆箱锁是否完好、数量正确； （4）中途停车协助司机对车辆进行检查，确保正常无误

4. 电缆射孔现场施工标准化操作规程

电缆射孔现场施工标准化操作规程如表2–5所示。

表2–5 射孔队队长电缆射孔现场施工标准化操作规程

工作内容	工作标准	风险提示	风险规避措施
现场施工条件检查	（1）劳保用品穿戴齐全、规范； （2）向作业技术人员核实井号，了解施工井通井、洗井等情况； （3）确保施工井场符合施工作业条件； （4）与现场负责人或者作业技术人员确定协作事项，以确保施工现场满足QHSE的要求	（1）如果劳保用品穿戴不齐全、不规范，安全帽佩戴不到位，高空落物时易造成人员伤害； （2）如果对施工作业井情况了解不清，可能造成设备损坏或井下事故； （3）如果施工区域无法满足施工条件而施工，可能引发人身伤害或井下事故； （4）如果双方协作不好，可能直接引发井下工程事故或人身伤害事故	（1）按规范穿戴劳保用品； （2）若施工现场存在不能满足安全生产的因素，应及时向现场作业队伍提出，等待协调； （3）合理选择施工区域，确保施工现场符合标准； （4）确定协作注意事项满足QHSE要求
组织召开班前会	（1）安排各岗的具体施工任务和注意事项； （2）向技术人员了解施工井的作业措施，并核对射孔数据； （3）对现场配合方提出配合要求	（1）若职责不清，易造成工程事故和人身伤害； （2）若不了解作业措施，未核对射孔数据，可能造成工程事故或误射孔事故； （3）若岗位之间配合不好，易发生人身伤害	（1）安排岗位人员清楚任务，并在生产班组QHSE工作记录上签字确认； （2）及时了解施工井作业措施，核对射孔施工数据，确保无误； （3）相互配合前交代各方的注意事项
检查井口操作岗	（1）民爆品存放区域远离井口、绞车、电源、火源，有足够的安全距离； （2）防爆箱固定完好，双锁齐全，民爆品数量正确； （3）警示标志醒目，隔离区域拉起警戒线； （4）民爆品发放和记录齐全、准确； （5）清点、核实民爆品； （6）检查接电雷管是否断电，所接电缆缆芯是否对地短路放电	（1）若民爆品离危险源太近，极易发生火灾事故或者爆炸事故； （2）若防爆箱固定不好，可能造成民爆品损伤；若双锁不全，可能造成民爆品掉落或者遗失； （3）若警示标志不清，无隔离区域，可能造成非工作人员进入，造成人身伤害或者民爆品遗失； （4）若民爆品发放混乱，无记录，会造成民爆品丢失；	（1）民爆品存放区域严格选择； （2）仔细检查防爆箱和双锁，认真清点、核对民爆品数量； （3）民爆品存放区域应放置醒目警示标志，拉起警戒绳，禁止非工作人员围观； （4）检查井口操作岗民爆品发放记录，清点、核对民爆品数量； （5）及时清点、核实剩余民爆品

续表

工作内容	工作标准	风险提示	风险规避措施
检查井口操作岗		(5)若不及时清点、核实民爆品，会造成民爆品丢失	
检查地面工岗（井口）	(1)井口天、地滑轮安装正确； (2)深度马丁代克、深度线、张力线连接与固定完好； (3)井筒内无井涌、有毒气体外溢； (4)核对下井射孔枪的次数、长度、孔数	(1)若天、地滑轮固定不牢，可能发生工程事故和人身伤害； (2)若深度线连接不良，可能造成深度误差，造成施工无法进行；若深度线和张力线固定不好，可能造成线磨损或缠绕，造成财产损失； (3)井筒内如果有井涌现象，可能引发井喷事故；如果有有毒气体外溢，可能会造成人员中毒； (4)若不核对下井射孔枪的次数、长度、孔数，极易造成误射孔事故	(1)严格检查、检测井口有无井涌、有毒气体外溢，如有则立即汇报中心，等待协调处理意见； (2)天、地滑轮及T形吊卡、链条等受力件定期做拉力试验；天、地滑轮卡连接部位固定完好； (3)深度线连接完好，张力线、深度线固定完好，无缠绕现象； (4)认真核查下井射孔枪的次数、长度、孔数，确保无误
检查用电安全	(1)绞车接地线接地良好，接地的铜棒垂直插入地面土内30cm以上； (2)检查确保发电机运转正常，输送电压、电流正常； (3)井口接电雷管前全场断电，射孔枪下至井里100m时，才允许仪器车上供电	(1)如果接地铜棒接地不深、接地不良、漏电、无法起到导电作用，会造成触电事故； (2)如果发电机运转不正常，供电不正常，可能损伤仪器	(1)检查接地铜棒接地情况，确保接地深度30cm以上； (2)及时检查、监视发电机运转、供电情况
检查操作岗	(1)核对射孔施工数据； (2)操作工程师负责收集该井资料，检查仪器设备； (3)仪器校验完毕，及时关闭仪器电源，断开仪器与电缆缆芯的连接	(1)如果资料出现错误，将直接造成误射孔事故； (2)若仪器不校验就施工，可能造成返工； (3)如果护炮、装炮、地面工岗（井口）没有正确顺序，则无法正确装配和校验下井射孔枪，会直接造成误射孔事故； (4)射孔枪下入井内前，如果电缆缆芯带电，会造成地面爆炸事故	(1)及时核对、核查施工数据的正确性； (2)校验仪器，确保施工的成功率； (3)检查抄写数据的正确性； (4)检查仪器电源开关，电缆端子对地
检查司机岗	(1)发动机运转正常，无异响，底盘无油、水渗漏； (2)绞车摆放符合要求； (3)按规范要求起下电缆，并注意观察张力变化情况	(1)如果发动机运转不正常、有异响，底盘有渗漏现象，不及时处理可能造成工程机械事故； (2)如果绞车摆放不符合要求，可能造成意外事故	(1)实时观察绞车运转情况； (2)督促各岗位落实巡回检查制度； (3)绞车摆放符合要求
监督施工过程	(1)对民爆品使用过程进行全程监控； (2)与操作工程师一起核对射孔施工数据，与测试方、业主	(1)如果民爆品管理不到位，会发生遗失或者地面爆炸事故； (2)若资料不核对清楚就进行点火作业，会造成误射孔事故；	(1)实时与井口操作岗进行联系，监控民爆品的使用； (2)射孔点火前，一定做好“三对口”，认真核查数

续表

工作内容	工作标准	风险提示	风险规避措施
监督施工过程	方共同核对射孔数据，杜绝误射孔； （3）层位核准，上提值正确，深度准确，方可下令点火	（3）若层位不准、数据不对就点火，会造成屈伸事故	据，确保无误后，方可下令点火施工
射孔枪身起出	（1）射孔枪起出井口，检查、核对射孔弹发射率及盲孔对位情况； （2）检查、核对下一次下井的射孔枪次数、长度、孔数； （3）未点火射孔枪起出井口时，必须先切断仪器电源，拆除井口连线	（1）如果射孔发射率不达标，会造成射孔层位少射，资料不达标，这就需要再次下井补射层位； （2）若下井射孔枪的次数、长度、孔数错误，会造成误射孔事故； （3）如果射孔枪未引爆，井口不切断电源和连接线，可能造成地面爆炸事故	（1）认真检查装配质量，认真检查发射率； （2）仔细核对下井射孔枪次数、长度、孔数，确保无误后，方可下井； （3）未点火射孔枪起出井口，必须切断仪器电源，断开电缆缆芯与射孔枪连接线后，方可起出井口
施工完毕检查	（1）检查各岗器材回收、固定情况； （2）检查、清点、核对民爆品所剩爆炸器材，分开放置在专用运输箱内； （3）施工场地清洁	（1）若设备、器材不回收齐全，会造成财产损失；若固定不好，会造成运输途中设备损伤； （2）如果短导爆索、报废雷管、射孔弹遗失，会造成意外事故； （3）如果施工场地没有及时清理、清洁，可能遗失器材、工具，造成环境污染	（1）检查、巡查器材回收情况，防止遗漏施工工具和器材，造成财产损失； （2）及时清点、核查民爆品使用情况，剩余民爆品及时分类回收到防爆箱并上锁存放； （3）对场地进行清理、清洁，避免环境污染和遗失施工器材
组织班后会	（1）总结任务完成情况，对施工中各岗存在的问题或隐患进行总结； （2）安排基地各岗位的工作； （3）交流、分享本井次施工的心得、体会	（1）如果隐患不及时处理，下次施工就会造成事故； （2）工作不安排好，会影响下一步施工进度	（1）认真总结优点，指出隐患和风险； （2）认真组织下一步的生产准备工作

5. TCP射孔现场施工标准化操作规程

TCP射孔现场施工标准化操作规程如表2-6所示。

表2-6 射孔队队长TCP射孔现场施工标准化操作规程

工作内容	工作标准	风险提示	风险规避措施
现场施工条件检查	（1）劳保用品穿戴齐全、规范； （2）向作业技术人员核实井号，了解施工井通井、洗井、射孔液性能等情况； （3）施工井场符合施工作业条件； （4）与现场负责人或者作业技术人员确定协作事项，以确保施工现场满足施工要求	（1）如果安全帽佩戴不到位，高空落物易造成人员伤害； （2）如果对施工作业井情况了解不清，可能会造成设备损坏或井下事故； （3）如果施工区域无法满足施工条件而施工，可能	（1）劳保用品穿戴齐全； （2）若施工现场存在不能满足安全生产的相关因素，应及时向现场作业队伍提出，等待协调； （3）合理选择施工区域，确保施工现场符合标准； （4）确定协作注意事项，确

续表

工作内容	工作标准	风险提示	风险规避措施
现场施工条件检查		引发人身伤害或者井下事故； （4）如果双方协作不好，可能直接引发井下工程或者人身伤害事故	保满足施工要求
组织召开班前会	（1）安排各岗的施工具体任务和注意事项； （2）向技术人员了解施工井的作业措施并核对射孔数据； （3）对现场配合方提出要求以及作业队通井机操作手配合时的注意事项	（1）若职责不清，易造成工程事故和人身伤害； （2）如果不了解作业措施，未核对射孔数据，可能造成工程事故或者误射孔事故	（1）安排岗位人员清楚任务，并在生产班组QHSE工作记录上签字确认； （2）及时了解施工井作业措施，核对射孔施工数据，确保无误
检查TCP枪身下井情况	（1）按要求核对下入枪身的数量及顺序； （2）射孔枪按次序依次摆放； （3）连接枪身时再次检查丝扣，保证连接有效	（1）若射孔枪身下井次序错误，将直接造成误射孔事故； （2）若丝扣有问题，连接不好，可能造成射孔枪身落井事故	（1）核对下井射孔枪下井次序、孔数、长度； （2）连接射孔枪身时，严格按规范操作
安排专人监督下放油管	安排专人与试油队技术人员一起核对夹层油管数据和保护油管数据，并由试油队下放夹层油管和保护油管	如果油管柱下放过程中没有人监督，作业队下放深度可能不符合规定	安排专人监督下放定位短节以下油管串
检查用电安全	（1）绞车接地线接地良好，接地的铜棒垂直插入地面土内30cm以上； （2）检查发电机运转正常，输送电压、电流正常	（1）如果接地铜棒接地不深、接地不良、漏电、无法起到导电作用，会造成触电事故； （2）如果发电机运转不正常，供电不正常，可能损伤仪器	（1）检查接地铜棒接地情况，确保接地深度30cm以上； （2）及时检查、监视发电机运转、供电情况
检查司机岗	（1）发动机运转正常，无异响，底盘无油、水渗漏； （2）绞车摆放正确，掩木固定完好	（1）如果发动机运转不正常、有异响，底盘有渗漏现象，不及时处理可能造成机械事故； （2）如果绞车摆放不合要求、掩木摆放不到位，可能造成机械事故	（1）实时观察绞车运转情况； （2）检查绞车摆放和掩木摆放情况
检查操作岗	（1）仪器校验完毕，仪器运转正常； （2）与操作工程师一起核对射孔施工总炮头长数据	（1）若仪器不校验就施工，可能造成返工； （2）如果资料出现错误，将直接造成误射孔事故	（1）校验仪器，确保施工成功率； （2）及时核对、核查施工数据的正确性
检查地面工岗（井口）	（1）井口天、地滑轮安装正确、运转正常； （2）深度马丁代克、深度线、张力线连接与固定完好	（1）若天、地滑轮固定不牢，可能发生工程事故和人身伤害； （2）如果深度线连接不良，可能造成深度误差，造成施工无法进行；深度线和张力线固定不好，可能造成线磨损，或者缠绕，造成财产损失	（1）天、地滑轮及T形吊卡、链条等受力件定期做拉力试验；天、地滑轮卡连接部位固定完好； （2）深度线连接完好，张力线、深度线固定完好，无缠绕现象

续表

工作内容	工作标准	风险提示	风险规避措施
校深	（1）核对射孔总炮头长数据和井口装置数据； （2）用测量的曲线图与完井组合图中的自然伽马曲线进行分层对比，读出短油管定位节箍深度； （3）由射孔方、测试方和业主方监督独立计算油管调整值，三方确认一致后方可进行调整	（1）若现场数据计算错误，就进行点火作业，会造成误射孔事故； （2）若对图、读取深度不正确，会造成误射孔事故； （3）若调整值计算错误，会造成误射孔事故	（1）认真核查数据； （2）对图准确，符合要求； （3）认真进行“三对口”，确保深度、计算准确
管柱调整	射孔方、测试方和业主方监督共同确认油管调整值并现场监督调整油管	（1）若数据错误，将造成质量事故； （2）若管桩调整错误，会造成误射孔事故	（1）认真核对、核算每份数据，几方应该统一； （2）现场观看起下调整管柱
射孔起爆监测	射孔压力起爆时使用射孔监测仪监测射孔起爆情况，监测结果随射孔资料一同交付存档	如果不进行射孔起爆监测，会判断错误起爆情况，影响施工进度	射孔起爆前，做好监测准备，协调双方，并做好资料的备案工作，以备核查
施工完毕检查	（1）检查仪器设备固定情况； （2）检查、清点、核对所剩民爆器材，分开放置在专用运输箱内； （3）施工场地清洁	（1）设备固定不好会造成运输途中设备损伤； （2）如果火工器材遗失，会造成意外事故； （3）如果施工场地没有及时清理、清洁，可能遗失器材、工具，造成环境污染	（1）防止因设备损坏造成财产损失； （2）及时清点、核查民爆品使用情况，剩余民爆品及时分类回收到防爆箱并上锁存放； （3）对场地清理、清洁，避免环境污染和遗失施工器材
组织班后会	（1）组织本队人员召开班后会，总结本次施工情况； （2）返回后进行各岗人员的工作安排，以及仪器、器材、民爆品、材料的后续安排； （3）施工经验总结	（1）若总结不到位，不分析原因，就不能很好地吸取教训和对隐患落实整改； （2）若工作安排不到位，可能导致准备工作不充分，影响施工	（1）认真总结优点，指出隐患和风险问题； （2）认真组织下一步的生产准备工作

6. 返回途中检查标准化操作规程

返回途中检查标准化操作规程如表2-7所示。

表2-7　射孔队队长返回途中检查标准化操作规程

工作内容	工作标准	风险提示	风险规避措施
途中检查	（1）车辆检查； （2）民爆品检查，如果施工结束有剩余民爆品，需要及时归还	（1）如果车辆的转向机构、制动系统、仪表指示系统不正常，灯光、喇叭、雨刮器、反光镜或其他操作部件无效，可能造成交通事故； （2）如果民爆品防爆箱双锁不全，可能发生民爆品遗失事故	（1）中途停车协助司机对车辆进行检查，确保正常无误；颠簸路段减速慢行，及时停车检查滚筒是否正常；停车检查确保仪器、设备等固定完好，无异常情况； （2）及时停车检查确保防爆箱固定完好，民爆品防爆箱锁完好，且数量正确

第三节　应急处置标准化操作规程

应急处置标准化操作规程如表2-8所示。

表2-8　射孔队队长应急处置标准化操作规程

故障类型	处置程序
交通事故	(1)有起火、爆炸或事故发生在高速公路上时，应迅速转移人员到安全地带； (2)车上有民爆品时，应及时转移到安全地带并安排专人看护； (3)必要时寻求周围群众、过往车辆的帮助； (4)及时汇报，现场抢险，保护现场
民爆品丢失	(1)一旦确认丢失，要迅速保护现场； (2)立即向公司应急办公室、基层单位和业主方汇报； (3)立即组织全队人员查找； (4)若查找不到，应立即通知有关部门，同时做好工作场地的控制工作，严禁闲散人员进入工作场地； (5)若已查找到民爆品，则宣布应急结束，安排继续施工
触电事故	(1)指挥切断电源； (2)指挥将触电者脱离电源； (3)根据触电者情况采取不同急救措施； (4)拨打“120”急救电话，并向公司应急办公室、基层单位汇报
民爆品地面爆炸	(1)指挥对伤者进行急救； (2)拨打“120”急救电话； (3)向公司应急办公室、基层单位和业主方汇报情况； (4)将剩余民爆品妥善保存； (5)保护好现场
一般火灾	(1)组织转移民爆品，如有可能，则切断火灾区域电源； (2)现场指挥调配人员和消防器材，在确保人员安全的情况下开展灭火工作，如火势较大现场难以控制，立即拨打火警电话； (3)清点现场人员，确保人员安全的前提下，积极寻找失踪人员和抢救涉险、受伤人员，如人员受伤较重现场无法处置，立即拨打急救电话； (4)在确保人员安全的前提下，能隔离火源的，立即进行有效隔离； (5)转移附近物资装备，阻止火势蔓延，控制事态发展； (6)在进行以上处置的同时向公司应急办公室和业主方汇报； (7)火势熄灭后，检查设备损坏情况，继续组织生产
电缆射孔射孔枪未起爆	(1)装配现场应设警戒区，严禁无关人员进入，严禁吸烟和使用明火，关闭所有无线通信设备； (2)要求射孔枪上提离井口100m时切断总电源，点火缆芯接地放电； (3)先在井口把电雷管取掉，再把射孔枪提出井口拆卸； (4)拆卸的火工品要分类存放、妥善保管
TCP射孔射孔枪未起爆	(1)采用投棒起爆的TCP射孔时，要先打捞出投棒，才能上提射孔管柱拆卸射孔枪； (2)在井口拆卸时要圈闭作业区，作业区严禁无关人员进入，严禁吸烟和使用明火，关闭所有无线通信设备； (3)拆卸射孔枪时，射孔枪两端严禁站人； (4)拆卸的火工品要分类存放、妥善保管

续表

<table>
<tr><th>故障类型</th><th colspan="3">处置程序</th></tr>
<tr><td>电缆打扭</td><td colspan="3">（1）提示司机慢速上提仪器，缓慢通过井口；
（2）打扭处出井口后迅速卡住下部电缆，并用游车上下活动电缆及仪器，对打扭电缆及时处理；
（3）若影响下一步施工，则将电缆打扭处剁去后快速接上电缆上提仪器</td></tr>
<tr><td>岗位主要安全风险</td><td>井喷及井喷失控、火灾、爆炸、噪声、中毒、其他伤害</td><td>岗位主要危险物质</td><td>原油、天然气、硫化氢、民爆品</td></tr>
</table>

第三章　射孔队仪器操作工程师岗位操作标准

第一节　岗位描述

1. 岗位说明

射孔队仪器操作工程师岗位说明如表3-1所示。

表3-1　仪器操作工程师岗位说明

项　目		主要内容
工作概述		负责射孔地面仪器系统操作、维护、保养，做好日常的生产准备工作；负责绘制连炮图，井场施工数据的采集、检验和计算；配合小队其他各岗完成任务
上岗条件	教育程度	大学专科（高职）及以上学历
	从业资格	持有有效的职工上岗资格证、HSSE管理培训合格证、井控培训合格证、硫化氢防护技术证和爆破作业人员许可证；海上作业必须持有有效海上石油作业安全救生培训证
	技能等级	中国石化集团公司认可的中级专业技术及以上任职资格
	辅助技能	（1）熟悉射孔生产工艺流程； （2）能熟练使用计算机相关办公软件； （3）具有一定的组织协调能力
	工作经历	具有两年以上射孔仪器助理操作工程师工作经历
	职业道德	爱岗敬业、勇于奉献、团结协作、遵章守纪
	身体素质	身体健康，心理素质良好，能适应野外施工工作
岗位关系	纵向关系	接受带队领导、队长的直接领导
	横向关系	（1）与本队其他岗位有协作关系； （2）与本单位仪修站、测井队有配合关系； （3）与技术研究所各解释组有合作关系； （4）与甲方监督、试油（气）队、钻井液服务方有协作关系
岗位职责	工作职责	（1）负责分队射孔仪器设备的维护、保养及管理，并按规定送检、送修，保证仪器的“三性一化”（线性、稳定性、重复性、标准化）达到技术要求，保持地面仪器状态良好； （2）严格按照操作规程和相关技术要求操作，确保射孔准确率100%； （3）负责地面仪器、程序文件等技术档案的管理，做到资料齐全、准确；负责各种施工记录的填写和保存；负责射孔资料自检和报检工作；

续表

项目		主要内容
岗位职责	工作职责	（4）协助队长抓好本队职工技术培训、岗位练兵工作；负责培养、指导其他人员学习操作技术； （5）紧密配合各岗人员，在生产准备和现场施工过程中遵守安全操作规程； （6）发生紧急情况时，协助队长做好应急组织工作； （7）队长不在时，行使队长职责； （8）完成上级安排的其他工作
	安全职责	（1）树立“安全第一，预防为主”的思想，严格执行有关安全生产规章制度，协助队长做好分队安全生产； （2）开展安全活动，建立安全台账； （3）检查督促各岗位严格执行安全操作规程，协助队长核对枪身下井顺序； （4）起下电缆时，提醒司机控制速度，防止电缆打扭打结；离井口300m时，提醒司机减速，提示地面工岗（井口）注意观察； （5）协助队长做好安全检查，发现问题及时整改，重大事故隐患立即上报； （6）负责仪器的维护、保养和分队的用电安全； （7）穿好劳动保护用品，不在井场范围内吸烟和动用明火
岗位工作内容		（1）操作责任： ①对射孔施工要求的仪器进行校验、配接、调试； ②负责领取射孔施工所需资料，并核实、检查、妥善保管； ③协助司机做好行车安全工作； ④向现场施工队伍技术人员了解该井井况，核对施工井数据，并将特殊情况汇报队长； ⑤参加班前会并记录会议内容； ⑥负责数控射孔仪的使用，射孔数据的记录、保存、上传工作； ⑦负责各类资料的回交工作； ⑧负责仪器的保养、送修、送检工作。 （2）生产组织责任： ①参加班前会，了解生产状况，接收作业指令； ②参加班后会，对会议内容进行记录。 （3）管理责任： ①指挥绞车操作员起下电缆； ②检查确保下井射孔枪顺序、长度、孔数与射孔施工单一致； ③检查地面工岗（装炮）的装枪质量； ④参与新工艺、新技术、新设备的推广应用工作。 （4）安全责任： ①执行HSSE法律法规、标准和公司各项HSSE管理制度，严格遵守各级安全生产禁令； ②开展生产过程中的岗位风险识别与控制工作； ③参加HSSE活动； ④参加班组日常HSSE检查，消除事故隐患，落实防范措施； ⑤负责仪器设备的用电安全； ⑥按操作规程操作仪器设备； ⑦负责HSSE资料的记录和管理； ⑧参与现场井控、工程及其他突发事件的应急处置； ⑨参加职业卫生教育培训，正确使用劳动防护用品
工作权限		（1）对生产运行有指挥权； （2）对员工队伍有管理权； （3）对生产经营管理有向上级建议权； （4）对违章指挥有拒绝权； （5）对不合格产品有拒绝使用权； （6）对生产运行成本有管理权
职业生涯发展规划		（1）在本岗位具有良好的工作业绩，达到高一层次任职的条件，可以晋升到高一级岗位； （2）可以在公司内部进行相应岗位流动或轮换

续表

项目		主要内容
工作考核	考核关系	(1)接受上级相关部门的工作考核; (2)接受基层单位的业务考核; (3)对本班组人员工作进行考核
	考核依据	考核细则、岗位职责、工作标准、上级检查反馈的考核信息

2. 射孔工艺流程

1)电缆射孔工艺流程

仪器操作工程师电缆射孔工艺流程如图3-1所示。

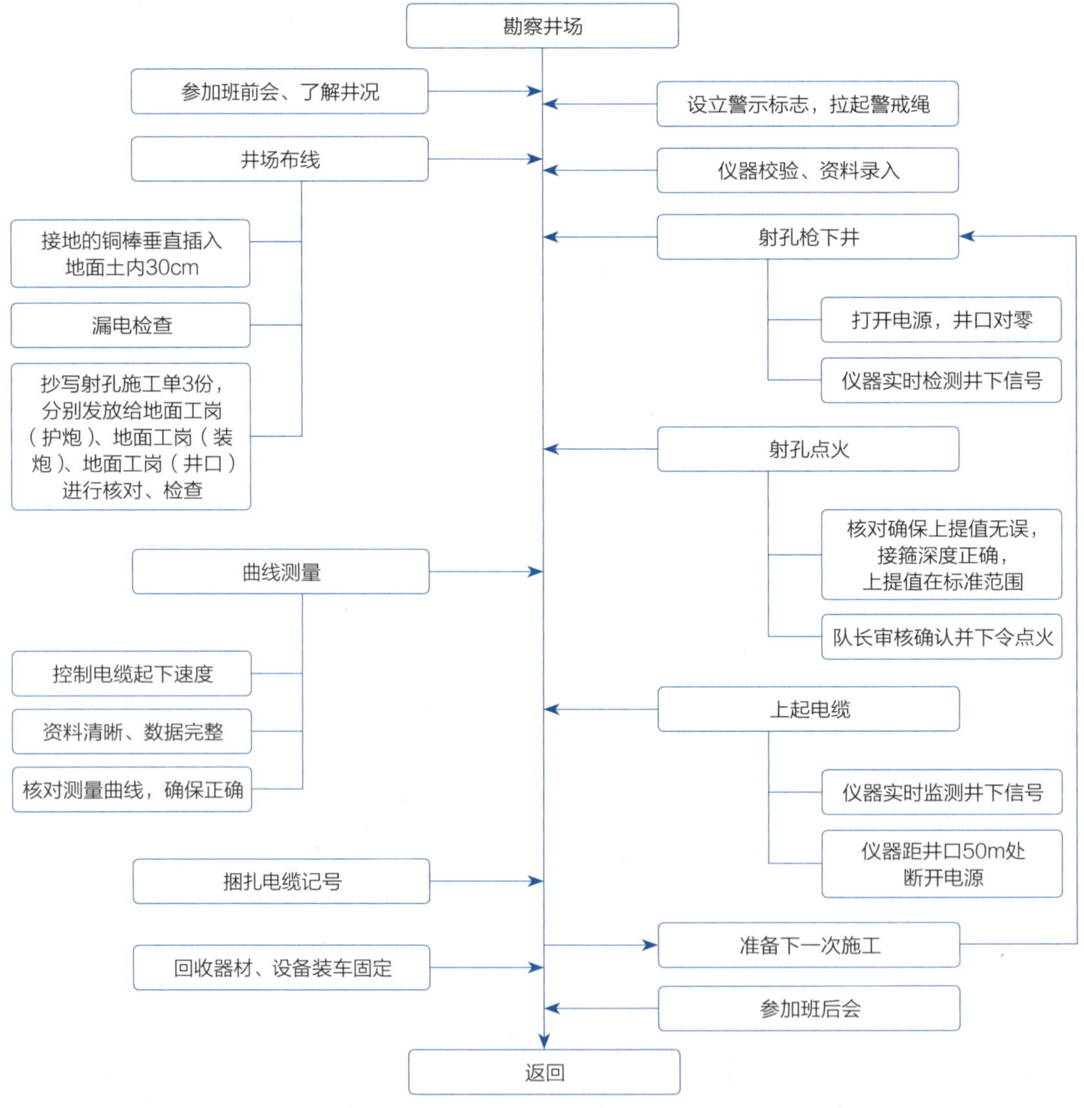

图3-1 仪器操作工程师电缆射孔工艺流程

2）TCP射孔工艺流程

仪器操作工程师TCP射孔工艺流程如图3-2所示。

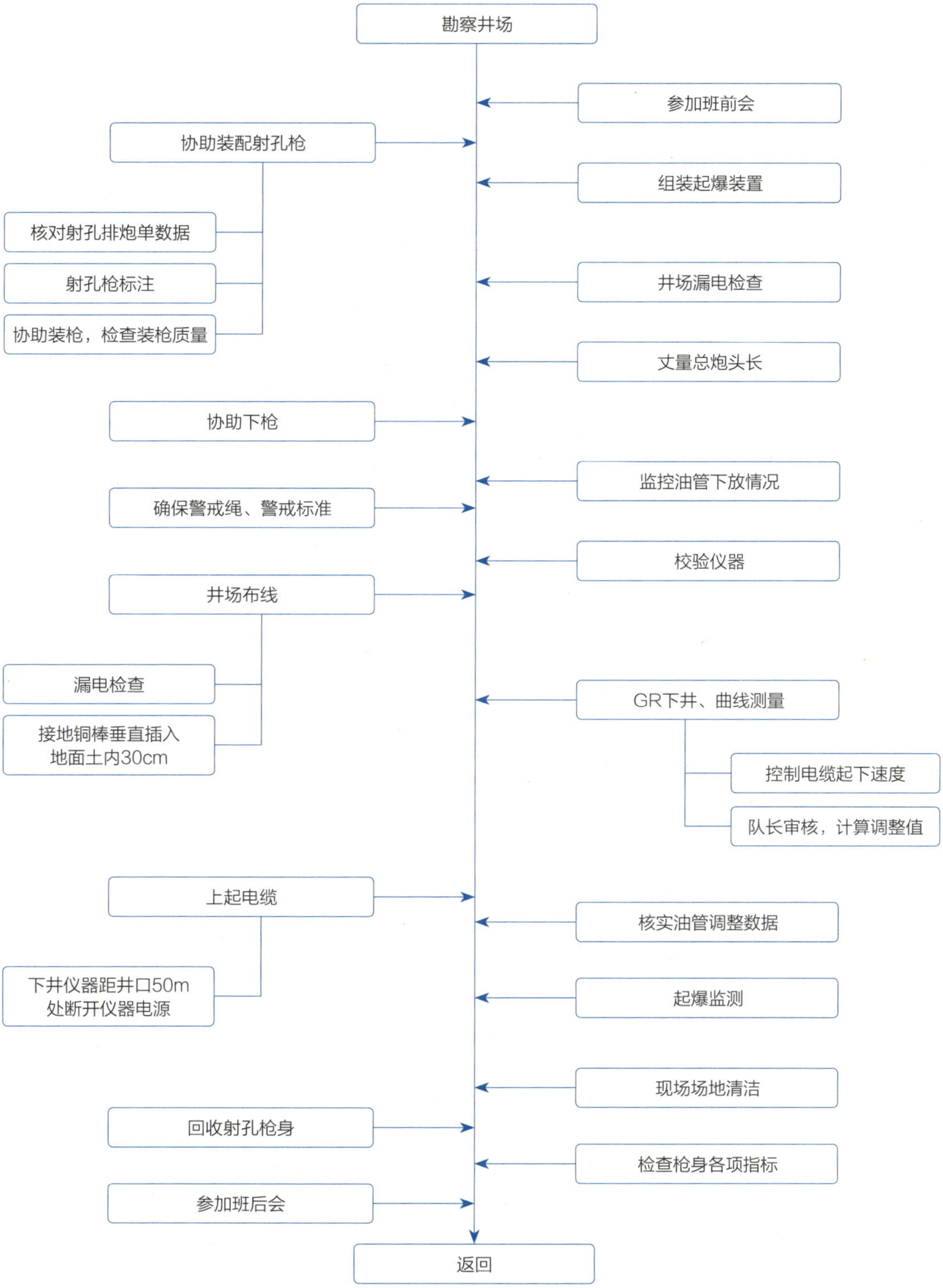

图3-2 仪器操作工程师TCP射孔工艺流程

3. 工作流程

仪器操作工程师工作流程如图3-3所示。

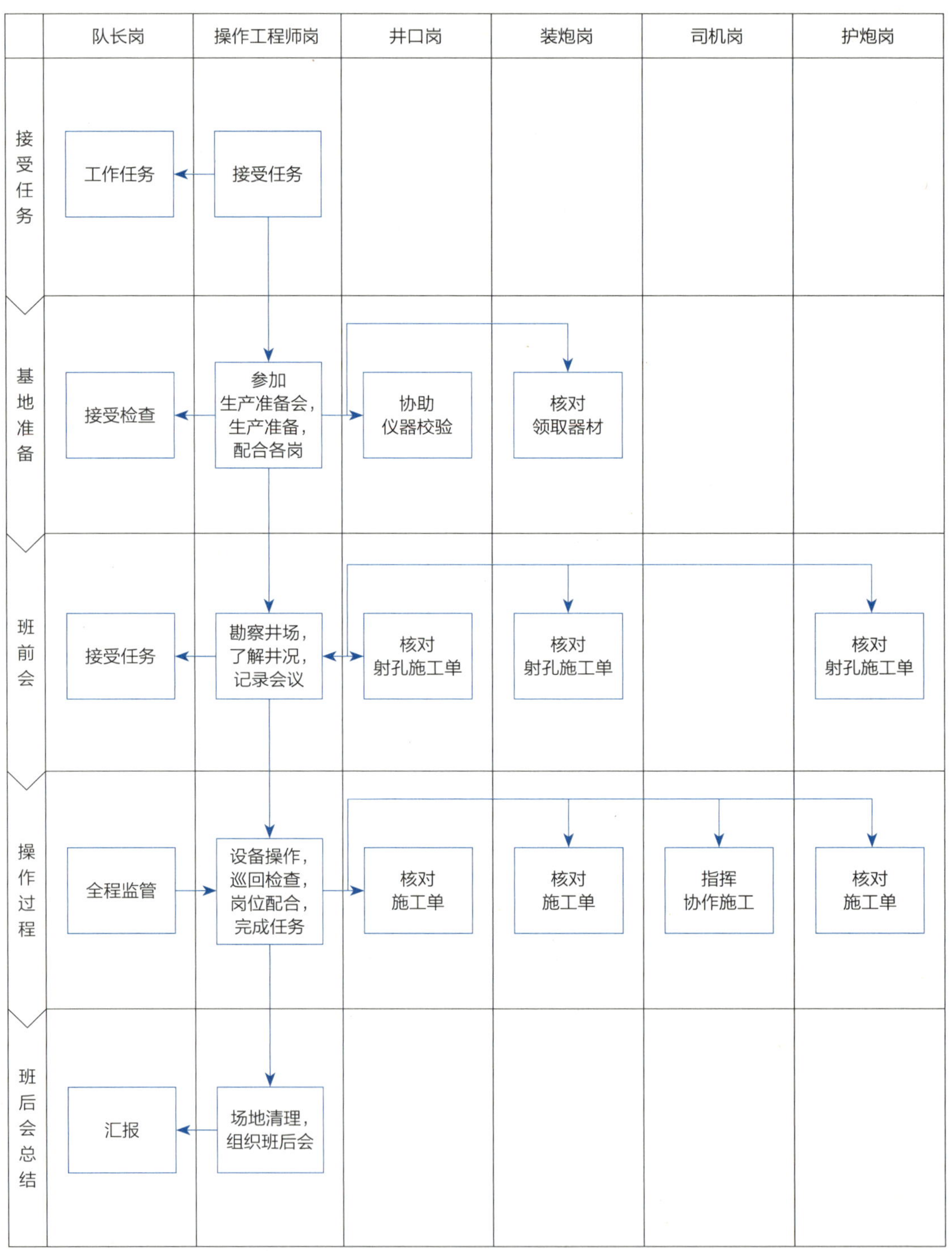

图3-3 仪器操作工程师工作流程

第二节 岗位标准化操作规程

1. 生产准备标准化操作规程

生产准备标准化操作规程如表3-2所示。

表3-2 仪器操作工程师生产准备标准化操作规程

工作内容	工作标准	风险提示	风险规避措施
接受生产任务	(1)借取、核实施工井的相关资料(井深、射孔井段、射孔参数、射孔方式，射孔液性能等); (2)根据设计绘制射孔施工联炮图; (3)核查地面工领取的施工器材	(1)若资料、射孔参数和相关数据不准确，易导致现场无法施工，影响施工进度; (2)若没图，则可能造成射孔器材领取错误，影响施工; (3)若领取的施工器材与施工单不匹配，则会影响施工进度和安全	(1)认真核对、核查所借取资料的准确性; (2)按图认真准备射孔器材; (3)出发前核查，核对所领取的施工器材
仪器调校	系统运转良好，各部分绝缘良好，无短路、接地现象，深度系统误差在规定范围内	若天气影响长时间不校验仪器，可能造成各处接头绝缘性降低，对施工造成影响	严格按照《数控射孔(取心)仪操作与调校规程》执行
计量器具	万用表、兆欧表、钢卷尺、标准透明尺等符合规定指标	若计量器具存在误差，可能造成计数错误，影响资料质量	定期检测，确保量值统一和计量检测数据准确、可靠
领取资料	承担任务时，到资料解释单位或资料室借取本井的放磁原图、射孔跟踪图，检查资料是否齐全、准确，确认无误后在资料借取单上签字	领取资料时，如果通知单编号不正确，或射孔资料不准确等，直接施工可能造成重大质量事故	认真核对各项资料，队长进行检查
各类记录	负责准备好各类施工报表(射孔报表、施工作业井质量记录表、现场检查表、QHSE检查表、QHSE实施程序表等)	各类数据的填写错误会造成后期施工误差	认真准备各项施工报表，队长进行检查，避免遗漏
配件和耗材	准备仪器专用配件和各种上井消耗材料	若配件及耗材不足，易造成井上施工延缓	认真核对各项材料，队长进行检查
各类射孔器材	领取的射孔器材齐全，符合规定指标，装车固定完好	若领取的器材不全，不符合指标，将影响施工；若固定不好，会造成器材损伤而无法施工	认真核对、核查领取的器材是否齐全，规格是否正确，装车固定是否完好

2. 运输途中操作标准化操作规程

运输途中操作标准化操作规程如表3-3所示。

表3-3 仪器操作工程师运输途中操作标准化操作规程

工作内容	工作标准	风险提示	风险规避措施
途中操作	（1）规范行车，按规定路线行驶，装运爆炸物品的车辆在前，车距不超过500m，行车超过2h后中途停车休息20min； （2）进行车载仪器、下井设备等保护	（1）若不按路况行车，可能造成交通事故；若对路线不清，可造成行车绕路，耽误生产； （2）若疲劳驾驶，可造成交通事故，剧烈颠簸会造成器材损伤、变形	（1）协助司机维护交通安全，提醒驾驶员做到安全驾驶，不疲劳驾驶；危险路段，确认安全后方可通行； （2）长时间行驶，应该提醒司机停车休息，颠簸路段减速慢行

3. 电缆射孔现场施工标准化操作规程

电缆射孔现场施工标准化操作规程如表3-4所示。

表3-4 仪器操作工程师电缆射孔现场施工标准化操作规程

工作内容	工作标准	风险提示	风险规避措施
现场施工条件检查	（1）劳保用品穿戴齐全、规范； （2）核实井号，了解施工井通井、洗井和射孔液等情况	（1）如果劳保用品穿戴不齐全、不规范，高空落物时易造成人员伤害； （2）如果对施工作业井情况了解不清，可能造成设备损坏或井下事故	（1）劳保用品穿戴齐全； （2）若施工现场存在不能满足安全生产的相关因素，应及时向队长提出，等待协调
参加班前会	（1）接受任务安排； （2）记录会议内容	若职责不清，易造成工程事故和人身伤害	（1）严格执行安排； （2）会议记录清晰
设立警戒区	拉起警戒绳，设立警戒标志	如果不设立警戒区域，非工作人员进入，将会发生意外事故	做好隔离区域的标志
井场布线	操作工程师将深度线、张力线平整地铺放到井口，转交给井口施工人员	若铺设线路不合理，会造成深度线损伤，影响施工	放深度线、张力线时注意脚下，防止绊倒
检查井场漏电情况	（1）操作工程师用万用表检查，确保工程车、仪器漏电在10mA以内； （2）检查工程车、仪器接地铜棒插入地面30cm以上	（1）井场若有漏电情况，易电击伤人或者造成地面爆炸事故； （2）若工程车、仪器漏电，会造成触电事故	（1）认真检测井场情况，防止井场带电施工； （2）认真检查工程车、仪器漏电情况，接地铜棒插入地面30cm以上，地面潮湿
仪器校验	（1）检查测量道(射孔部分)； （2）确保射孔程序运行正常，CCL信号有明显变化； （3）录入数据； （4）校验完成及时关闭	（1）若不检测通断，会造成返工； （2）施工前不校验仪器，仪器如果有问题，会影响施工进度； （3）若输入的施工所用数据错误，会发生误射孔； （4）如果仪器不关闭，仪器漏电，连接射孔枪时，会造成地面爆炸事故	（1）及时检测下井仪器与地面仪器之间的通断； （2）严格按照《数控射孔（取心）仪操作与调校规程》执行； （3）录入数据认真、仔细，及时核对； （4）及时关闭仪器与地面之间的通道，预防事故
测量	（1）下射孔枪前，核对、核查下井射孔枪的顺序、长度、孔数；	（1）若施工数据错误，会造成误射孔事故； （2）若井口对零错误，会造成深	（1）认真核查、核对每次下井射孔枪身； （2）及时进行深度对零；

续表

工作内容	工作标准	风险提示	风险规避措施
测量	（2）当磁性定位器记录点到达井口法兰平面时，电缆停止下放，深度对零； （3）指挥司机下电缆； （4）深度跟踪	度误差而影响施工进度； （3）若电缆下速过快，易造成井下仪器打扭； （4）若深度跟踪不及时，则井下问题无法发现	（3）指挥司机按照要求下放电缆； （4）操作工程师通过曲线变化观察遇阻、遇卡现象及仪器工作状态，如有异常及时提示绞车操作手
射孔点火	（1）核对准标准接箍，上提挂挡； （2）核对数据，队长下令点火； （3）扎记号，资料整理； （4）若射孔枪未引爆，将射孔枪身起到井口50m，必须切断电缆缆芯与井下射孔枪的连接及电源	（1）点火前有任意一项数据核对不上都会造成深度误差，造成误射孔； （2）若不经过多人核对，可能因为一人疏忽而造成误射孔事故； （3）若记号不准，下一次施工中，可能引发质量事故； （4）若不切断连接并关闭电源，可能造成地面爆炸事故	（1）深度校验要严格核查、核对深度，确保数据准确； （2）操作工程师核对完毕，队长审查深度，确保数据正确后，方可下令点火； （3）记号应做在下一次施工的标准接箍上方3个单根后的2～3m处，同一根电缆上不允许同时存在两个以上明显记号，并记录深度数据； （4）切断连接和电源
起出电缆	（1）控制电缆上起深度； （2）操作工程师关闭地面系统面板电源	（1）电缆起速过快，如遇突发状况，无法反应，易造成事故； （2）不及时关闭地面系统电源，可能造成触电事故	（1）上起电缆过程，按照作业指导书执行操作； （2）及时关闭地面系统
填写报表	（1）认真检查报表上的施工时间是否与实际时间吻合； （2）操作工程师核实、填写实射弹数、发射率等数据；班组长、操作工程师、QHSE监督员分别检查并签字	若不核实数据、时间，会让单位无法知道分队施工进度，因而影响下一步安排	仔细核查并认真填写各处数据，发现问题及时查找原因，防止填错数据
场地清洁	（1）将深度线、张力线缠好，固定好绕线盘； （2）检查本岗位器材的收取和固定情况； （3）施工场地及时清洁	（1）若收深度线、张力线时不远离电缆，可能发生人身伤害事故； （2）器材如果固定不好，运输途中会损伤仪器设备； （3）若场地不及时清理、清洁，可能造成环境污染	（1）回收张力线、深度线时，注意观察周围环境，预防人身伤害事故； （2）器材回收齐全，固定完好； （3）认真进行场地清洁
参加班后会	（1）及时、准确汇报生产情况； （2）记录会议内容	如果隐患不及时处理，下一次施工时会造成事故	认真总结优点，指出隐患和风险

4. TCP射孔现场施工标准化操作规程

TCP射孔现场施工标准化操作规程如表3-5所示。

表3-5 仪器操作工程师TCP射孔现场施工标准化操作规程

工作内容	工作标准	风险提示	风险规避措施
现场施工条件检查	（1）劳保用品穿戴齐全、规范； （2）向现场作业技术人员核实井	（1）如果劳保用品穿戴不齐全、不规范，高空落物时易造成	（1）劳保用品穿戴齐全； （2）若施工现场存在不能满足安

续表

工作内容	工作标准	风险提示	风险规避措施
现场施工条件检查	号，了解施工井通井、洗井和射孔液等情况	人员伤害； （2）如果对施工作业井情况了解不清，可能会造成设备损坏或井下事故	全生产的相关因素，应及时向现场作业队伍提出，等待协调
参加班前会	（1）接受任务安排； （2）记录会议内容	若职责不清，易造成工程事故和人身伤害	（1）严格执行安排； （2）会议记录清晰
设立警戒区	拉起警戒绳，设立警戒标志	如果警戒标志不清，或不设立警戒区域，那么非工作人员进入时，易发生意外事故	做好隔离区域的标志
协助装配射孔枪	（1）射孔枪枪身上的标注齐全、准确； （2）核对射孔排炮单； （3）协助装枪，检查装枪质量； （4）检查压力起爆器销钉安装情况； （5）丈量实际炮头长，并记录	（1）若标注不清、不准，将直接造成误射孔事故； （2）若排炮单数据错误，易造成误射孔； （3）若射孔枪装配不当，会造成下井射孔枪不响或者其他工程事故； （4）若起爆器销钉数目不对，会造成误射孔； （5）若炮头长不准，会造成误射孔事故	（1）按照施工单核对标注； （2）核算、核对排炮单数据； （3）严格按照装炮技术要求执行； （4）认真核查、核算销钉数； （5）认真丈量炮头长，确保数据记录准确
协助下射孔枪	（1）按要求核对下井枪身的数量及顺序； （2）监控作业队实时油管下放情况	（1）若射孔枪身下井次序错误，将直接造成误射孔事故； （2）如果作业通井机操作工程师猛下或顿、溜油管，会引发射孔枪身变形或者提前起爆，造成误射孔事故	（1）下井射孔枪时核对下井次序、孔数、长度； （2）严格按照《射孔作业质量控制规范》进行操作
检查井场漏电情况	（1）操作工程师用万用表检查，确保工程车、仪器漏电在10mA以内； （2）检查工程车、仪器接地铜棒接地30cm以上	（1）井场若有漏电情况，易电击伤人或者造成地面爆炸事故； （2）若工程车、仪器漏电，会造成触电事故	（1）认真检测井场情况，防止井场带电施工； （2）认真检查工程车、仪器漏电情况，接地铜棒插入地面30cm以上，地面潮湿
井场布线	操作工程师将深度线、张力线平整地铺放到井口，转交给井口施工人员	若铺设线路不合理，会造成深度线损伤，影响施工	放深度线、张力线时注意脚下，防止绊倒、摔倒
仪器校验	（1）检查测量道(射孔部分)； （2）确保射孔程序运行正常，CCL信号有明显变化； （3）录入数据； （4）校验完成及时关闭	（1）若不检测通断，会造成返工； （2）若施工前不校验仪器，仪器如果有问题，易影响施工进度； （3）若输入的施工所用数据错误，会发生误射孔； （4）如果仪器不关闭，仪器漏电，连接射孔枪时，会造成地面爆炸事故	（1）及时检测下井仪器与地面仪器之间的通断； （2）严格按照《数控射孔(取心)仪操作与调校规程》执行； （3）录入数据时认真、仔细，及时核对； （4）及时关闭仪器与地面之间的通道，预防事故

续表

工作内容	工作标准	风险提示	风险规避措施
曲线测量、定位	（1）GR-CCL仪器到达校深短节上部100m后，进入曲线测量状态，存盘并打印曲线，测速控制为500~600m/h，测量到定位短节下部一根完整长油管接箍3m后停车；再以500~600m/h速度进入曲线测量状态，存盘并打印曲线，测量100~150m，放磁自然伽马曲线与裸眼井自然伽马曲线幅度形态相似，不得出现抖跳和平头； （2）曲线测量以上提测量为准，同时测量有零长、无零长伽马曲线； （3）实测有零长曲线与组合测井图进行对比，再在组合测井图上读出校深短节上节箍深度数据，然后计算调整值	（1）若速度不稳，测量曲线会变形，无法进行准确定位或者定位数据出现偏差，易造成质量事故； （2）若定位曲线选择不对，零长不准，会造成质量事故； （3）如果对图、读取数据不准确，调整值出现偏差，会造成质量事故或者误射孔事故	（1）严格按照射孔校深规程执行； （2）确保接箍信号明显，磁性定位曲线必须连续记录，曲线变化显示清楚，干扰信号幅度小于接箍信号幅度的1/3； （3）操作工程师读取完，由队长进行核查、核对数据，确认调整值
起出电缆	（1）控制电缆上起深度； （2）在500m深度时提醒地面工岗（井口）； （3）操作工程师关闭地面系统面板电源	（1）若电缆起速过快，遇突发状况时将无法反应，造成事故； （2）若提醒不及时，可能造成撞天车事故； （3）若不及时关闭地面系统电源，可能造成触电事故	（1）上起电缆过程中，按照作业指导书执行； （2）及时提醒地面工岗（井口）； （3）及时关闭地面系统
管柱调整	（1）与现场技术人员进行数据核对； （2）记录、核算油管调整数据； （3）现场查看管桩调整	（1）若数据错误，将直接造成质量事故； （2）若数据不记录、不核算，会造成质量事故； （3）若管桩调整错误，会造成误射孔事故	（1）认真核对、核算每份数据，几方应该统一； （2）认真记录、核算； （3）现场观看起下调整管柱
射孔起爆监测	使用射孔监测仪监测射孔起爆情况，监测结果随射孔资料一同交付存档	如果不进行射孔起爆监测，会判断错误起爆情况，影响施工进度	射孔起爆前，做好监测准备，协调双方，并做好资料的备案工作，以备核查
填写报表	（1）认真检查报表上的施工时间是否与实际时间吻合； （2）操作工程师核实、填写实射弹数、发射率等数据；班组长、操作工程师、QHSE监督员分别检查并签字	若不核实数据、时间，会让单位无法知道分队施工进度，因而影响下一步安排	仔细核查并认真填写各处数据，发现问题及时查找原因，防止填错数据
场地清洁	（1）将深度线、张力线缠好，固定好绕线盘； （2）检查本岗位器材收取和固定情况； （3）施工场地及时清洁	（1）若收深度线、张力线时不远离电缆，可能发生人身伤害事故； （2）器材如果固定不好，运输途中会损伤仪器设备； （3）若场地不及时清理、清洁，会造成环境污染	（1）回收张力线、深度线时，注意观察周围环境，预防人身伤害事故； （2）器材回收齐全，固定完好； （3）认真进行场地清洁

续表

工作内容	工作标准	风险提示	风险规避措施
收取射孔枪身	起出下井枪身，检查射孔弹发射率及盲孔对位情况	如果发射率少了，会造成井下层位实射少，造成工程事故	若发射率不达标，需要及时进行补射
参加班后会	参加施工总结会，并做相关记录	若存在的安全隐患未及时整改，易导致事故	及时整改发现的隐患，避免事故

5. 返回途中操作标准化操作规程

返回途中操作标准化操作规程如表3-6所示。

表3-6　仪器操作工程师返回途中操作标准化操作规程

工作内容	工作标准	风险提示	风险规避措施
返回途中操作	（1）规范行车，按规定路线行驶，装运爆炸物品的车辆在前，车距不超过500m，行车超过2h后中途停车休息20min； （2）进行仪器、下井设备等保护	（1）若不按路况行车，可能造成交通事故； （2）若疲劳驾驶，可能造成交通事故；剧烈颠簸会造成器材损伤、变形	（1）协助司机维护交通安全，不疲劳驾驶；危险路段，确认安全后方可通行； （2）提醒司机休息，颠簸路段减速慢行

6. 基地设备维护与保养标准化操作规程

基地设备维护与保养标准化操作规程如表3-7所示。

表3-7　仪器操作工程师基地设备维护与保养标准化操作规程

工作内容	工作标准	风险提示	风险规避措施
资料归还	（1）到解释计算中心归还借取的资料，上交射孔资料； （2）帮助送还仪器，填写“仪器借还卡”和井下仪器使用情况，反映给仪修班	（1）若资料不及时归还和上交，可能会造成资料丢失或者延误施工井的下一次施工进度； （2）若仪器有问题且不归还返修，会影响下一次的施工	（1）返厂后及时归还借取的施工资料并签字； （2）及时归还设备，并进行维护、保养
数控射孔仪线路检测	（1）检查线路通断和绝缘情况； （2）检查电源线有无破损，接触是否良好； （3）计算机工作是否正常； （4）仪器机箱与机架固定完整； （5）绞车面板的深度、张力显示正确	（1）如果过桥线表面有油污、断裂现象，地线、航空插头接触不好，会使仪器绝缘变低，造成短路，可能损伤仪器； （2）若电源线有问题，会造成触电事故； （3）若计算机工作不稳定、出现问题，会使施工进度受到影响； （4）若固定松动，在道路上会损伤仪器，严重时将无法进行施工； （5）若绞车面板有问题，会造成司机在操作绞车时发生井下事故	（1）认真检查各部线路的通断、绝缘、固定情况，确保线路完好； （2）绞车面板要经常进行校验，发现问题立即维修，确保完好

续表

工作内容	工作标准	风险提示	风险规避措施
仪器调校	系统运转良好，各部分通断、绝缘良好，无短路、接地现象，深度系统误差在规定范围内，绘图走纸误差也在规定范围内	若长时间不校验仪器，可能造成各处接头绝缘性降低，对施工造成影响	严格按照《数控射孔(取心)仪操作与调校规程》执行
材料检查	备用材料齐全、完好	若长时间不使用，可能造成一些材料变质，无法达到施工要求	及时检查、补充、更换材料
配合其他岗位做好生产准备	协助司机、井口岗做好设备保养、维护、护理工作	若生产准备不充分，则无法完成突发施工井任务	认真、仔细地做好生产准备

第三节 应急处置标准化操作规程

应急处置标准化操作规程如表3-8所示。

表3-8 仪器操作工程师应急处置标准化操作规程

故障类型	处置程序
交通事故	(1)有起火、爆炸或事故发生在高速公路上时，应迅速转移人员到安全地带； (2)车上有民爆品时，应及时转移到安全地带并安排专人看护； (3)必要时寻求周围群众、过往车辆的帮助； (4)及时汇报，现场抢险，保护现场
民爆品丢失	(1)一旦确认丢失，要迅速保护现场； (2)立即向公司应急办公室、基层单位和业主方汇报； (3)立即组织全队人员查找； (4)若查找不到，应立即通知有关部门，同时做好工作场地的控制工作，严禁闲散人员进入工作场地； (5)若已查找到民爆品，则宣布应急结束，安排继续施工
触电事故	(1)指挥切断电源； (2)指挥将触电者脱离电源； (3)根据触电者情况采取不同急救措施； (4)拨打“120”急救电话，并向公司应急办公室、基层单位汇报
民爆品地面爆炸	(1)指挥对伤者进行急救； (2)拨打“120”急救电话； (3)向公司应急办公室、基层单位和业主方汇报情况； (4)将剩余民爆品妥善保存； (5)保护好现场
一般火灾	(1)组织转移民爆品，如有可能，则切断火灾区域电源； (2)现场指挥调配人员和消防器材，在确保人员安全的情况下开展灭火工作，如火势较大现场难以控制，立即拨打火警电话； (3)清点现场人员，确保人员安全的前提下，积极寻找失踪人员和抢救涉险、受伤人员，如人员受伤较重现场无法处置，立即拨打急救电话； (4)在确保人员安全的前提下，能隔离火源的，立即进行有效隔离； (5)转移附近物资装备，阻止火势蔓延，控制事态发展；

续表

故障类型	处置程序
一般火灾	（6）在进行以上处置的同时向公司应急办公室和业主方汇报； （7）火势熄灭后，检查设备损坏情况，继续组织生产
电缆射孔射孔枪未起爆	（1）装配现场应设警戒区，严禁无关人员进入，严禁吸烟和使用明火，关闭所有无线通信设备； （2）要求射孔枪上提离井口100m时切断总电源，点火缆芯接地放电； （3）先在井口把电雷管取掉，再把射孔枪提出井口拆卸； （4）拆卸的火工品要分类存放、妥善保管
TCP射孔射孔枪未起爆	（1）采用投棒起爆的TCP射孔时，要先打捞出投棒，才能上提射孔管柱拆卸射孔枪； （2）在井口拆卸时要圈闭作业区，作业区严禁无关人员进入，严禁吸烟和使用明火，关闭所有无线通信设备； （3）拆卸射孔枪时，射孔枪两端严禁站人； （4）拆卸的火工品要分类存放、妥善保管
电缆打扭	（1）提示司机慢速上提仪器，缓慢通过井口； （2）打扭处出井口后迅速卡住下部电缆，并用游车上下活动电缆及仪器，对打扭电缆及时处理； （3）若影响下一步施工，则将电缆打扭处剁去后快速接上电缆上提仪器

岗位主要安全风险	井喷及井喷失控、火灾、爆炸、噪声、中毒、其他伤害	岗位主要危险物质	原油、天然气、硫化氢、民爆品

第四章　射孔队仪器助理操作工程师岗位操作标准

第一节　岗位描述

1. 岗位说明

射孔队仪器助理操作工程师岗位说明如表4–1所示。

表4–1　仪器助理操作工程师岗位说明

项　目		主要内容
工作概述		协助射孔操作工程师开展技术工作，负责计量器具的管理工作，负责相关报表、记录、资料的填写、传递及保管工作
上岗条件	教育程度	大学专科（高职）及以上学历
	从业资格	持有有效的职工上岗资格证、HSSE管理培训合格证、井控培训合格证、硫化氢防护技术证和爆破作业人员许可证；海上作业必须持有有效海上石油作业安全救生培训证
	技能等级	中国石化集团公司认可的初级专业技术及以上任职资格
	辅助技能	（1）掌握一定电子技术； （2）熟练操作各种常用软件及与工作相关软件； （3）掌握一定的仪器修理技能
	工作经历	具有两年以上油气勘探专业工作经历
	职业道德	爱岗敬业、勇于奉献、团结协作、遵章守纪
	身体素质	身体健康，能适应野外工作
岗位关系	纵向关系	接受队长的直接领导
	横向关系	（1）与本队其他岗位有协作关系； （2）与本单位仪修站、射孔队有配合关系； （3）与技术研究所各解释组有合作关系； （4）与甲方监督、试油队、钻井液服务方有协作关系
岗位职责	工作职责	（1）协助射孔操作工程师开展分队的技术工作； （2）协助操作工程师检查施工前各操作程序是否正确； （3）协助操作工程师做好本队生产设备、安全装置、消防设施、劳动防护器材和急救器具的管理工作；

续表

项目		主要内容
岗位职责	工作职责	(4)负责本队技术资料的登记和保管工作; (5)负责分队计量器具的保管、校验工作; (6)射孔操作工程师不在时，行使操作工程师职责; (7)完成上级安排的其他工作
	安全职责	(1)树立“安全第一，预防为主”的思想，严格执行有关安全生产规章制度，协助队长做好分队安全生产; (2)参加安全活动，建立安全台账; (3)检查督促各岗位严格执行安全操作规程，协助队长核对枪身下井顺序; (4)起下电缆时，提醒司机控制速度，防止电缆打扭打结，离井口300m时，提醒司机减速，提示地面工岗(井口)注意观察; (5)协助队长做好安全检查，发现问题及时整改，重大事故隐患立即上报; (6)负责仪器的维护、保养和分队的用电安全; (7)穿好劳动保护用品，不在井场范围内吸烟和动用明火
岗位工作内容		(1)操作责任: ①协助操作工程师对射孔施工要求的仪器进行校验、配接、调试; ②领取射孔施工所需资料，并核实、检查、妥善保管; ③收集现场原始数据，与操作工程师核实井况，核对施工井数据; ④设立施工区域警示标志，拉起警戒绳; ⑤协助完成张力线、深度马丁代克线的连接; ⑥用TCP操作射孔地面监测仪监测射孔起爆情况; ⑦协助开展各类资料的记录和填写; ⑧按照循环检查路线、项点进行详细检查; ⑨协助开展仪器的保养、送修、送检工作; ⑩完工后，进行井下仪器装车、固定，清理绞车的卫生; ⑪回厂归还仪器，清洗车辆和工具，保养各种设备，并做好记录。 (2)安全责任: ①执行QHSE法律法规、标准和公司各项QHSE管理制度，严格执行各级安全与生产禁令; ②开展生产过程中的岗位风险识别与控制工作; ③负责安全搬运、连接和固定施工仪器;负责施工过程中的井口坐岗观察; ④做好施工辅助装备的维修、保养，确保其安全运行; ⑤施工中按巡回检查制度要求，认真检查地面、井口各岗的关键和要害部位，严格按标准进行施工，发现问题及时处理或向队长汇报; ⑥不违章作业，不违反劳动纪律，自觉抵制违章指挥，纠正违章行为; ⑦参与现场井控、工程及其他突发事件的应急处置工作; ⑧参加职业卫生教育培训，正确使用劳动防护用品
工作权限		(1)对违章指挥有拒绝权，对违章操作有制止权; (2)对本岗位突发情况有先行解决权
职业生涯发展规划		(1)在本岗位具有良好的工作业绩，达到高一层次任职条件后，可晋升到高一级岗位; (2)可以在公司内部进行相应岗位流动或轮换
工作考核	考核关系	(1)接受上级相关部门的工作考核; (2)接受基层单位的业务考核; (3)对本班组人员的工作进行考核
	考核依据	考核细则、岗位职责、工作标准、上级检查反馈的考核信息

2. 射孔工艺流程

1）电缆射孔工艺流程

仪器助理操作工程师电缆射孔工艺流程如图4-1所示。

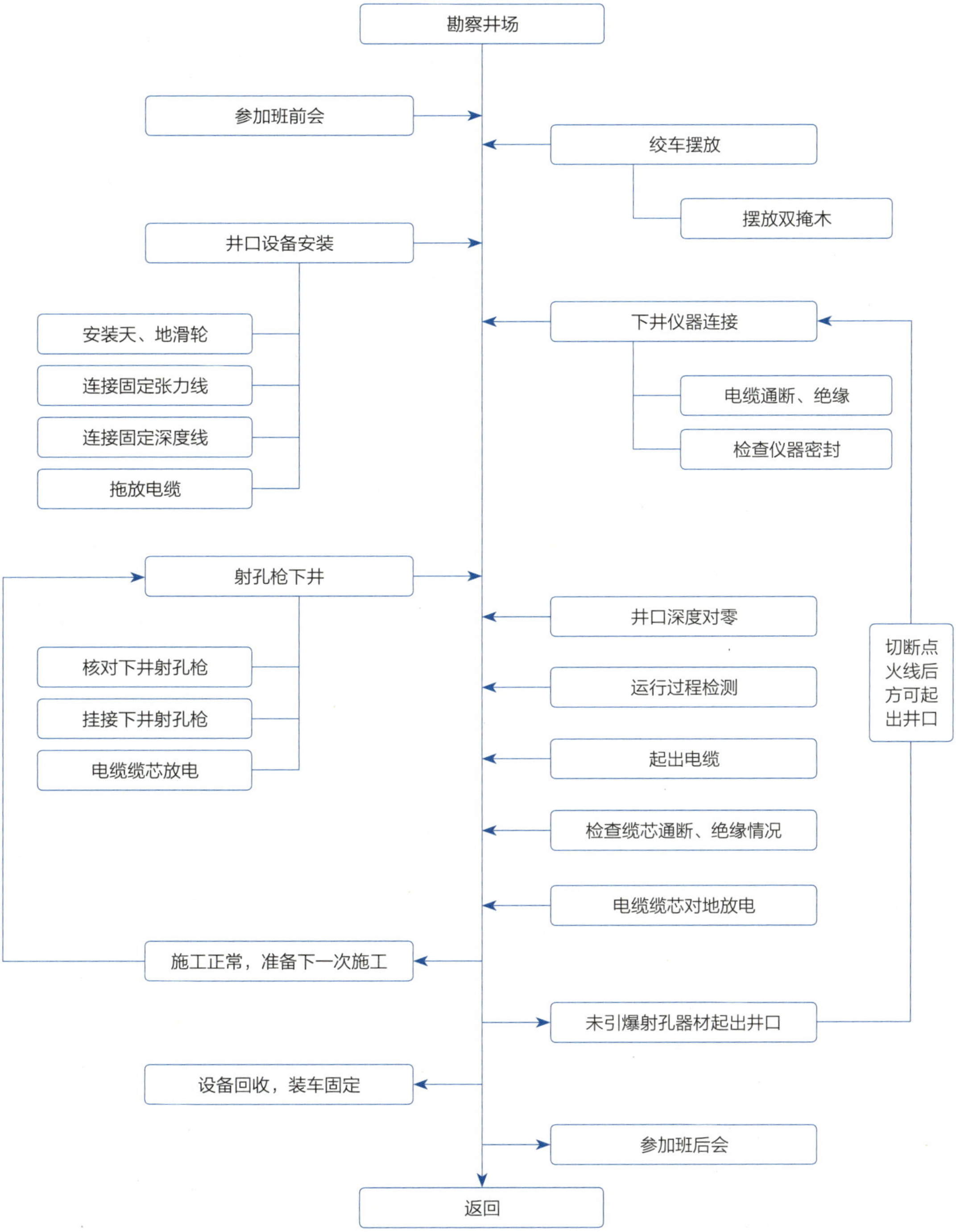

勘察井场

参加班前会

绞车摆放

摆放双掩木

井口设备安装

安装天、地滑轮

连接固定张力线

连接固定深度线

拖放电缆

下井仪器连接

电缆通断、绝缘

检查仪器密封

射孔枪下井

核对下井射孔枪

挂接下井射孔枪

电缆缆芯放电

井口深度对零

运行过程检测

起出电缆

检查缆芯通断、绝缘情况

电缆缆芯对地放电

施工正常，准备下一次施工

未引爆射孔器材起出井口

切断点火线后方可起出井口

设备回收，装车固定

参加班后会

返回

图4-1 仪器助理操作工程师电缆射孔工艺流程

2）TCP射孔工艺流程

仪器助理操作工程师TCP射孔工艺流程如图4-2所示。

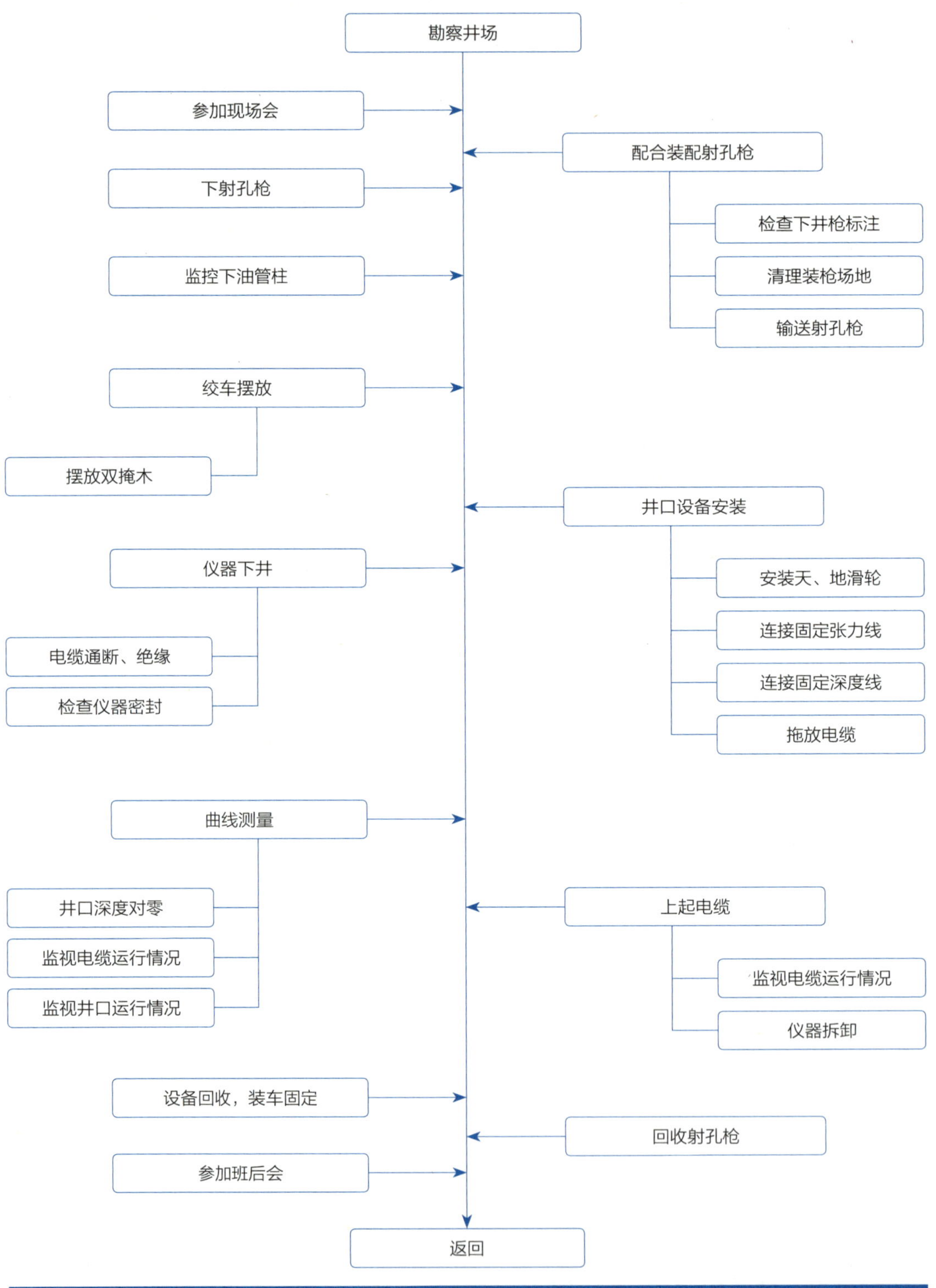

图4-2　仪器助理操作工程师TCP射孔工艺流程

3. 工作流程

仪器助理操作工程师工作流程如图4-3所示。

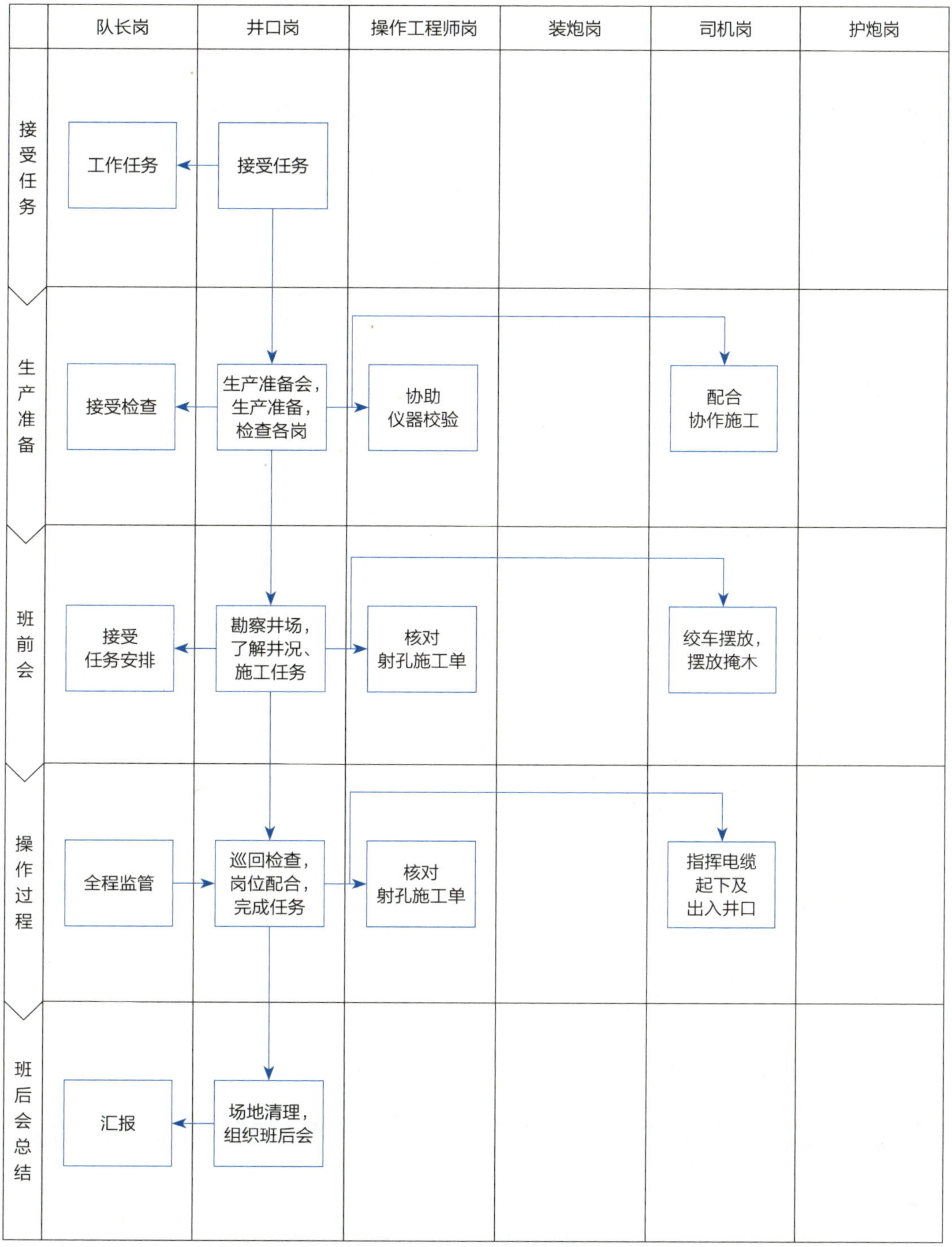

	队长岗	井口岗	操作工程师岗	装炮岗	司机岗	护炮岗
接受任务	工作任务	接受任务				
生产准备	接受检查	生产准备会，生产准备，检查各岗	协助仪器校验		配合协作施工	
班前会	接受任务安排	勘察井场，了解井况、施工任务	核对射孔施工单		绞车摆放，摆放掩木	
操作过程	全程监管	巡回检查，岗位配合，完成任务	核对射孔施工单		指挥电缆起下及出入井口	
班后会总结	汇报	场地清理，组织班后会				

图4-3 仪器助理操作工程师工作流程

第二节　岗位标准化操作规程

1. 生产准备标准化操作规程

生产准备标准化操作规程如表4-2所示。

表4-2　仪器助理操作工程师生产准备标准化操作规程

工作内容	工作标准	风险提示	风险规避措施
电缆、鱼雷、马笼头检查	(1)检查通断、绝缘情况，确保与地面仪器的通道对应； (2)丝扣、密封面达到标准要求； (3)做好电缆50m、25m、5m记号，电缆接头和断丝处捆扎牢固； (4)设置电缆弱点	(1)如果电缆的通断和绝缘有问题，可导致仪器工作不正常，出现返工； (2)若密封面不达标，会造成下井仪器进水，影响施工； (3)如果深度、记号不全，上起电缆会导致拉断电缆、撞天车事故； (4)如承载有问题，使用过程可能发生工程事故	(1)严格按照《电缆输送射孔作业流程》《油管输送射孔作业流程》进行生产准备； (2)操作工程师协助检查
磁定位器、GR仪器、张力计检查	(1)通断、绝缘良好； (2)连接丝扣、密封面完好	(1)若有问题，易导致仪器工作不正常； (2)若丝扣、密封面不好，会造成绝缘性降低，施工受影响	(1)严格按照《电缆输送射孔作业流程》《油管输送射孔作业流程》进行生产准备； (2)操作工程师协助检查
天、地滑轮及连接器检查	紧固良好，润滑良好，转动灵活，不松不旷	若天、地滑轮及连接器有问题，可能引发工程事故或导致无法施工	(1)严格按照《电缆输送射孔作业流程》《油管输送射孔作业流程》进行生产准备； (2)操作工程师协助检查
深度马丁代克检查	紧固良好，润滑良好，转动灵活，不松不旷	若深度马丁代克工作不正常，可能导致仪器无法正常施工	(1)严格按照《电缆输送射孔作业流程》《油管输送射孔作业流程》进行生产准备； (2)操作工程师协助检查
井口工具检查	工具数量齐全、状态完好	若工具不全或状态不好，可能导致现场施工工作不便	(1)严格按照《电缆输送射孔作业流程》《油管输送射孔作业流程》进行生产准备； (2)操作工程师协助检查

2. 运输途中操作标准化操作规程

运输途中操作标准化操作规程如表4-3所示。

表4-3　仪器助理操作工程师运输途中操作标准化操作规程

工作内容	工作标准	风险提示	风险规避措施
途中操作	射孔枪、马笼头、磁定位器、天（地）滑轮等保护	疲劳驾驶、危险路段行车易造成车辆事故，剧烈颠簸易造成器材损伤、变形	提醒司机匀速行驶，颠簸路段减速慢行；停车检查设备固定情况

3. 电缆射孔现场施工标准化操作规程

电缆射孔现场施工标准化操作规程如表4–4所示。

表4–4 仪器助理操作工程师电缆射孔现场施工标准化操作规程

工作内容	工作标准	风险提示	风险规避措施
施工条件检查	(1)井口周围无障碍物，场地平整，无油污及泥浆； (2)井口安装防喷器； (3)井架对正井口，无高空坠物危险； (4)井内没有溢流或者有毒气体； (5)施工现场有合适的停车场地，井口应高于油管摆放平面，井口至绞车停放地25～50m	(1)若搬运工具时绊倒、摔倒，易被碰伤、磕伤、砸伤； (2)绷绳若有断丝，施工时有巨大安全隐患； (3)若井架没有对正井口，施工中的电缆会因为与井架发生摩擦，造成电缆外皮损伤或者挂断电缆事故； (4)如果井内有毒气体外溢，会发生人员中毒事件； (5)绞车停放区域与井口过近，如果井下有紧急情况将无法及时处理	(1)要注意脚下和上方，防止绊倒、摔倒、坠落； (2)检查绷绳是否有断丝时，防止断丝刺伤手指； (3)检查井口是否符合施工条件，有无安全隐患； (4)及时观察井口有无气体外溢，使用器材进行检查； (5)选择合适的施工场地
参加现场会	(1)了解本次施工的射孔内容、射孔顺序、井下参数、作业风险、注意事项等； (2)了解发生危险时的紧急集合点、逃生路线和方式； (3)明确该井作业的射孔井段及射孔枪的次数、长度、孔数； (4)注意安全事项(如仪器搬运的方法，特殊工具使用的方法，井口、场地作业安全要求)； (5)明确本岗位的职责及巡回检查路线	(1)若不了解施工情况和作业风险，容易导致事故和人身伤害； (2)若不清楚下井射孔枪的次数、长度、孔数，可能造成返工或工程事故； (3)若对安全注意事项不清楚，未严格按操作规程操作，易导致误工或工程事故； (4)若出现异常情况未能及时处理，易造成工程事故和人身伤害； (5)若不明确巡回路线，就无法发现施工中的安全隐患	(1)不得缺席施工现场会，认真听取在井场施工中的注意事项等； (2)对情况全面掌握，了解发生危险时的逃生路线； (3)了解施工任务，认真核查下井枪身的次数、长度、孔数，防止误射孔事故； (4)现场施工时注意观察周围情况，预防人身伤害； (5)加强巡回检查，预防机械事故、人身伤害
绞车摆放	(1)选择合适位置摆放工程绞车； (2)了解掩木摆放情况； (3)绞车前方应无障碍物，视线清晰； (4)仪器车与绞车不能停在高压线下面； (5)井场有条件的，绞车应停在井口的上风口； (6)绞车距井口25～50m，绞车后轮垫三角掩木；井深超过3500m或井斜超过30°及井场条件恶劣、复杂的井，前方需有固定措施或者拖拉机牵引	(1)绞车滚筒若不对正井口，易造成电缆坍塌，损伤电缆； (2)若轮胎掩木位置不正确、未放好，电缆上提遇卡会拉断电缆或使绞车被拉向井口，造成人身伤害、设备损坏； (3)若绞车室到井口视线不清，容易发生人身伤害和工程事故； (4)如果停靠在高压线下，容易发生触电事故，造成人身伤害； (5)绞车停放在下风口，如果井内有毒气体溢出，会使人中毒； (6)若井场条件不好，掩木垫	(1)选择合适位置摆放工程绞车； (2)检查掩木摆放情况； (3)绞车前方应无障碍物，视线清晰； (4)仪器车与绞车不能停在高压线下面； (5)井场有条件的，绞车应停在井口的上风口； (6)绞车距井口25～50m，绞车后轮垫三角掩木；井深超过3500m或井斜超过30°及井场条件恶劣、复杂的井，前方需有固定措施或者拖拉机牵引

上四

续表

工作内容	工作标准	风险提示	风险规避措施
绞车摆放		不到位，在起下电缆过程中，会使绞车后移，造成绞车机械事故和人身伤害事故	
井口设备安装	（1）固定深度马丁代克，将张力计、磁性定位器、天（地）滑轮等工具取出，安全运送到井口合适位置摆放； （2）将电缆从绞车滚筒上放下60m左右平铺在地面； （3）安装井口天滑轮的方法：地面工（井口）拿起羊角先固定到吊卡里，关上吊卡活门，然后依次把张力计、滑轮连接好，连接部用防串销子固定好；再将保险绳套绕过滑轮两端轮轴上，并将松紧调节合适，然后把保险绳套两头固定到吊卡两端； （4）张力线接到张力计的接口上，把张力线固定到合适位置； （5）安装井口地滑轮的方法：将地滑轮坐开口朝向绞车停车位置固定到井口防喷器上，用专用的螺丝固定好，上好两头螺帽，然后将地滑轮鸭嘴孔眼对准地滑轮卡子孔眼，将防串销子从滑轮销子孔眼中穿进去锁好，将深度马丁代克上在地滑轮上，并卡好，并使弹簧销完全插入夹板缺口内，确保齿轮咬合正常，连接深度马丁代克线，并把深度线放到合适位置； （6）将电缆头从下往上穿过井口地滑轮、天滑轮，然后把电缆头抓住； （7）指挥作业队通井机操作工程师将天滑轮提升到采油树上部10m左右后停车，并要求作业队操作人员把通井机气刹、手刹刹把固定死	（1）运送工具途中，若设备摆放不好，可能损伤工具设备； （2）电缆如果没有整齐平铺地面，会造成电缆打扭、打结； （3）若天滑轮固定不牢，滑轮脱落砸向井台，会直接造成严重工程事故和人身伤害； （4）若张力线固定不好，会使张力线与电缆缠绕，造成设备损坏； （5）若通井机刹把固定不牢，会造成天车下滑，砸伤、砸断电缆； （6）如果电缆穿错，会卡断电缆，造成工程事故	（1）输送工具选择合理路线和存放地点； （2）拖放电缆，多观察，速度要慢，铺设平整； （3）天（地）滑轮、T形吊卡、保险绳套等受力件定期探伤并进行拉力试验； （4）张力线固定好，及时检查； （5）检查地滑轮插销的安装情况，确保无误；检查滑轮保险绳套固定情况和吊升设备刹死情况； （6）设备安装完毕，要及时检查，实时监控井口设备的运行情况
装接下井射孔枪	（1）射孔枪身下井前，使用万用表、摇表检查电缆通断、绝缘情况； （2）使用万用表、摇表检查磁性定位器通断情况，点火针绝缘； （3）连接下井仪器（磁性定位器），用摇表对连接好的磁性定位器和电缆进行绝缘检测，检测完毕，电缆缆芯必须对地放电；通知操作工程师检查电缆、磁性定位器通断情况，进行下井前的仪器	（1）电缆缆芯检查绝缘如果没有放电，连接射孔枪身时，容易发生地面爆炸事故； （2）检测绝缘如果不放电，连接枪身可能会引爆雷管，导致地面爆炸； （3）摇表检查完电缆和磁性定位器绝缘后，电缆缆芯必须及时对地放电，否则容	（1）电缆缆芯绝缘检查完及时对地放电； （2）设备绝缘检查完对地放电； （3）枪身下井前不得打开仪器总电源，防止枪身地面爆炸； （4）接射孔枪前缆芯要放电，防止枪身地面爆炸； （5）检查下井射孔枪是否正确； （6）挂接射孔枪时，注意避免

续表

工作内容	工作标准	风险提示	风险规避措施
装接下井射孔枪	校验； （4）连接射孔枪身前，检查、核对、确认本次下井射孔枪的次数、长度、孔数是否正确，正确后方可挂接射孔枪； （5）地面工（井口）甲将磁性定位和尚头插入射孔枪挂接帽孔隙内，指挥司机准备上起电缆； （6）装跑工用专用绳套绑在枪身上离枪尾30cm左右处（或者用专用钩子，钩住枪身尾部孔内）	易造成工程事故； （4）如果不核对下井的射孔枪次数、长度、孔数，容易造成枪身挂错，而发生误射孔事故； （5）如果与地面工岗（装炮）合作得不好，极易发生人身伤害	发生人身伤害事故
下射孔枪	（1）地面工（井口）乙站在井口与绞车之间且距井口3m以外处，用双手向绞车方向用力将电缆拉直，以防电缆跳槽，直至电缆绷直； （2）地面工（井口）甲做上起电缆手势，示意绞车司机上起电缆，绞车司机缓慢平稳上起电缆；装跑工拽住绳套将枪身送至井口，枪尾离井口上部30cm左右时，地面工（井口）甲做手势停止电缆运行，地面工（井口）甲左手扶住枪身，右手解下绳套后，做下电缆手势示意绞车司机下放电缆，同时双手扶在枪身距枪尾约30cm处，将枪身扶正对正井口，将射孔枪身下入井内； （3）当射孔枪枪头挂接帽和磁性定位器接口处到井口平面处上方0.3cm时，指挥司机停车； （4）使用尖嘴钳连接磁性定位器点火针对地放电，然后将射孔枪点火线与磁性定位器点火针连接； （5）指挥绞车司机下放电缆，当磁性定位器记录点到达井口平面时，指挥绞车司机停车，做手势示意绞车和仪器深度对零；等电缆下放50m后，离开井口到安全位置	（1）上起电缆时，电缆及枪身易对施工人员造成打击伤害； （2）若井场不平整或障碍物过多，会绊倒施工人员造成摔伤、扭伤； （3）电缆运行时可能发生滑轮绞手、电缆剐蹭等危险； （4）井口脱岗可能会不能及时发现电缆下堆等重大隐患； （5）若在运行的滑轮上作业，可能会绞伤手指	（1）起电缆时人员身体远离电缆，防止电缆伤人； （2）枪身正下方及正前方不得站人，防止被枪身撞伤、砸伤； （3）装炮场地上及井口附近的障碍物要清除，防止送枪身时因失去平衡，而造成扭伤、摔伤或砸伤； （4）滑轮运行时，施工人员手不得攀附滑轮电缆，防止滑轮绞伤手指； （5）下电缆时地面工（井口）不准脱岗，防止枪身遇阻将电缆下堆，防止处理电缆下堆时造成人身伤害； （6）绞车后严禁站人
电缆运行	（1）监视电缆、井口设备的运行状况； （2）发现异常（如电缆跳槽、电缆钢丝不平整，以及井液喷涌、有毒有害气体、井架落物等），应及时采取措施； （3）上提电缆时安装刮油器，下放电缆时拆除刮油器，仪器距井口1m时拆除刮油器； （4）下井仪器出入井口时，负责在井口指挥	（1）若对电缆、井口设备运行情况未能随时监控，则出现异常情况无法及时发现，易造成工程事故； （2）若电缆回收时不装刮油器，脏电缆可造成深度误差，冬天结冰可造成电缆跳槽； （3）若仪器出井口时刮油器未能及时拆卸，可被电缆带	（1）熟悉应急处置程序和措施，有相应的应急处置能力； （2）实时观察电缆运行情况、井口情况，有问题及时汇报队长； （3）与绞车司机配合合理，手势正确

续表

工作内容	工作标准	风险提示	风险规避措施
电缆运行		上天滑轮，引起严重的工程事故； （4）若仪器出入井口时指挥有误，与绞车司机协作时误操作，可造成工程事故和人身伤害	
电缆起出	（1）射孔点火后，需上起电缆时，装好电缆刮油器，并在上起电缆过程中，地面工（井口）观察井口是否有外溢； （2）电缆起到距井口500m处，可以听到绞车3声喇叭声音时，到井口观察电缆记号，并指挥绞车放慢上起电缆速度； （3）电缆起到距井口100m处时，可以听到绞车两三声喇叭声音时，地面工（井口）做手势示意司机换挡慢起电缆，及时观看井口； （4）当电缆上提50m记号出现后，做手势画3个圈；25m记号出现后，做手势上下摆动两次；5m记号出现后，手臂伸直，一直到射孔枪（仪器）提出井口时，伸直的手臂向下示意停车； （5）电缆5m记号出井口，手平举，磁性定位器与射孔枪挂接帽结合部起出井口约0.3m后，做手势示意司机停止上起电缆，使用尖嘴钳把枪身点火线从磁性定位器点火针部位取下，再指挥绞车慢慢上起电缆； （6）射孔枪枪尾离井口上部0.3m左右时做手势停止电缆运行，离枪尾30cm左右处用专用绳套绑牢（或者用钩子钩住射孔枪身尾部孔内），指挥绞车司机缓慢下放电缆，由装跑工将射孔枪拽离井口平坦处，地面工（井口）甲将磁性定位器从射孔器挂接帽内取出； （7）检查磁性定位器和电缆通断、绝缘情况，准备下一次施工	（1）起电缆时电缆及回收的电缆头易造成人员的打击伤害； （2）井口人员若脱岗，就不能及时发现卡枪、过顶天车等重大安全隐患； （3）枪身起出后有砸伤施工人员的隐患； （4）使用正确的手势与绞车司机交流很重要，否则容易造成人身、设备危害及事故； （5）如果不及时对起出的电缆和仪器进行检查，则下一次施工的进度有可能会受到影响，造成返工	（1）起电缆的过程中，任何人员不得穿越、跨越电缆，防止电缆伤人； （2）起电缆时地面工（井口）不准脱岗，防止将仪器枪身起过天车； （3）起电缆过程三等仓禁止上人，绞车后禁止站人，防止遇卡拉断电缆或绞车被拉向井口造成人身伤害； （4）不得在运行的滑轮上作业，防止滑轮绞伤手指； （5）起电缆时，施工人员身体远离电缆，防止电缆伤人； （6）枪身正下方及正前方不得站人，防止枪身撞伤、砸伤； （7）仪器起出井口后，及时对起出的电缆和下井仪器进行检查
未引爆射孔器材起出	必须先切断点火线与射孔枪连接，此后方可起出井口	若不切断点火线，可能造成地面爆炸事故	通知仪器断电，井口切断点火线后方可起出井口
拆除电缆及井口滑轮	（1）施工完毕，磁性定位器与电缆断开，电缆头套上护帽； （2）地面工（井口）甲抓住电缆头护帽后，指挥作业队通井机操作工程师下放天滑轮，同时地面工	（1）电缆回收过程中，电缆头易伤人，操作人员易绊倒； （2）井口人员拆除天、地滑轮时如果不按照操作规程进	（1）电缆下放过程中，地面工（井口）拉住电缆，跟随天车下放速度缓慢收取，防止绞车起电缆速度过快，使电缆头在天车处被

续表

工作内容	工作标准	风险提示	风险规避措施
拆除电缆及井口滑轮	（井口）乙拉住电缆同步往绞车方向收取电缆； （3）天滑轮到达地面后，将电缆从天、地滑轮中依次取出，地面工（井口）指挥绞车司机将电缆慢慢收回到绞车滚筒上； （4）将深度马丁代克线取下，然后将地滑轮从地滑轮座子上取下，再将地滑轮座子从井口上拆除； （5）将张力线取下，然后将保险绳套从天滑轮上取出，在依次拆除天滑轮、张力计，最后取下羊角； （6）地面工（井口）将天（地）滑轮、张力计、深度马丁代克、地滑轮座子等收回到原来位置并妥善保管； （7）检查井口工具是否回收齐全	行，可能造成人身伤害； （3）若工具回收不齐全，会影响下次施工	刮住，被拉断、拉飞，砸伤人员； （2）司机收电缆时注意观察，控制电缆回收速度；且地面工（井口）注意观察周围地势和障碍物，避免跌倒；防止绞车收电缆速度过快，将地面工（井口）拉倒造成摔伤、扭伤； （3）工具和器材回收齐全
场地清理	（1）填写地面设备使用记录； （2）检查现场工具器材是否回收完全，是否固定好； （3）清洁场地	（1）检查器材回收情况，防止遗漏施工工具和器材； （2）保护场地环境	（1）及时向队长汇报材料消耗情况，及时补全； （2）及时清洁场地，避免环境污染
参加班后会	参加班后会，总结本次施工中出现的隐患	如果隐患不能及时排查，可能造成事故	发现问题后要及时解决问题

4. TCP射孔现场施工标准化操作规程

TCP射孔现场施工标准化操作规程如表4-5所示。

表4-5 仪器助理操作工程师TCP射孔现场施工标准化操作规程

工作内容	工作标准	风险提示	风险规避措施
施工条件	（1）井口周围无障碍物，场地平整，无油污及泥浆； （2）井口安装防喷器； （3）井架对正井口，无高空坠物危险； （4）井内没有溢流或者有毒气体； （5）施工现场有合适的停车场地，井口应高于油管摆放平面，井口至绞车停放地25~50m	（1）若搬运工具时绊倒、摔倒，易被碰伤、磕伤、砸伤； （2）绷绳若有断丝，施工时有巨大安全隐患； （3）若井架没有对正井口，施工中的电缆会因为与井架发生摩擦，造成电缆外皮损伤或者挂断电缆事故； （4）如果井内有毒气体外溢，会发生人员中毒事件； （5）绞车停放区域与井口过近，如果井下有紧急情况将无法及时处理	（1）要注意脚下和上方，防止绊倒、摔倒、坠落； （2）检查绷绳是否有断丝时，防止断丝刺伤手指； （3）检查井口是否符合施工条件，有无安全隐患； （4）及时观察井口有无气体外溢，使用器材进行检查； （5）选择合适的施工场地
参加现场会	（1）了解本次施工的射孔内容、射孔顺序、井下参数、作业	（1）若不了解施工情况和作业风险，容易导致事故和人身伤害；	（1）不得缺席施工现场会，认真听取在井场施工中的注

续表

工作内容	工作标准	风险提示	风险规避措施
参加现场会	风险、注意事项等； （2）了解发生危险时的紧急集合点、逃生路线和方式； （3）明确该井作业的射孔井段及射孔枪的次数、长度、孔数； （4）注意安全事项，如仪器搬运的方法，特殊工具使用的方法，井口、场地作业安全要求； （5）明确本岗位的职责及巡回检查路线	（2）若不清楚下井射孔枪的次数、长度、孔数，可能造成返工或工程事故； （3）若对安全注意事项不清楚，未严格按操作规程操作，易导致误工或工程事故； （4）若出现异常情况未能及时处理，易造成工程事故和人身伤害； （5）若不明确巡回路线，就无法发现施工中的安全隐患	意事项等； （2）对情况全面掌握，了解发生危险时的逃生路线； （3）了解施工任务，认真核查下井枪身的次数、长度、孔数，防止误射孔事故； （4）现场施工时注意观察周围情况，预防人身伤害； （5）加强巡回检查，预防机械事故、人身伤害
协助地面工岗（装炮）装配射孔器材、下射孔枪身	（1）协助地面工岗（装炮）装配射孔枪，装枪前检查枪身上是否标注本次射孔的井名、层厚、孔数、下井次数； （2）与排炮弹核对需装配的射孔枪孔数、长度、下井次数； （3）检查下井枪身上标注是否齐全； （4）射孔枪装配完毕，及时清理现场，做到“工完、料净、场地清”； （5）枪身运输到井口，做好下井准备； （6）协助装炮工将装配好的射孔枪身依次下入井内	（1）射孔枪如果标示不清楚，会造成下井枪身出错，造成误射孔事故； （2）若实际下井与施工单次数、长度、孔数不一致，会造成误射孔； （3）禁止站在油管上，防止油管桥坍塌、滑到； （4）射孔枪装配完，如果不及时清点现场，可能发生遗失民爆品事故； （5）抬放枪时，可能因操作不当挤伤手指；枪身跌落，易造成砸伤；人员跌倒，易造成扭伤； （6）协助施工时，若不按次数、长度、孔数下井，会造成误射孔事故	（1）检查确保每支下井射孔枪的标示清晰； （2）及时核查装配的射孔枪，确保与设计一样； （3）确认下井的射孔枪与设计一样； （4）现场清理，避免遗漏民爆品； （5）防止送枪身时因失去平衡造成扭伤、摔伤或砸伤； （6）下射孔枪时严防井下落物，下射孔枪时核查下井射孔枪次数、长度、孔数
绞车摆放	（1）选择合适位置摆放工程绞车； （2）了解掩木摆放情况； （3）绞车前方应无障碍物，视线清晰； （4）仪器车与绞车不能停在高压线下面； （5）井场有条件的，绞车应停在井口的上风口； （6）绞车距井口25～50m，绞车后轮垫三角掩木；井深超过3500m或井斜超过30°及井场条件恶劣、复杂的井，前方需有固定措施或者拖拉机牵引	（1）绞车滚筒若不对正井口，易造成电缆坍塌，损伤电缆； （2）若轮胎掩木位置不正确、未放好，电缆上提遇卡会拉断电缆或使绞车被拉向井口，造成人身伤害、设备损坏； （3）若绞车室到井口视线不清，容易发生人身伤害和工程事故； （4）如果停靠在高压线下，容易发生触电事故，造成人身伤害； （5）绞车停放在下风口，如果井内有毒气体溢出，会使人中毒； （6）若井场条件不好，掩木垫不到位，在起下电缆过程中，会使绞车后移，造成绞车机械事故和人身伤害事故	（1）选择合适位置摆放工程绞车； （2）检查掩木摆放情况； （3）绞车前方应无障碍物，视线清晰； （4）仪器车与绞车不能停在高压线下面； （5）井场有条件的，绞车应停在井口的上风口； （6）绞车距井口15～35m，绞车后轮垫三角掩木；井深超过3500m或井斜超过30°及井场条件恶劣、复杂的井，前方需有固定措施或者拖拉机牵引
井口设备安装	（1）固定深度马丁代克，将张力计、磁性定位器、天（地）滑轮等工具取出，安全运送到井口合适位置摆放；	（1）运送工具途中，若设备摆放不好，可能损伤工具设备； （2）电缆如果没有整齐平铺地面，会造成电缆打扭、打结；	（1）输送工具选择合理路线和存放地点； （2）拖放电缆，多观察，速度要慢，铺设平整；

续表

工作内容	工作标准	风险提示	风险规避措施
井口设备安装	（2）将电缆从绞车滚筒上放下60m左右平铺在地面； （3）安装井口天滑轮的方法：地面工（井口）拿起羊角先固定到吊卡里，关上吊卡活门，然后依次把张力计、滑轮连接好，连接部用防串销子固定好；再将保险绳套绕过滑轮两端轮轴上，并将松紧调节合适，然后把保险绳套两头固定到吊卡两端； （4）张力线接到张力计的接口上，把张力线固定到合适位置； （5）安装井口地滑轮的方法：将地滑轮坐开口朝向绞车停车位置固定到井口防喷器上，用专用的螺丝固定好，上好两头螺帽，然后将地滑轮鸭嘴孔眼对准地滑轮卡子孔眼，将防串销子从滑轮销子孔眼中穿进去锁好，将深度马丁代克上在地滑轮上，并卡好，并使弹簧销完全插入夹板缺口内，确保齿轮咬合正常，连接深度马丁代克线，并把深度线放到合适位置； （6）将电缆头从下往上穿过井口地滑轮、天滑轮，然后把电缆头抓住； （7）指挥作业队通井机操作工程师将天滑轮提升到采油树上部10m左右后停车，并要求作业队操作人员把通井机气刹、手刹刹把固定死	（3）若天滑轮固定不牢，滑轮脱落砸向井台，会直接造成严重工程事故和人身伤害； （4）若张力线固定不好，会使张力线与电缆缠绕，造成设备损坏； （5）若通井机刹把固定不牢，会造成天车下滑，砸伤、砸断电缆； （6）如果电缆穿错，会卡断电缆，造成工程事故	（3）天（地）滑轮、T形吊卡、保险绳套等受力件定期探伤并进行拉力试验； （4）张力线固定好，及时检查； （5）检查地滑轮插销的安装情况，确保无误；检查滑轮保险绳套固定情况和吊升设备刹死情况； （6）设备安装完毕，要及时检查，实时监控井口设备的运行情况
连接下井仪器	（1）仪器下井前，使用万用表、摇表检查电缆通断、绝缘情况； （2）连接下井仪器（伽马仪器），通知操作工程师进行下井前的仪器校验； （3）地面工（井口）甲握住伽马仪器尾部，指挥绞车司机上起电缆	（1）连接仪器时，如果没有检查电缆对地绝缘和通断，可能会造成返工； （2）如果没有对仪器校验就下井，易导致返工； （3）若手势不清、不干脆，绞车在操作中，可能发生人身伤害	（1）接伽马仪器前缆芯要放电，防止串电影响仪器工作； （2）校验仪器，确保下井成功率； （3）手势清晰、干脆
下放电缆	（1）地面工（井口）乙站在井口与绞车之间且距井口3m以外处，用双手向绞车方向用力将电缆拉直，以防电缆跳槽，直至电缆绷直；	（1）上起电缆时电缆及伽马仪器易对施工人员造成打击伤害； （2）若井场不平整或障碍物过多，会绊倒施工人员，造成摔伤、扭伤；	（1）起电缆时人员身体远离电缆，防止电缆伤人； （2）仪器正下方及正前方不得站人，防止仪器撞伤、砸伤；

续表

工作内容	工作标准	风险提示	风险规避措施
下放电缆	（2）地面工（井口）甲做上起电缆手势，示意绞车司机上起电缆，绞车司机缓慢平稳上起电缆；伽马仪器尾离井口上部0.3m左右时，地面工（井口）甲做手势停止电缆运行，做下电缆手势示意绞车司机下放电缆，同时双手扶在伽马仪器尾部约0.3m处，将伽马仪器扶正对正井口，将伽马仪器下入井内； （3）当伽马仪器磁定位记录点到达井口平面时，指挥绞车司机停车，做手势示意绞车和仪器深度对零；等电缆下放50m，正常后，离开井口到安全位置	（3）电缆运行时可能发生滑轮绞手、电缆剐蹭等危险； （4）井口脱岗可能会导致无法及时发现电缆下堆等重大隐患； （5）在运行的滑轮上作业，可能导致滑轮绞伤手指； （6）绞车后站人，可能导致安全事故	（3）滑轮运行时，施工人员手不得攀附滑轮电缆，防止滑轮绞伤手指； （4）下电缆时地面工（井口）不准脱岗，防止仪器遇阻将电缆下堆，防止处理电缆下堆时造成人身伤害
电缆运行	（1）监视电缆、井口设备的运行状况； （2）发现异常（如电缆跳槽、电缆钢丝不平整，以及井液喷涌、有毒有害气体、井架落物等），应及时采取措施； （3）上提电缆时安装刮油器，下放电缆时拆除刮油器，仪器距井口1m时拆除刮油器； （4）下井仪器出入井口时，负责在井口指挥	（1）若对电缆、井口设备运行情况未能随时监控，则出现异常情况无法及时发现，易造成工程事故； （2）若电缆回收时不装刮油器，脏电缆可造成深度误差，冬天结冰可造成电缆跳槽； （3）若仪器出井口时刮油器未能及时拆卸，可被电缆带上天滑轮，引起严重的工程事故； （4）若仪器出入井口时指挥有误，与绞车司机协作时误操作，可造成工程事故和人身伤害	（1）熟悉应急处置程序和措施，有相应的应急处置能力； （2）实时观察电缆运行情况、井口情况，有问题及时汇报队长； （3）与绞车司机配合合理，手势正确
电缆起出	（1）曲线测量完毕，需上起电缆时，装好电缆刮油器，并在上起电缆过程中，地面工（井口）观察井口是否有外溢； （2）电缆起到距井口500m处，可以听到绞车3声喇叭声音时，到井口观察电缆记号，并指挥绞车放慢上起电缆速度； （3）电缆起到距井口100m处时，可以听到绞车两三声喇叭声音时，地面工（井口）打手势示意司机换挡慢起电缆，及时观看井口； （4）当电缆上提50m记号出现后，做手势画3个圈；25m记号出现后，做手势上下摆动两次；5m记号出现后，手	（1）起电缆时电缆及回收的电缆头易造成人员的打击伤害； （2）井口人员若脱岗，则不能及时发现卡枪、过顶天车等重大安全隐患； （3）枪身起出后可能砸伤施工人员； （4）使用正确的手势与绞车司机交流很重要，否则容易造成人身、设备危害及事故	（1）起电缆过程中，任何人员不得穿越、跨越电缆，防止电缆伤人； （2）起电缆时地面工（井口）不准脱岗，防止将仪器枪身起过天车； （3）起电缆过程中，三等仓禁止上人，绞车后禁止站人，防止遇卡拉断电缆或绞车被拉向井口造成人身伤害； （4）不得在运行的滑轮上作业，防止滑轮绞伤手指； （5）起电缆时，施工人员身体远离电缆，防止电缆伤人； （6）枪身正下方及正前方不得站人，防止枪身撞伤、砸伤

续表

工作内容	工作标准	风险提示	风险规避措施
电缆起出	臂伸直，一直到射孔枪（仪器）提出井口时，伸直的手臂向下示意停车； （5）电缆5m记号出井口，手平举，伽马仪器尾部起出井口约0.3m后做手势示意司机停止上起电缆； （6）用手握住仪器尾部，指挥绞车司机缓慢下放电缆，由装跑工将仪器拽离井口平坦处摆放，地面工（井口）甲将伽马仪器与电缆断开； （7）检查电缆通断、绝缘情况，准备下一次施工		
拆除电缆及井口滑轮	（1）施工完毕，磁性定位器与电缆断开，电缆头套上护帽； （2）地面工（井口）甲抓住电缆头护帽后，指挥作业队通井机操作工程师下放天滑轮，同时地面工（井口）乙拉住电缆同步往绞车方向收取电缆； （3）天滑轮到达地面后，将电缆从天、地滑轮中依次取出，地面工（井口）指挥绞车司机将电缆慢慢收回到绞车滚筒上； （4）将深度马丁代克线取下，然后将地滑轮从地滑轮座子上取下，再将地滑轮座子从井口上拆除； （5）将张力线取下，然后将保险绳套从天滑轮上取出，在依次拆除天滑轮、张力计，最后取下羊角； （6）地面工（井口）将天（地）滑轮、张力计、深度马丁代克、地滑轮座子等收回到原来位置并妥善保管； （7）检查井口工具是否回收齐全	（1）电缆回收过程中，电缆头易伤人，操作人员易绊倒； （2）井口人员拆除天、地滑轮时如果不按照操作规程进行，可能造成人身伤害； （3）若工具回收不齐全，会影响下次施工	（1）电缆下放过程中，地面工（井口）拉住电缆，跟随天车下放速度缓慢收取，防止绞车起电缆速度过快，使电缆头在天车处被刮住，被拉断、拉飞，砸伤人员； （2）司机收电缆时注意观察，控制电缆回收速度；且地面工（井口）注意观察周围地势和障碍物，避免跌倒；防止绞车收电缆速度过快，将地面工（井口）拉倒造成摔伤、扭伤； （3）工具和器材回收齐全
场地清理	（1）填写地面设备使用记录； （2）检查现场工具器材是否回收完全，是否固定好； （3）场地清洁	（1）检查器材回收情况，防止遗漏施工工具和器材； （2）保护场地环境	（1）及时向队长汇报材料消耗情况，及时补全； （2）及时清洁场地，避免环境污染
参加班后会	参加班后会，总结本次施工中出现的隐患	如果隐患不能及时排查，可能造成事故	发现问题后要及时解决问题

5. 返回途中操作标准化操作规程

返回途中操作标准化操作规程如表4–6所示。

表4–6　仪器助理操作工程师返回途中操作标准化操作规程

工作内容	工作标准	风险提示	风险规避措施
返回途中操作	进行射孔枪、马笼头、磁定位器、天（地）滑轮等的保护	疲劳驾驶危险路段行车易造成车辆事故，剧烈颠簸易造成器材损伤、变形	提醒司机匀速行驶，颠簸路段减速慢行；停车检查设备固定情况

6. 基地设备维护与保养标准化操作规程

基地设备维护与保养标准化操作规程如表4–7所示。

表4–7　仪器助理操作工程师基地设备维护与保养标准化操作规程

工作内容	工作标准	风险提示	风险规避措施
清理、清点设备	设备维护、保养	如果仪器设备不能及时归还，就不能及时进行维护、保养，将影响下一次施工	及时送还仪器设备进行维护、保养
参加班组安全活动	每月不少于3次	如果员工对一些危险不知道处理，会使人或者设备出现过度伤害和损失	加强员工处理和躲避危险的能力
材料检查	备用材料齐全、完好	若长时间不使用，可能造成一些材料变质，无法达到施工要求	及时检查、补充、更换材料

第三节　应急处置标准化操作规程

应急处置标准化操作规程如表4–8所示。

表4–8　仪器助理操作工程师应急处置标准化操作规程

故障类型	处置程序
交通事故	（1）有起火、爆炸或事故发生在高速公路上时，应迅速转移人员到安全地带； （2）车上有民爆品时，应及时转移到安全地带并安排专人看护； （3）必要时寻求周围群众、过往车辆的帮助； （4）及时汇报，现场抢险，保护现场
民爆品丢失	（1）一旦确认丢失，要迅速保护现场； （2）立即向公司应急办公室、基层单位和业主方汇报； （3）立即组织全队人员查找； （4）若查找不到，应立即通知有关部门，同时做好工作场地的控制工作，严禁闲散人员进入工作场地； （5）若已查找到民爆品，则宣布应急结束，安排继续施工

续表

故障类型	处置程序
触电事故	（1）指挥切断电源； （2）指挥将触电者脱离电源； （3）根据触电者情况采取不同急救措施； （4）拨打“120”急救电话，并向公司应急办公室、基层单位汇报
民爆品地面爆炸	（1）指挥对伤者进行急救； （2）拨打“120”急救电话； （3）向公司应急办公室、基层单位和业主方汇报情况； （4）将剩余民爆品妥善保存； （5）保护好现场
一般火灾	（1）组织转移民爆品，如有可能，则切断火灾区域电源； （2）现场指挥调配人员和消防器材，在确保人员安全的情况下开展灭火工作，如火势较大现场难以控制，立即拨打火警电话； （3）清点现场人员，确保人员安全的前提下，积极寻找失踪人员和抢救涉险、受伤人员，如人员受伤较重现场无法处置，立即拨打急救电话； （4）在确保人员安全的前提下，能隔离火源的，立即进行有效隔离； （5）转移附近物资装备，阻止火势蔓延，控制事态发展； （6）在进行以上处置的同时向公司应急办公室和业主方汇报； （7）火势熄灭后，检查设备损坏情况，继续组织生产
电缆射孔射孔枪未起爆	（1）装配现场应设警戒区，严禁无关人员进入，严禁吸烟和使用明火，关闭所有无线通信设备； （2）要求射孔枪上提离井口100m时切断总电源，点火缆芯接地放电； （3）先在井口把电雷管取掉，再把射孔枪提出井口拆卸； （4）拆卸的火工品要分类存放、妥善保管
TCP射孔射孔枪未起爆	（1）采用投棒起爆的TCP射孔时，要先打捞出投棒，才能上提射孔管柱拆卸射孔枪； （2）在井口拆卸时要圈闭作业区，作业区严禁无关人员进入，严禁吸烟和使用明火，关闭所有无线通信设备； （3）拆卸射孔枪时，射孔枪两端严禁站人； （4）拆卸的火工品要分类存放、妥善保管
电缆打扭	（1）提示司机慢速上提仪器，缓慢通过井口； （2）打扭处出井口后迅速卡住下部电缆，并用游车上下活动电缆及仪器，对打扭电缆及时处理； （3）若影响下一步施工，则将电缆打扭处剁去后快速接上电缆上提仪器

岗位主要安全风险	井喷及井喷失控、火灾、爆炸、噪声、中毒、其他伤害	岗位主要危险物质	原油、天然气、硫化氢、民爆品

上·四

第五章 射孔队井口操作工岗位操作标准

第一节 岗位描述

1. 岗位说明

射孔队井口操作工岗位说明如表5-1所示。

表5-1 井口操作工岗位说明

项目		主要内容
工作概述		负责井下仪器、火工器材现场组装及日常维护、保养；负责爆破器材领取、押运、使用、现场保管、记录及归还；负责各种连接头的制作；负责井口安装、拆除，摘挂马达、井口装换枪身；负责天、地滑轮及工具的使用、维护、保养，电缆维护、使用、保管和归还；负责绞车滚筒部分的维护、保养
上岗条件	教育程度	高中（技校）及以上学历
	从业资格	持有有效的职工上岗资格证、HSSE管理培训合格证、井控培训合格证、硫化氢防护技术证和爆破作业人员许可证；海上作业必须持有有效海上石油作业安全救生培训证
	技能等级	中国石化集团公司认可的中级工及以上任职资格
	辅助技能	掌握井口必备技能，熟悉射孔生产流程，能识别射孔器材，能够使用万用表和兆欧表检查通断、绝缘，熟悉射孔工艺流程，熟练使用各种防护用品，熟悉火工品性能及相关防护知识，熟悉火工品相关规章制度、相关法律法规
	工作经历	具有两年以上射孔工作经历
	职业道德	爱岗敬业、勇于奉献、团结协作、遵章守纪
	身体素质	身体健康，能适应野外工作
岗位关系	纵向关系	接受带队领导、队长的直接领导
	横向关系	（1）与本队其他岗位有协作关系； （2）与工艺室有配合关系； （3）与火工品保管处有协作关系
岗位职责	工作职责	（1）全面负责井口设备、专用工具、电缆、刮油器、电缆头的使用、维修和管理工作； （2）负责射孔施工前井口设备、专用工具等的生产准备、检查工作； （3）负责绞车系统的操作使用、维护保养，保证绞车处于良好状态； （4）负责滚筒、滑轮、马笼头、深度马丁代克等的保养； （5）负责射孔前井口设备的安装；

续表

<table>
<tr><th colspan="2">项 目</th><th>主要内容</th></tr>
<tr><td rowspan="2">岗位
职责</td><td>工作职责</td><td>（6）负责射孔过程中井口设备运行，发现问题及时通知绞车操作人员停车处理；
（7）负责填写电缆使用记录；
（8）在生产准备、进入库区及施工现场时须按要求穿戴防静电劳保用品；
（9）负责爆破器材领取、押运、使用、现场保管、记录及归还库房等；
（10）负责爆破器材临时存放点的评估、隔离及警示标识的设置；
（11）完成上级安排的其他工作</td></tr>
<tr><td>安全职责</td><td>（1）树立“安全第一，预防为主”的思想，严格执行有关安全生产方针政策、法律法规和其他要求；
（2）积极参加安全培训及各项安全活动，取得安全资质，掌握安全生产知识，提高安全生产技能；
（3）护炮时按照民爆品领用单领取民爆品；
（4）负责爆炸物品的领取、押运、看管和返还，填写使用记录；
（5）负责的运输车辆应按指定路线行驶，不许无关人员搭乘；道路、天气良好的情况下，汽车行驶速度不应超过60km/h；在因扬尘、起雾、暴风雪等导致能见度低时，汽车行驶速度应在20km/h以下；
（6）不得在人口稠密的繁华地区停留；行驶途中要随时检查物品的情况，严防物品丢失、被盗或发生意外事故；
（7）负责现场民爆品的管理；
（8）负责施工完毕后剩余民爆品的清点、归还；
（9）按照有关规定做好爆炸物品的装载和固定；
（10）负责爆破器材临时存放点的评估、隔离、警示标识的设置；
（11）到井后，认真检查井口设备，检查传感器连接销及固定销是否齐全，钢丝绳有无断丝、腐蚀，保证各部位连接可靠；
（12）检查绞车盘绳器是否完好、灵敏，连接处固定螺丝是否牢固，若发现问题应及时整改；负责井口设备和装置的日常保养、维护，确保安全；
（13）电缆应在捆扎5m、25m、50m处做明显记号；清理井口，防止井口落物；
（14）连接点火线前，应先将射孔枪下入法兰盘以下，缆芯对地放电后，方可连接点火线；
（15）将下井点火未响或遇阻的射孔枪起至井口，必须在切断点火线后，方可起出井口；
（16）协助队长维护绞车拖车安全，若遇突发情况，必须服从队长的指挥；
（17）施工完毕清理场地</td></tr>
<tr><td colspan="2">岗位工作内容</td><td>（1）操作责任：
①接受任务；
②检查确保井口设备完好、材料齐全；
③参加班前会，穿好劳保用品；
④安装好天、地滑轮；
⑤检查马笼头、电缆的绝缘、通断及各连接部位的密封性；
⑥核对下井枪身顺序；
⑦连接枪身点火线前，缆芯对地放电；
⑧井下仪器出井口时指挥绞车；
⑨拆除井口设备；
⑩清理场地；
⑪参加班后会。
（2）安全责任：
①参加每周的班组QHSE活动并记录、签字；
②严格执行QHSE的各项规定；
③参加应急预案演练；
④正确使用劳动防护用具；
⑤熟练使用和维护安全防护设施、消防器材和急救器具；
⑥制止和纠正“三违现象”</td></tr>
<tr><td colspan="2">工作权限</td><td>（1）对违章指挥有拒绝权，对违章操作有制止权；</td></tr>
</table>

续表

项　目		主要内容
工作权限		（2）对本岗位突发情况有先行解决权
职业生涯发展规划		（1）在本岗位具有良好的工作业绩，达到高一层次任职条件后，可晋升到高一级岗位； （2）可以在公司内部进行相应岗位流动或轮换
工作考核	考核关系	（1）接受上级相关部门的工作考核； （2）接受基层单位的业务考核； （3）对本班组人员的工作进行考核
	考核依据	考核细则、岗位职责、工作标准、上级检查反馈的考核信息

2. 工艺流程

井口操作工工作工艺流程如图5-1所示。

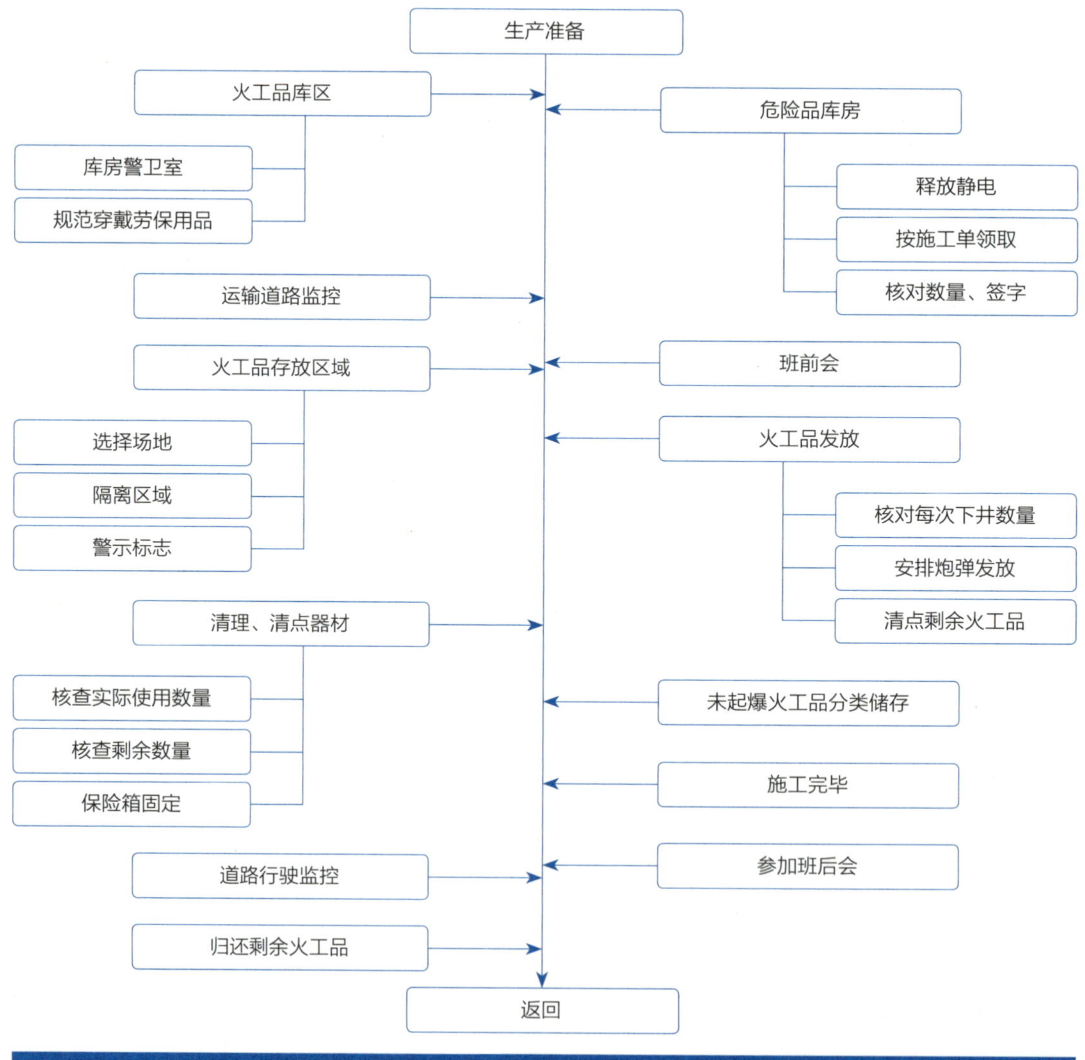

图5-1　井口操作工工作工艺流程

3. 工作流程

井口操作工工作流程如图5-2所示。

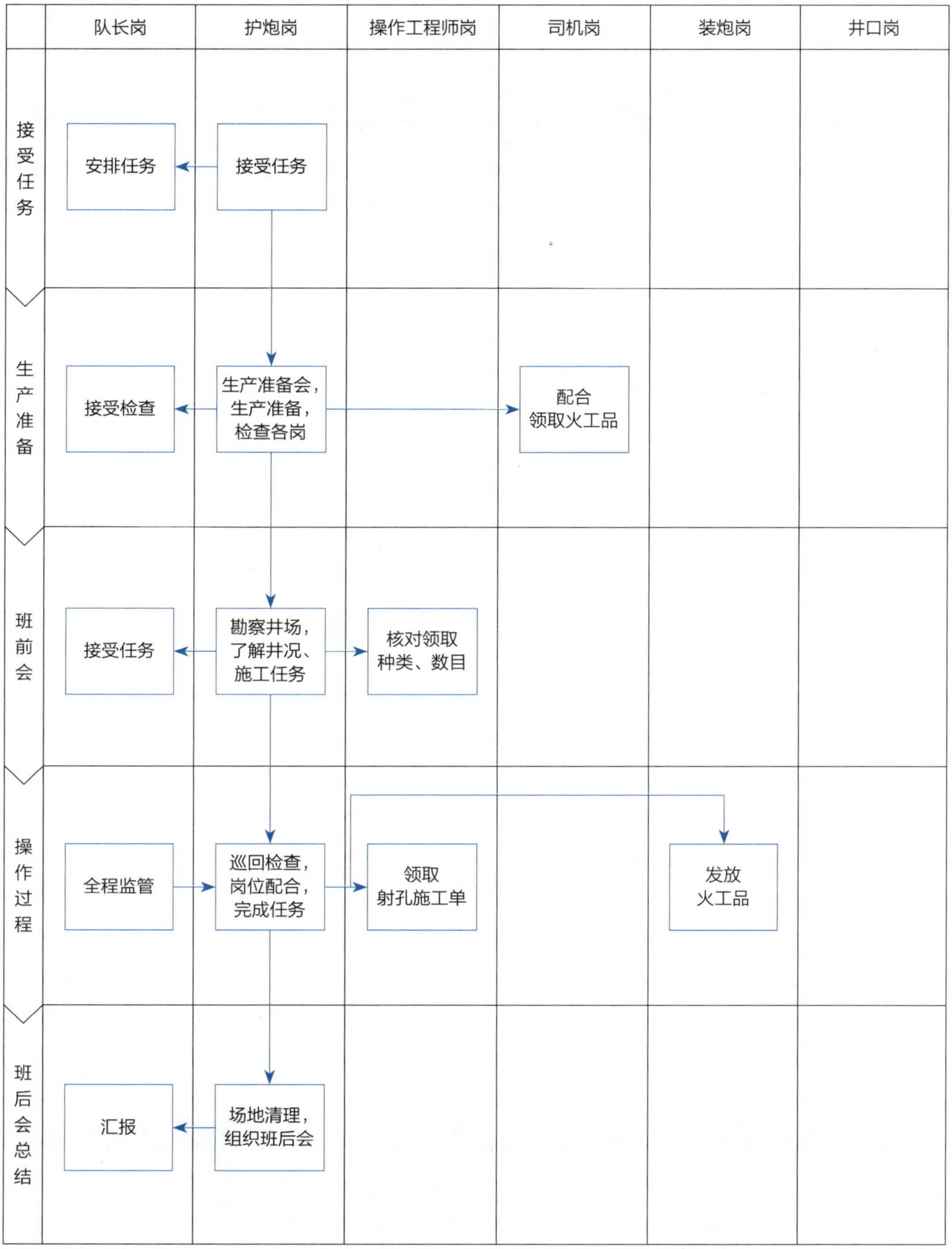

	队长岗	护炮岗	操作工程师岗	司机岗	装炮岗	井口岗
接受任务	安排任务	接受任务				
生产准备	接受检查	生产准备会，生产准备，检查各岗		配合领取火工品		
班前会	接受任务	勘察井场，了解井况、施工任务	核对领取种类、数目			
操作过程	全程监管	巡回检查，岗位配合，完成任务	领取射孔施工单		发放火工品	
班后会总结	汇报	场地清理，组织班后会				

图5-2 井口操作工工作流程

第二节 岗位标准化操作规程

1. 生产准备标准化操作规程

生产准备标准化操作规程如表5-2所示。

表5-2 井口操作工生产准备标准化操作规程

工作内容	工作标准	风险提示	风险规避措施
雷管防爆箱	（1）具备防火、耐压、防静电、抗跌落、抗震动的特点； （2）箱上双锁由爆破员和安全员两人管理； （3）标识齐全，箱内无杂物，固定牢靠，双锁齐全、无损坏	（1）防爆箱如果不具备耐温、耐压等特点，民爆品存放后容易发生爆炸事故； （2）防爆箱如不符合要求，会造成丢失； （3）如果标示不清、有杂物，则极易发生事故	（1）队长（安全员）检查保险箱，确保其符合标准（GB2702）； （2）专人保管使用； （3）按照标示，准确存放民爆品
射孔弹防爆箱	（1）具备防火、耐压、防静电、抗跌落、抗震动的特点； （2）箱上双锁由爆破员和安全员两人管理； （3）标识齐全，箱内无杂物，固定牢靠，双锁齐全、无损坏	（1）防爆箱如果不具备耐温、耐压等特点，民爆品存放后容易发生爆炸事故； （2）防爆箱如不符合要求，会造成丢失； （3）如果标示不清，容易混装，造成爆炸事故	（1）队长（安全员）检查保险箱，确保其符合标准（GB2702）； （2）专人保管使用； （3）按照标示，准确存放民爆品
导爆索防爆箱	（1）具备防火、耐压、防静电、抗跌落、抗震动的特点； （2）箱上双锁由爆破员和安全员两人管理； （3）标识齐全，箱内无杂物，固定牢靠，双锁齐全、无损坏	（1）防爆箱如果不具备耐温、耐压等特点，民爆品存放后容易发生爆炸事故； （2）防爆箱如不符合要求，会造成丢失； （3）如果标示不清，容易混装，造成爆炸事故	（1）队长（安全员）检查保险箱，确保其符合标准（GB2702）； （2）专人保管使用； （3）按照标示，准确存放民爆品
警戒标志	警戒标示醒目、无损伤、有足够长度	如不符合要求，将失去警戒效果	队长（安全员）进行检查，专人专管
车辆防火罩	检查确保防火罩完好、有效	进入库区，若不使用防火罩，可能引起火灾、爆炸事故	进入库区时，及时检查进库车辆是否安装防火罩

2. 民爆品领取标准化操作规程

民爆品领取标准化操作规程如表5-3所示。

表5-3 井口操作工民爆品领取标准化操作规程

工作内容	工作标准	风险提示	风险规避措施
入库前准备	（1）将“危险品库出入证”交于库房警卫； （2）在出入库房登记表上如实登	（1）如果没有出入证的严格管理，那么库房安全将受到危险，容易发生丢失民爆品等	（1）遵守库区安全管理规定，服从库区警卫人员的管理；

续表

工作内容	工作标准	风险提示	风险规避措施
入库前准备	记并签名； （3）进入库房前必须更换防静电服和防静电工鞋； （4）领取民爆品车辆进入民爆品库房时，应使用防火罩	意外事故； （2）若不实名登记，可能发生冒领等危险； （3）若不穿戴劳保用品进入库房，会产生静电，造成爆炸事故； （4）若不使用防火罩，可能引发火灾或者爆炸事故	（2）实名登记，持有有效证件，控制进入人员； （3）严格按规范穿戴劳保用品； （4）车辆进入库区前，检查防火罩是否安装
领取火工器材	（1）进入民爆品库房前，在门口的静电释放装置摩擦3次以上，释放身上的静电； （2）井口操作岗、安全员及协助人员按照施工通知单依次领取本井施工所需民爆品； （3）检查、核对民爆品领取、发放的种类和数量，并在民爆品发放记录及爆炸物品发放使用记录上签字	（1）若进入民爆品库房前不释放静电，在领取民爆品时可能因为静电引发爆炸事故； （2）民爆品领取时如果不仔细检查并核对种类、数量，可能造成民爆品的流失及意外事故	（1）相互监督释放静电后再进入库房； （2）领取民爆品等危险物品时，井口操作岗、库房保管员、安全员按照施工通知单领取，做到账、卡、物三对口； （3）发放民爆品结束，与库房保管员最后审查、核对发放数量后，及时签字确认

3. 运输中途检查标准化操作规程

运输中途检查标准化操作规程如表5-4所示。

表5-4　井口操作工运输中途检查标准化操作规程

工作内容	工作标准	风险提示	风险规避措施
道路行驶	（1）监督驾驶员的驾驶状态，确保其按照规定的行车速度、路线行驶； （2）提醒驾驶人员按照规定时间或规定里程停车休息，协助驾驶人员检查车辆技术安全状况，并检查所载民爆品的状况	（1）若不按路况行车，可能造成交通事故；若路线不清，可能造成行车绕路，耽误生产； （2）若疲劳驾驶，可能造成交通事故，引发民爆品爆炸事故	（1）协助司机维护好交通安全，随时观察交通路面的行驶状况； （2）长时间行驶，应该提醒司机停车休息，并检查民爆品运输情况
民爆品防爆箱固定	民爆品防爆箱固定完好，符合要求	剧烈颠簸会造成器材损伤、变形，或者引发爆炸事故	提醒司机匀速行驶，颠簸路段减速慢行，停车检查设备固定情况

4. 现场施工标准化操作规程

现场施工标准化操作规程如表5-5所示。

上·五

表5-5　井口操作工现场施工标准化操作规程

工作内容	工作标准	风险提示	风险规避措施
施工条件	(1)民爆品车辆停放区域干燥、平整、清洁并处于井口上风向方位； (2)队长(安全员)按照民爆品领取清单清点、核对民爆品规格型号、数量，检查器材是否完好； (3)民爆品车辆与井口、绞车、电源、火源保持足够的安全距离； (4)在装炮区域拉警戒线，放置安全警示牌	(1)现场发生意外事件时，车辆可能因无法及时移开而导致民爆品发生火灾或爆炸事故； (2)不及时清点、核查民爆品，如果遗失会影响现场施工进度并导致意外事故； (3)若民爆品离危险源太近，容易引发民爆品爆炸事故； (4)外人进入装炮区会影响施工，遗失民爆品	(1)合理选择车辆停放区域； (2)民爆品及时清点、核查； (3)停放区域必须远离危险源； (4)及时设置警示标志、拉警戒绳
参加班前会	(1)明确本次施工的射孔内容、射孔顺序、作业风险、注意事项等，特别是发生危险时的紧急集合点、逃生路线和方式； (2)明确该井作业的火工器材种类、性能、下井次数、下井顺序	(1)若不了解施工情况和作业风险，容易导致人身伤害； (2)如果错误发放民爆品，可能导致工程无法进行，或者遗失民爆品	(1)及时参加班前会，了解生产注意事项； (2)按照射孔施工单一次一只发放民爆品，及时清点剩余民爆品
区域的隔离	(1)将民爆品车辆停放至观察好的安全区域，用警戒绳将该区域隔离并预留出口； (2)设置醒目的危险品警示标识	(1)若停放位置不好，容易发生地面爆炸、火灾事故； (2)若不设立警示标志，民爆品可能被盗并影响现场施工	(1)选择合适场地停放车辆； (2)装枪场地应设置明确警示标志，禁止非工作人员围观
民爆品器材发放	(1)与队长(安全员)按照射孔施工单核对地面工岗(装炮)所持排炮单，发放本次射孔施工的火工器材并签字确认； (2)每次发放完及时清点、记录剩余民爆品，随用随取，取后上锁； (3)装卸搬运民爆品应轻拿轻放，不得摩擦、撞击、抛掷、翻滚、侧置及倒置爆破器材	(1)如果不按照民爆品领用单发放民爆品，可能造成民爆品的丢失，或规格型号、数量发错； (2)不及时清点、核查民爆品，如果遗失或者错误发放将难以发现； (3)若动作不规范，可能导致民爆品发生爆炸	(1)严格执行双人双锁制度，危险物品要随用随拿，不准装在衣兜里；杜绝危险物品丢失责任事故的发生； (2)专人管理，双人发放，及时清点、核查使用、剩余民爆品； (3)在接触民爆品前，手在金属接地棒上摩擦3次以上，释放身上静电，搬运中轻拿轻放
未引爆射孔器材	(1)使用专用工具卸下雷管，并做好记号； (2)射孔弹、导爆索出现破损、受潮、耐温不达标现象，禁止再次使用	若使用过的民爆品不及时分类储存，易发生意外爆炸事故	(1)雷管做好记号，放入专用防爆箱； (2)射孔弹、导爆索放入专用防爆箱储存，及时归还

上·五

续表

工作内容	工作标准	风险提示	风险规避措施
清洁场地	（1）与队长（安全员）按照射孔施工单清点民爆品，如有剩余，需按要求保管、归还（归还标准同领取标准）； （2）清洁场地，检查现场工具器材是否回收完全，是否固定牢靠	（1）若不及时清点、核对和归还，可能发生遗失和其他意外事故； （2）若回收不完全，可能造成遗失或者意外事故	（1）检查、巡查器材的回收情况，防止遗漏施工工具和器材； （2）及时对场地进行清洁，避免环境污染； （3）因遇阻而不再施工时，必须拆除装好枪身的雷管；禁止运输装有雷管的射孔枪
参加班后会	（1）参加班后会，对工作进行总结，及时查找本次工作的优缺点及隐患； （2）及时归还剩余民爆品	（1）如果隐患不及时排查，可能造成事故； （2）民爆品如果没有及时归还，可能发生爆炸事故	（1）积极参加，认真总结经验、教训； （2）发现问题后应及时解决； （3）民爆品按保管要求进行保管

5. 基地设备维护与保养标准化操作规程

基地设备维护与保养标准化操作规程如表5-6所示。

表5-6 井口操作工基地设备维护与保养标准化操作规程

工作内容	工作标准	风险提示	风险规避措施
清点民爆品，清理设备	（1）清点剩余民爆品； （2）对防爆箱进行清洁、清理	（1）若民爆品数量不对，会导致射孔枪装错或丢失； （2）如果防爆箱内有杂物和残留民爆品，会造成意外事故	（1）核查剩余民爆品的数量、种类； （2）及时清点、清理
民爆品存放区	（1）箱上双锁，由爆破员和安全员两人管理； （2）标识齐全，箱内无杂物，固定牢靠，双锁齐全、无损坏	（1）防爆箱如果不具备耐温、耐压等特点，民爆品存放后容易发生爆炸事故； （2）若防爆箱不符合要求，会造成丢失	（1）队长（安全员）检查保险箱，确保其符合标准（GB2702）； （2）专人保管使用
归还火工器材	（1）进入民爆品库房前，在门口的静电释放装置摩擦3次以上，释放身上静电； （2）井口操作岗、安全员及时归还剩余民爆品； （3）民爆品保管员共同检查、核对民爆品归还的种类和数量，并在民爆品归还记录及爆炸物品归还使用记录上签字	（1）若进入民爆品库房前不释放静电，在归还民爆品时可能因为静电引发爆炸事故； （2）民爆品归还时如果不仔细检查、核对种类、数量，可能造成民爆品的丢失	（1）相互监督释放静电后，再进入库房； （2）归还民爆品等危险物品时，井口操作岗、库房保管员、安全员做到账、卡、物三对口； （3）归还民爆品结束，与库房保管员最后审查、核对归还数量后，及时签字确认
参加班组安全活动	每月不少于3次	如果对危险不知如何处理，会导致人身伤害或设备损失	加强员工处理和躲避危险的能力

第三节 应急处置标准化操作规程

应急处置标准化操作规程如表5–7所示。

表5–7 井口操作工应急处置标准化操作规程

故障类型	处置程序
交通事故	(1)有起火、爆炸或事故发生在高速公路上时，应迅速转移人员到安全地带； (2)车上有民爆品时，应及时转移到安全地带并安排专人看护； (3)必要时寻求周围群众、过往车辆的帮助； (4)及时汇报，现场抢险，保护现场
民爆品丢失	(1)一旦确认丢失，要迅速保护现场； (2)立即向公司应急办公室、基层单位和业主方汇报； (3)立即组织全队人员查找； (4)若查找不到，应立即通知有关部门，同时做好工作场地的控制工作，严禁闲散人员进入工作场地； (5)若已查找到民爆品，则宣布应急结束，安排继续施工
触电事故	(1)指挥切断电源； (2)指挥将触电者脱离电源； (3)根据触电者情况采取不同急救措施； (4)拨打“120”急救电话，并向公司应急办公室、基层单位汇报
民爆品地面爆炸	(1)指挥对伤者进行急救； (2)拨打“120”急救电话； (3)向公司应急办公室、基层单位和业主方汇报情况； (4)将剩余民爆品妥善保存； (5)保护好现场
一般火灾	(1)组织转移民爆品，如有可能，则切断火灾区域电源； (2)现场指挥调配人员和消防器材，在确保人员安全的情况下开展灭火工作，如火势较大现场难以控制，立即拨打火警电话； (3)清点现场人员，确保人员安全的前提下，积极寻找失踪人员和抢救涉险、受伤人员，如人员受伤较重现场无法处置，立即拨打急救电话； (4)在确保人员安全的前提下，能隔离火源的，立即进行有效隔离； (5)转移附近物资装备，阻止火势蔓延，控制事态发展； (6)在进行以上处置的同时向公司应急办公室和业主方汇报； (7)火势熄灭后，检查设备损坏情况，继续组织生产
电缆射孔射孔枪未起爆	(1)装配现场应设警戒区，严禁无关人员进入，严禁吸烟和使用明火，关闭所有无线通信设备； (2)要求射孔枪上提离井口100m时切断总电源，点火缆芯接地放电； (3)先在井口把电雷管取掉，再把射孔枪提出井口拆卸； (4)拆卸的火工品要分类存放、妥善保管
TCP射孔射孔枪未起爆	(1)采用投棒起爆的TCP射孔时，要先打捞出投棒，才能上提射孔管柱拆卸射孔枪； (2)在井口拆卸时要圈闭作业区，作业区严禁无关人员进入，严禁吸烟和使用明火，关闭所有无线通信设备； (3)拆卸射孔枪时，射孔枪两端严禁站人； (4)拆卸的火工品要分类存放、妥善保管

续表

故障类型	处置程序		
电缆打扭	(1)提示司机慢速上提仪器，缓慢通过井口； (2)打扭处出井口后迅速卡住下部电缆，并用游车上下活动电缆及仪器，对打扭电缆及时处理； (3)若影响下一步施工，则将电缆打扭处剁去后快速接上电缆上提仪器		
岗位主要安全风险	井喷及井喷失控、火灾、爆炸、噪声、中毒、其他伤害	岗位主要危险物质	原油、天然气、硫化氢、民爆品

第六章　射孔队射孔地面工岗位操作标准

第一节　岗位描述

1. 岗位说明

射孔队射孔地面工岗位说明如表6-1所示。

表6-1　射孔地面工岗位说明

项　目		主要内容
工作概述		负责协助井口工对井下仪器、地面设备、火工器材进行现场组装及日常保养、维护；负责完成射孔枪的现场装配
上岗条件	教育程度	具有高中（技校）及以上文化程度
	从业资格	持有有效的职工上岗资格证、HSSE管理培训合格证、井控培训合格证、硫化氢防护技术证和爆破作业人员许可证；海上作业必须持有有效海上石油作业安全救生培训证
	技能等级	中国石化集团公司认可的初级工及以上任职资格
	辅助技能	掌握井口必备技能，熟悉射孔生产流程，能识别射孔下井仪器，熟悉射孔工艺流程，熟练使用各种防护用品
	工作经历	经短期培训，具有随岗实习6个月及以上射孔工作经历
	职业道德	爱岗敬业、勇于奉献、团结协作、遵章守纪
	身体素质	身体健康，能适应野外工作
岗位关系	纵向关系	接受队长的直接领导
	横向关系	（1）与本队其他岗位有协作关系； （2）与工艺室有配合关系
岗位职责	工作职责	（1）负责协助井口操作工完成井下器具的送接与保养，电缆、马笼头等的制作与保养及辅助工具的清洁、检查、维护、保养、施工配备、运输固定工作； （2）负责协助井口操作工进行施工场地的交接、清洁、圈闭、检查工作； （3）负责协助井口操作工进行鱼雷头、马笼头制作； （4）负责生活车车厢清洁卫生，物品摆放整齐有序； （5）负责协助井口操作工对马丁代克、集流环进行维护、保养和运输固定，对电缆采取防护措施，负责本岗位工具和辅助设备的保管； （6）负责现场警戒线的设置；

续表

<table>
<tr><th colspan="2">项 目</th><th>主要内容</th></tr>
<tr><td rowspan="2">岗位职责</td><td>工作职责</td><td>(7)严格遵守安全操作规程，负责导爆索、射孔弹、弹架、枪身的组装；
(8)负责填写装炮质量检查记录；
(9)负责装枪场地的清洁卫生；
(10)完成上级安排的其他工作</td></tr>
<tr><td>安全职责</td><td>(1)协助井口工检查井口设备，检查传感器连接销及固定销是否齐全，钢丝绳有无断丝、腐蚀，保证各部位连接可靠；
(2)协助井口工检查绞车盘绳器是否完好、灵敏，连接处固定螺丝是否牢固，若发现问题应及时整改；
(3)协助井口工在电缆捆扎时在5m、25m、50m处标注记号；
(4)同队长、操作工程师核对下井枪身顺序；
(5)负责协助井口操作工完成井下器具的送接与保养，电缆、马笼头等的制作与保养，以及辅助工具的清洁、检查、维护、保养、施工配备、运输固定工作；
(6)将下井点火未响或遇阻的射孔枪起至井口，必须切断点火线后，方可起出井口；
(7)协助队长维护绞车拖车安全，若遇突发情况，必须服从队长的指挥；
(8)施工完毕清理场地</td></tr>
<tr><td colspan="2">岗位工作内容</td><td>(1)操作责任：
①接受任务；
②负责领取射孔器材；
③检查装炮工具，确保齐全、灵活好用；
④设立警示标志，拉起警戒绳；
⑤从井口操作岗处领取民爆品；
⑥检查导爆索，导爆索应无破裂、无折断、粗细均匀；
⑦检查射孔枪头、尾、中间接头是否齐全、完好；
⑧检查装炮质量并填写记录；
⑨将射孔枪抬放至井口并核对枪身下井顺序；
⑩对返工的枪身应查明情况；
⑪因故停止施工时，应拆除枪身中的雷管；
⑫因故无法施工时，负责拆除已装射孔枪；
⑬负责本岗位工具的维护、保养工作；
⑭协助各岗位做好各项工作。
(2)安全责任：
①参加每周的班组QHSE活动；
②严格执行QHSE的各项规定；
③参加班组组织的应急演练；
④正确使用劳动保护用品；
⑤熟练使用和维护安全防护设施、消防器材和急救器具；
⑥参加事故案例学习，消除事故隐患；
⑦负责填写危险品使用记录；
⑧负责施工现场民爆品的安全保卫工作；
⑨负责检查装炮区域周围的安全情况，并把安全警示牌拿到装炮区放好，并设置警示带；
⑩负责协助井口操作岗开展对民爆品的安全保卫工作；
⑪填写各项爆炸物品使用记录，由射孔分队队长审核签字</td></tr>
<tr><td colspan="2">工作权限</td><td>(1)对违章指挥有拒绝权，对违章操作有制止权；
(2)对本岗位突发情况有先行解决权</td></tr>
<tr><td colspan="2">职业生涯发展规划</td><td>(1)在本岗位具有良好的工作业绩，达到高一层次任职条件后，可晋升到高一级岗位；
(2)可以在公司内部进行相应岗位流动或轮换</td></tr>
<tr><td>工作考核</td><td>考核关系</td><td>(1)接受上级相关部门的工作考核；
(2)接受基层单位的业务考核；</td></tr>
</table>

续表

项 目		主要内容
工作考核	考核关系	（3）对本班组人员的工作进行考核
	考核依据	考核细则、岗位职责、工作标准、上级检查反馈的考核信息

2. 射孔工艺流程图

1）电缆射孔工艺流程

射孔地面工电缆射孔工艺流程如图6–1所示。

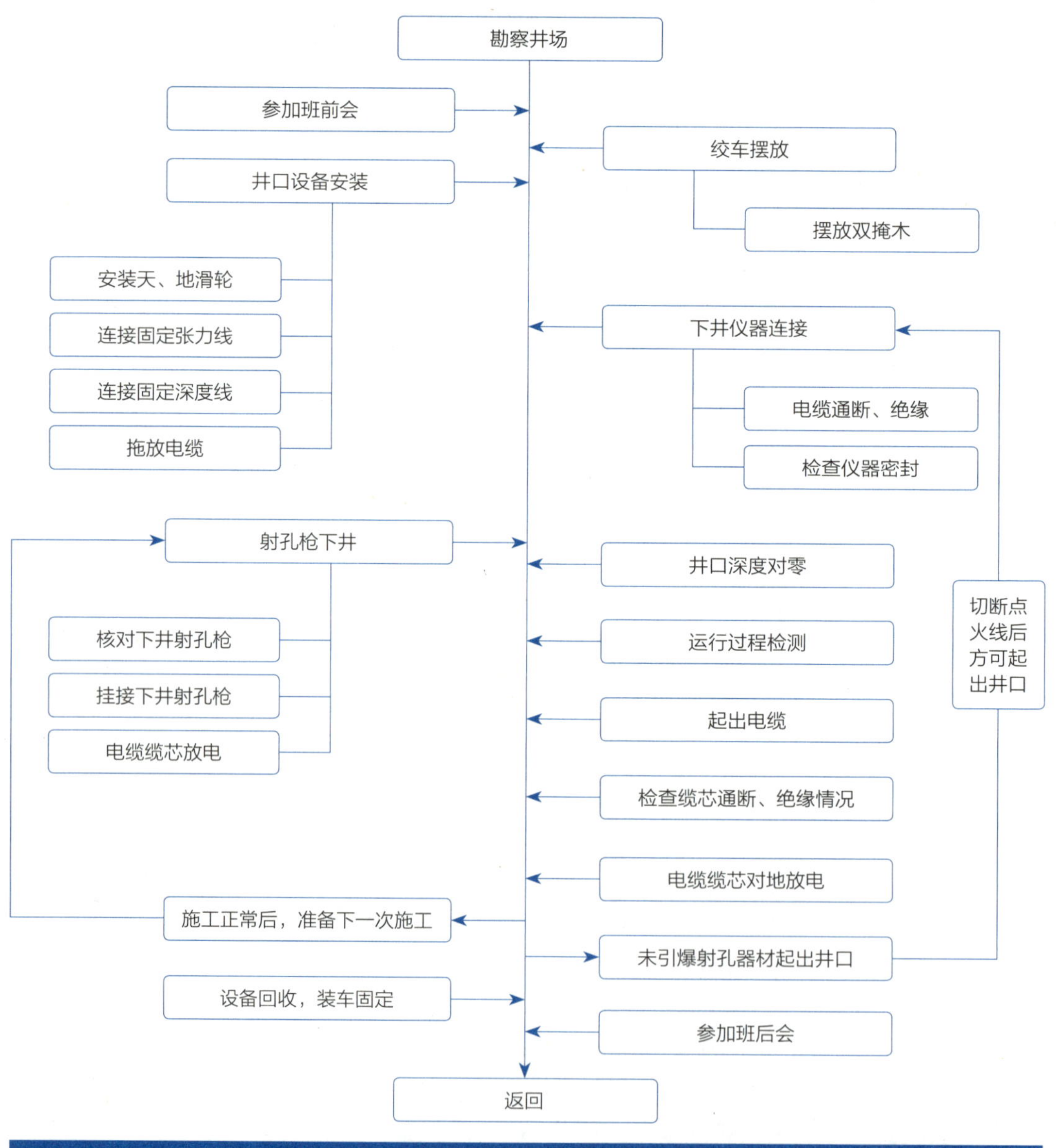

图6–1 射孔地面工电缆射孔工艺流程

2）TCP射孔工艺流程

射孔地面工TCP射孔工艺流程如图6-2所示。

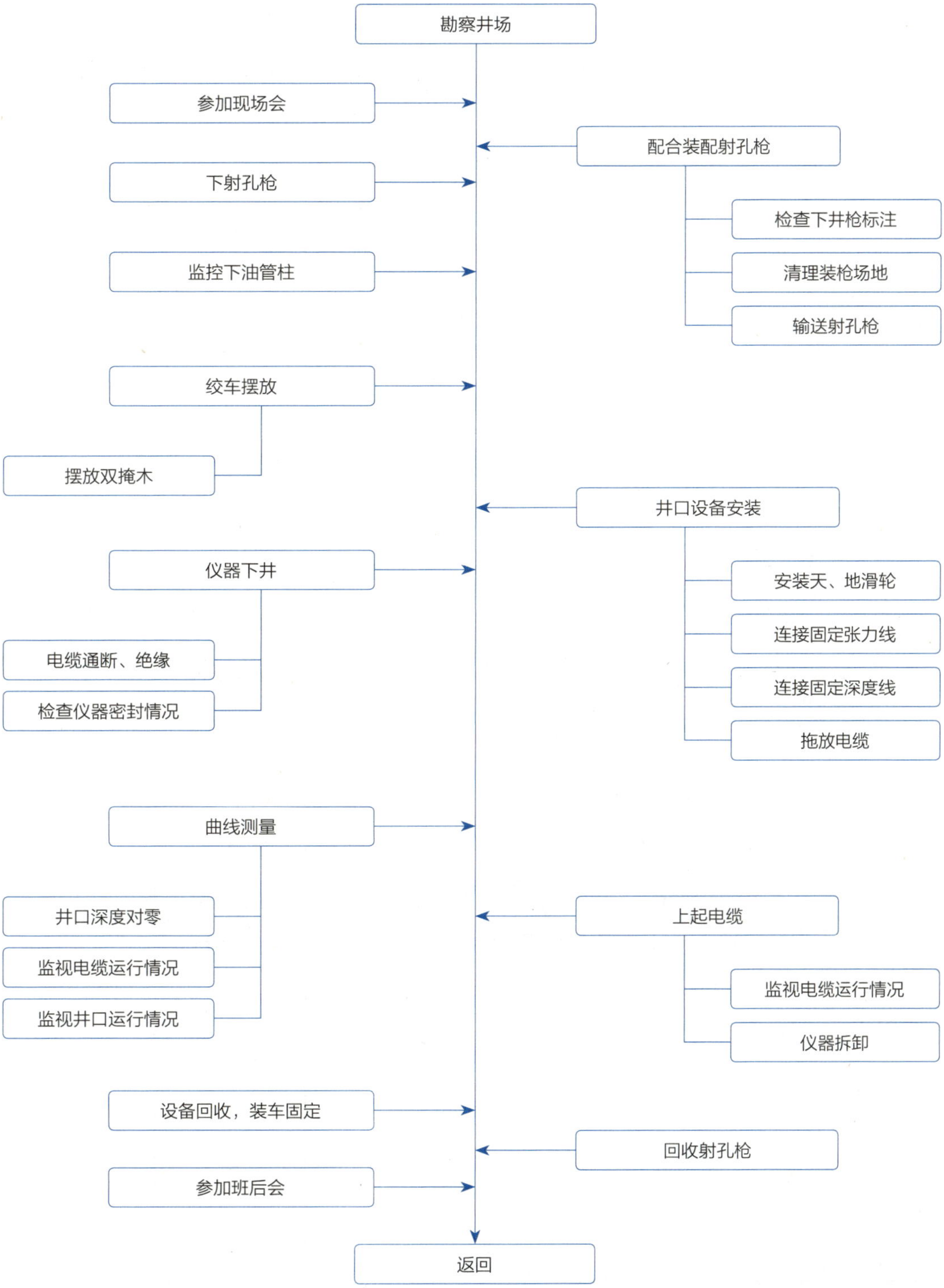

图6-2 射孔地面工TCP射孔工艺流程

3. 工作流程

射孔地面工工作流程如图6-3所示。

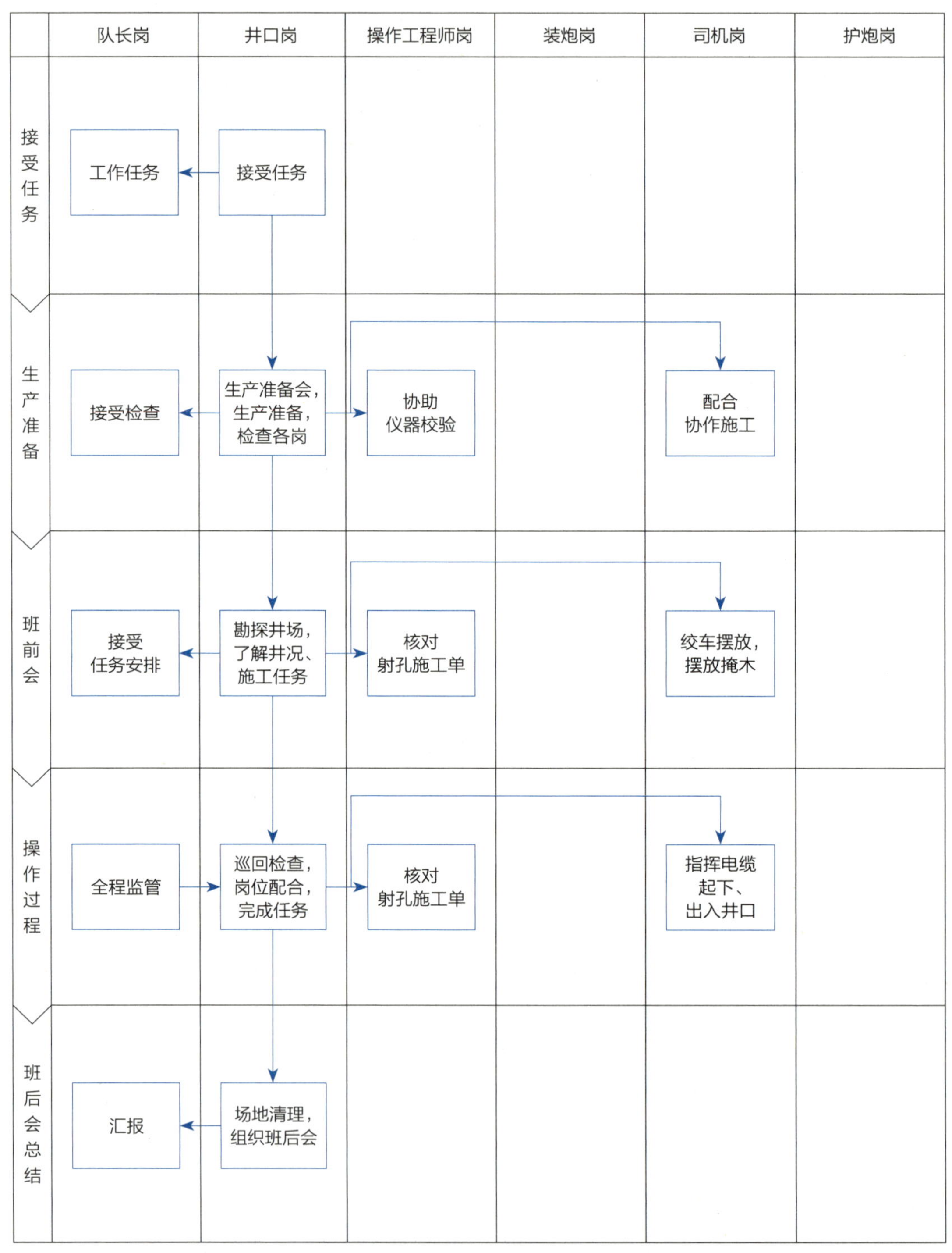

图6-3 射孔地面工工作流程图

第二节 岗位标准化操作规程

1. 生产准备标准化操作规程

生产准备标准化操作规程如表6-2所示。

表6-2 射孔地面工生产准备标准化操作规程

工作内容	工作标准	风险提示	风险规避措施
电缆、鱼雷、马笼头检查	(1)通断、绝缘、与地面仪器的通道对应; (2)丝扣、密封面达到标准要求; (3)做好电缆50m、25m、5m处记号,电缆接头和断丝处捆扎牢固; (4)设置电缆弱点	(1)若电缆的通断和绝缘有问题,将导致仪器无法正常工作; (2)若密封面不达标,会造成下井仪器进水,影响施工; (3)如果深度、记号不全,上起电缆会导致拉断电缆,发生撞天车事故; (4)如承载有问题,使用过程中可能发生工程事故	(1)严格按照《电缆输送射孔作业流程》《油管输送射孔作业流程》进行生产准备; (2)操作工程师协助检查
磁定位器、伽马仪器、张力计检查	(1)通断、绝缘良好; (2)连接丝扣、密封面完好	(1)若有问题,可能导致仪器工作不正常; (2)若丝扣、密封面不好,会造成绝缘低,施工受影响	(1)严格按照《电缆输送射孔作业流程》《油管输送射孔作业流程》进行生产准备; (2)操作工程师协助检查
天、地滑轮及连接器检查	紧固良好,润滑良好,转动灵活、不松不旷	若天、地滑轮及连接器有问题,可能引发工程事故或者导致无法施工	(1)严格按照《电缆输送射孔作业流程》《油管输送射孔作业流程》进行生产准备; (2)操作工程师协助检查
深度马丁代克检查	紧固良好,润滑良好,转动灵活、不松不旷	若深度马丁代克工作不正常,可能导致仪器无法正常施工	(1)严格按照《电缆输送射孔作业流程》《油管输送射孔作业流程》进行生产准备; (2)操作工程师协助检查
井口工具检查	数量齐全、状态完好	若工具不全或状态不好,可能导致现场施工工作不便	(1)严格按照《电缆输送射孔作业流程》《油管输送射孔作业流程》进行生产准备; (2)操作工程师协助检查

2. 运输途中操作标准化操作规程

运输途中操作标准化操作规程如表6-3所示。

表6-3 射孔地面工运输途中操作标准化操作规程

工作内容	工作标准	风险提示	风险规避措施
运输途中操作	对射孔枪、马笼头、磁定位器、天地滑轮等进行保护	疲劳驾驶、危险路段行车,易造成车辆事故;剧烈颠簸会造成器材损伤、变形	(1)提醒司机匀速行驶,颠簸路段减速慢行; (2)停车检查设备固定情况

3. 电缆射孔现场施工标准化操作规程

电缆射孔现场施工标准化操作规程如表6–4所示。

表6–4 射孔地面工电缆射孔现场施工标准化操作规程

工作内容	工作标准	风险提示	风险规避措施
施工条件检查	(1)井口周围无障碍物，场地平整，无油污及泥浆； (2)井口安装防喷器； (3)井架对正井口，无高空坠物危险； (4)井内没有溢流或有毒气体； (5)施工现场有合适的停车场地，井口应高于油管摆放平面，井口至绞车停放地25～50m	(1)搬运工具时若绊倒、摔倒，易碰伤、磕伤； (2)绷绳若有断丝，施工时有巨大安全隐患； (3)若井架没有对正井口，施工中的电缆会因为与井架发生摩擦造成电缆外皮损伤或者挂断电缆事故； (4)如果井内有毒气体外溢，会发生中毒事件； (5)绞车停放区域与井口过近，如果井下有异常紧急情况将无法及时处理	(1)要注意脚下和上方，防止绊倒、摔倒，或被落物砸伤； (2)检查绷绳是否有断丝时，防止断丝刺伤手指； (3)检查井口是否符合施工条件，有无安全隐患； (4)及时观察井口有无气体外溢； (5)选择合适的施工场地
参加现场会	(1)了解本次施工的射孔内容、射孔顺序、井下参数、作业风险、注意事项等； (2)了解发生危险时的紧急集合点、逃生路线和方式； (3)明确该井作业的射孔井段及射孔枪的次数、长度、孔数； (4)注意安全事项(如仪器搬运的方法，特殊工具使用的方法，井口、场地作业安全要求)； (5)明确本岗位的职责及巡回检查路线	(1)若不了解施工情况和作业风险，容易导致事故； (2)若不清楚下井射孔枪的次数、长度、孔数，可能造成返工或工程事故； (3)若对安全注意事项不清楚，未严格按操作规程操作，易导致误工或工程事故； (4)若出现异常情况未能及时处理，易造成工程事故和人身伤害； (5)若不明确巡回路线，则无法发现施工中的安全隐患	(1)不得缺席施工现场会，认真听取在井场施工中的注意事项； (2)全面掌握发生危险时的逃生路线和方式； (3)了解施工任务，认真核查下井枪身的次数、长度、孔数，防止误射孔事故； (4)现场施工时注意观察周围情况，预防人身伤害； (5)加强巡回检查，预防机械事故、人身伤害
绞车摆放	(1)选择合适位置摆放工程绞车； (2)了解掩木摆放情况； (3)绞车前方应无障碍物，视线清晰； (4)仪器车与绞车不能停在高压线下面； (5)井场有条件的，绞车应停在井口的上风口； (6)绞车距井口25～50m，绞车后轮垫三角掩木；井深超过3500m或井斜超过30°及井场条件恶劣、复杂的井，前方需有固定措施或者拖拉机牵引	(1)绞车滚筒若不对正井口，易造成电缆坍塌，损伤电缆； (2)若轮胎掩木位置不正确、未放好，电缆上提遇卡会拉断电缆或使绞车被拉向井口，造成人身伤害、设备损坏； (3)若绞车室到井口视线不清，容易发生人身伤害和工程事故； (4)如果停靠在高压线下，容易发生触电事故，造成人身伤害； (5)绞车停放在下风口，如果井内有毒气体溢出，会使人中毒；	(1)选择合适位置摆放工程绞车； (2)检查掩木摆放情况； (3)绞车前方应无障碍物，视线清晰； (4)仪器车与绞车不能停在高压线下面； (5)井场有条件的，绞车应停在井口的上风口； (6)绞车距井口25～50m，绞车后轮垫三角掩木；井深超过3500m或井斜超过30°及井场条件恶劣、复杂的井，前方需有固定措施或者拖拉机牵引

上·六

续表

工作内容	工作标准	风险提示	风险规避措施
绞车摆放		（6）若井场条件不好，掩木垫不到位，在起下电缆过程中，会使绞车后移，造成绞车机械事故和人身伤害事故	
井口设备安装	（1）固定深度马丁代克，将张力计、磁性定位器、天（地）滑轮等工具取出，安全运送到井口合适位置摆放； （2）将电缆从绞车滚筒上放下60m左右平铺在地面； （3）安装井口天滑轮的方法：地面工（井口）拿起羊角先固定到吊卡里，关上吊卡活门，然后依次把张力计、滑轮连接好，连接部用防串销子固定好；再将保险绳套绕过滑轮两端轮轴上，并将松紧调节合适，然后把保险绳套两头固定到吊卡两端； （4）张力线接到张力计的接口上，把张力线固定到合适位置； （5）安装井口地滑轮的方法：将地滑轮坐开口朝向绞车停车位置固定到井口防喷器上，用专用的螺丝固定好，上好两头螺帽，然后将地滑轮鸭嘴孔眼对准地滑轮卡子孔眼，将防串销子从滑轮销子孔眼中穿进去锁好，将深度马丁代克上在地滑轮上，并卡好，并使弹簧销完全插入夹板缺口内，确保齿轮咬合正常，连接深度马丁代克线，并把深度线放到合适位置； （6）将电缆头从下往上穿过井口地滑轮、天滑轮，然后把电缆头抓住； （7）指挥作业队通井机操作工程师将天滑轮提升到采油树上部10m左右后停车，并要求作业队操作人员把通井机气刹、手刹刹把固定死	（1）运送工具途中，若设备摆放不好，可能损伤工具设备； （2）电缆如果没有整齐平铺地面，会造成电缆打扭、打结； （3）若天滑轮固定不牢，滑轮脱落砸向井台，会直接造成严重工程事故和人身伤害； （4）若张力线固定不好，会使张力线与电缆缠绕，造成设备损坏； （5）若通井机刹把固定不牢，会造成天车下滑，砸伤、砸断电缆； （6）如果电缆穿错，会卡断电缆，造成工程事故	（1）输送工具选择合理路线和存放地点； （2）拖放电缆，多观察，速度要慢，铺设平整； （3）天（地）滑轮、T形吊卡、保险绳套等受力件定期探伤并进行拉力试验； （4）张力线固定好，及时检查； （5）检查地滑轮插销的安装情况，确保无误；检查滑轮保险绳套固定情况和吊升设备刹死情况； （6）设备安装完毕，要及时检查，实时监控井口设备的运行情况
装接下井射孔枪	（1）射孔枪身下井前，使用万用表、摇表检查电缆通断、绝缘情况； （2）使用万用表、摇表检查磁性定位器通断情况，点火针绝缘； （3）连接下井仪器（磁性定位器），用摇表对连接好的磁性定位器和电缆进行绝缘检测，检测完毕，电缆缆芯必须对地放电；通知操作工程师检查电缆、磁	（1）电缆缆芯检查绝缘如果没有放电，连接射孔枪身时，容易发生地面爆炸事故； （2）检测绝缘如果不放电，连接枪身可能会引爆雷管，导致地面爆炸； （3）摇表检查完电缆和磁性定位器绝缘后，电缆缆芯必	（1）电缆缆芯绝缘检查完及时对地放电； （2）设备绝缘检查完对地放电； （3）枪身下井前不得打开仪器总电源，防止枪身地面爆炸； （4）接射孔枪前缆芯要放电，防止枪身地面爆炸； （5）检查下井射孔枪是否正确；

上·六

续表

工作内容	工作标准	风险提示	风险规避措施
装接下井射孔枪	性定位器通断情况，进行下井前的仪器校验； （4）连接射孔枪身前，检查、核对、确认本次下井射孔枪的次数、长度、孔数是否正确，正确后方可挂接射孔枪； （5）地面工（井口）甲将磁性定位和尚头插入射孔枪挂接帽孔隙内，指挥司机准备上起电缆； （6）装跑工用专用绳套绑在枪身上离枪尾30cm左右处（或者用专用钩子，钩住枪身尾部孔内）	须及时对地放电，否则容易造成工程事故； （4）如果不核对下井的射孔枪次数、长度、孔数，容易造成枪身挂错，而发生误射孔事故； （5）如果与地面工岗（装炮）的合作不好，极易发生人身伤害	（6）挂接射孔枪时，注意避免发生人身伤害事故
下射孔枪	（1）地面工（井口）乙站在井口与绞车之间且距井口3m以外处，用双手向绞车方向用力将电缆拉直，以防电缆跳槽，直至电缆绷直； （2）地面工（井口）甲做上起电缆手势，示意绞车司机上起电缆，绞车司机缓慢平稳上起电缆；装跑工拽住绳套将枪身送至井口，枪尾离井口上部30cm左右时，地面工（井口）甲做手势停止电缆运行，地面工（井口）甲左手扶住枪身，右手解下绳套后，做下电缆手势示意绞车司机下放电缆，同时双手扶在枪身距枪尾约30cm处，将枪身扶正对正井口，将射孔枪身下入井内； （3）当射孔枪枪头挂接帽和磁性定位器接口处到井口平面处上方0.3cm时，指挥司机停车； （4）使用尖嘴钳连接磁性定位器点火针对地放电，然后将射孔枪点火线与磁性定位器点火针连接； （5）指挥绞车司机下放电缆，当磁性定位器记录点到达井口平面时，指挥绞车司机停车，做手势示意绞车和仪器深度对零；等电缆下放50m后，离开井口到安全位置	（1）上起电缆时，电缆及枪身易对施工人员造成打击伤害； （2）若井场不平整或障碍物过多，会绊倒施工人员造成摔伤、扭伤； （3）电缆运行时可能发生滑轮绞手、电缆剐蹭等危险； （4）井口脱岗可能会不能及时发现电缆下堆等重大隐患； （5）若在运行的滑轮上作业，可能会绞伤手指	（1）起电缆时人员身体远离电缆，防止电缆伤人； （2）枪身正下方及正前方不得站人，防止被枪身撞伤、砸伤； （3）装炮场地上及井口附近的障碍物要清除，防止送枪身时因失去平衡，而造成扭伤、摔伤或砸伤； （4）滑轮运行时，施工人员手不得攀附滑轮电缆，防止滑轮绞伤手指； （5）下电缆时地面工（井口）不准脱岗，防止枪身遇阻将电缆下堆，防止处理电缆下堆时造成人身伤害； （6）绞车后严禁站人
电缆运行过程	（1）监视电缆、井口设备的运行状况； （2）发现异常（如电缆跳槽、电缆钢丝不平整，以及井液喷涌、有毒有害气体、井架落物等），应及时采取措施； （3）上提电缆时安装刮油器，下放电缆时拆除刮油器，仪器距井口1m时拆除刮油器；	（1）若对电缆、井口设备运行情况未能随时监控，则出现异常情况无法及时发现，易造成工程事故； （2）若电缆回收时不装刮油器，脏电缆可造成深度误差，冬天结冰可造成电缆跳槽；	（1）熟悉应急处置程序和措施，有相应的应急处置能力； （2）实时观察电缆运行情况、井口情况，有问题及时汇报队长； （3）与绞车司机配合合理，手势正确

续表

工作内容	工作标准	风险提示	风险规避措施
电缆运行过程	（4）下井仪器出入井口时，负责在井口指挥	（3）若仪器出井口时刮油器未能及时拆卸，可被电缆带上天滑轮，引起严重的工程事故； （4）若仪器出入井口时指挥有误，与绞车司机协作时误操作，可造成工程事故和人身伤害	
电缆起出	（1）射孔点火后，需上起电缆时，装好电缆刮油器，并在上起电缆过程中，地面工（井口）观察井口是否有外溢； （2）电缆起到距井口500m处，可以听到绞车3声喇叭声音时，到井口观察电缆记号，并指挥绞车放慢上起电缆速度； （3）电缆起到距井口100m处时，可以听到绞车两三声喇叭声音时，地面工（井口）做手势示意司机换挡慢起电缆，及时观看井口； （4）当电缆上提50m记号出现后，做手势画3个圈；25m记号出现后，做手势上下摆动两次；5m记号出现后，手臂伸直，一直到射孔枪（仪器）提出井口时，伸直的手臂向下示意停车； （5）电缆5m记号出井口，手平举，磁性定位器与射孔枪挂接帽结合部起出井口约0.3m后，做手势示意司机停止上起电缆，使用尖嘴钳把枪身点火线从磁性定位器点火针部位取下，再指挥绞车慢慢上起电缆； （6）射孔枪枪尾离井口上部0.3m左右时做手势停止电缆运行，离枪尾30cm左右处用专用绳套绑牢（或者用钩子钩住射孔枪身尾部孔内），指挥绞车司机缓慢下放电缆，由装跑工将射孔枪拽离井口平坦处，地面工（井口）甲将磁性定位器从射孔器挂接帽内取出； （7）检查磁性定位器和电缆通断、绝缘情况，准备下一次施工	（1）起电缆时电缆及回收的电缆头易造成人员的打击伤害； （2）井口人员若脱岗，就不能及时发现卡枪、过顶天车等重大安全隐患； （3）枪身起出后有砸伤施工人员的隐患； （4）使用正确的手势与绞车司机交流很重要，否则容易造成人身、设备危害及事故； （5）如果不及时对起出的电缆和仪器进行检查，则下一次施工的进度有可能会受到影响，造成返工	（1）起电缆的过程中，任何人员不得穿越、跨越电缆，防止电缆伤人； （2）起电缆时地面工（井口）不准脱岗，防止将仪器枪身起过天车； （3）起电缆过程三等仓禁止上人，绞车后禁止站人，防止遇卡拉断电缆或绞车被拉向井口造成人身伤害； （4）不得在运行的滑轮上作业，防止滑轮绞伤手指； （5）起电缆时，施工人员身体远离电缆，防止电缆伤人； （6）枪身正下方及正前方不得站人，防止枪身撞伤、砸伤； （7）仪器起出井口后，及时对起出的电缆和下井仪器进行检查
未引爆射孔器材起出	必须先切断点火线与射孔枪连接，此后方可起出井口	若不切断点火线，可能造成地面爆炸事故	通知仪器断电，井口切断点火线后方可起出井口
拆除电缆及井口滑轮	（1）施工完毕，磁性定位器与电缆断开，电缆头套上护帽；	（1）电缆回收过程中，电缆头易伤人，操作人员易绊倒；	（1）电缆下放过程中，地面工（井口）拉住电缆，跟随

续表

工作内容	工作标准	风险提示	风险规避措施
拆除电缆及井口滑轮	（2）地面工（井口）甲抓住电缆头护帽后，指挥作业队通井机操作工程师下放天滑轮，同时地面工（井口）乙拉住电缆同步往绞车方向收取电缆； （3）天滑轮到达地面后，将电缆从天、地滑轮中依次取出，地面工（井口）指挥绞车司机将电缆慢慢收回到绞车滚筒上； （4）将深度马丁代克线取下，然后将地滑轮从地滑轮座子上取下，再将地滑轮座子从井口上拆除； （5）将张力线取下，然后将保险绳套从天滑轮上取出，在依次拆除天滑轮、张力计，最后取下羊角； （6）地面工（井口）将天（地）滑轮、张力计、深度马丁代克、地滑轮座子等收回到原来位置并妥善保管； （7）检查井口工具是否回收齐全	（2）井口人员拆除天、地滑轮时如果不按照操作规程进行，可能造成人身伤害； （3）若工具回收不齐全，影响下次施工	天车下放速度缓慢收取，防止绞车起电缆速度过快，使电缆头在天车处被刮住，被拉断、拉飞，砸伤人员； （2）司机收电缆时注意观察，控制电缆回收速度；且地面工（井口）注意观察周围地势和障碍物，避免跌倒；防止绞车收电缆速度过快，将地面工（井口）拉倒造成摔伤、扭伤； （3）工具和器材回收齐全
场地清理	（1）填写地面设备使用记录； （2）检查现场工具器材是否回收完全，是否固定好； （3）场地清洁	（1）检查器材回收情况，防止遗漏施工工具和器材； （2）保护场地环境	（1）及时向队长汇报材料消耗情况，及时补全； （2）及时清洁场地，避免环境污染
参加班后会	参加班后会，总结本次施工中出现的隐患	如果隐患不能及时排查，可能造成事故	发现问题后要及时解决问题

4. TCP射孔现场施工标准化操作规程

TCP射孔现场施工标准化操作规程如表6–5所示。

表6–5　射孔地面工TCP射孔现场施工标准化操作规程

工作内容	工作标准	风险提示	风险规避措施
施工条件	（1）井口周围无障碍物，场地平整，无油污及泥浆； （2）井口安装防喷器； （3）井架对正井口，无高空坠物危险； （4）井内没有溢流或者有毒气体； （5）施工现场有合适的停车场地，井口应高于油管摆放平面，井口至绞车停放地25～50m	（1）若搬运工具时绊倒、摔倒，易被碰伤、磕伤、砸伤； （2）绷绳若有断丝，施工时有巨大安全隐患； （3）若井架没有对正井口，施工中的电缆会因为与井架发生摩擦，造成电缆外皮损伤或者挂断电缆事故； （4）如果井内有毒气体外溢，会发生人员中毒事件；	（1）要注意脚下和上方，防止绊倒、摔倒、坠落； （2）检查绷绳是否有断丝时，防止断丝刺伤手指； （3）检查井口是否符合施工条件，有无安全隐患； （4）及时观察井口有无气体外溢，使用器材进行检查； （5）选择合适的施工场地

续表

工作内容	工作标准	风险提示	风险规避措施
施工条件		(5)绞车停放区域与井口过近，如果井下有紧急情况将无法及时处理	
参加现场会	(1)了解本次施工的射孔内容、射孔顺序、井下参数、作业风险、注意事项等； (2)了解发生危险时的紧急集合点、逃生路线和方式； (3)明确该井作业的射孔井段及射孔枪的次数、长度、孔数； (4)注意安全事项(如仪器搬运的方法，特殊工具使用的方法，井口、场地作业安全要求)； (5)明确本岗位的职责及巡回检查路线	(1)若不了解施工情况和作业风险，容易导致事故和人身伤害； (2)若不清楚下井射孔枪的次数、长度、孔数，可能造成返工或工程事故； (3)若对安全注意事项不清楚，未严格按操作规程操作，易导致误工或工程事故； (4)若出现异常情况未能及时处理，易造成工程事故和人身伤害； (5)若不明确巡回路线，就无法发现施工中的安全隐患	(1)不得缺席施工现场会，认真听取在井场施工中的注意事项等； (2)对情况全面掌握，了解发生危险时的逃生路线； (3)了解施工任务，认真核查下井枪身的次数、长度、孔数，防止误射孔事故； (4)现场施工时注意观察周围情况，预防人身伤害； (5)加强巡回检查，预防机械事故、人身伤害
协助地面工岗(装炮)装配射孔器材、下射孔枪身	(1)协助地面工岗(装炮)装配射孔枪，装枪前检查枪身上是否标注本次射孔的井名、层厚、孔数、下井次数； (2)与排炮弹核对需装配的射孔枪孔数、长度、下井次数； (3)检查下井枪身上标注是否齐全； (4)射孔枪装配完毕，及时清理现场，做到“工完、料净、场地清”； (5)枪身运输到井口，做好下井准备； (6)协助装炮工将装配好的射孔枪身依次下入井内	(1)射孔枪如果标示不清楚，会造成下井枪身出错，造成误射孔事故； (2)若实际下井与施工单次数、长度、孔数不一致，会造成误射孔； (3)禁止站在油管上，防止油管桥坍塌、滑到； (4)射孔枪装配完，如果不及时清点现场，可能发生遗失民爆品事故； (5)抬放枪时，可能因操作不当挤伤手指；枪身跌落，易造成砸伤；人员跌倒，易造成扭伤； (6)协助施工时，若不按次数、长度、孔数下井，会造成误射孔事故	(1)检查确保每支下井射孔枪的标示清晰； (2)及时核查装配的射孔枪，确保与设计一样； (3)确认下井的射孔枪与设计一样； (4)现场清理，避免遗漏民爆品； (5)防止送枪身时因失去平衡造成扭伤、摔伤或砸伤； (6)下射孔枪时严防井下落物，下射孔枪时核查下井射孔枪次数、长度、孔数
绞车摆放	(1)选择合适位置摆放工程绞车； (2)了解掩木摆放情况； (3)绞车前方应无障碍物，视线清晰； (4)仪器车与绞车不能停在高压线下面； (5)井场有条件的，绞车应停在井口的上风口； (6)绞车距井口25～50m，绞车后轮垫三角掩木；井深超过3500m或井斜超过30°及井场条件恶劣、复杂的井，前方需有固定措施或者拖拉机牵引	(1)绞车滚筒若不对正井口，易造成电缆坍塌损伤电缆； (2)若轮胎掩木位置不正确、未放好，电缆上提遇卡会拉断电缆或使绞车被拉向井口，造成人身伤害、设备损坏； (3)若绞车室到井口视线不清，容易发生人身伤害和工程事故； (4)如果停靠在高压线下，容易发生触电事故，造成人身伤害；	(1)选择合适位置摆放工程绞车； (2)检查掩木摆放情况； (3)绞车前方应无障碍物，视线清晰； (4)仪器车与绞车不能停在高压线下面； (5)井场有条件的，绞车应停在井口的上风口； (6)绞车距井口15～35m，绞车后轮垫三角掩木；井深超过3500m或井斜超过30°及井场条件恶

续表

工作内容	工作标准	风险提示	风险规避措施
绞车摆放		（5）绞车停放在下风口，如果井内有毒气体溢出，会使人中毒； （6）若井场条件不好，掩木垫不到位，在起下电缆过程中，会使绞车后移，造成绞车机械事故和人身伤害事故	劣、复杂的井，前方需有固定措施或者拖拉机牵引
井口设备安装	（1）固定深度马丁代克，将张力计、磁性定位器、天（地）滑轮等工具取出，安全运送到井口合适位置摆放； （2）将电缆从绞车滚筒上放下60m左右平铺在地面； （3）安装井口天滑轮的方法：地面工（井口）拿起羊角先固定到吊卡里，关上吊卡活门，然后依次把张力计、滑轮连接好，连接部用防串销子固定好；再将保险绳套绕过滑轮两端轮轴上，并将松紧调节合适，然后把保险绳套两头固定到吊卡两端； （4）张力线接到张力计的接口上，把张力线固定到合适位置； （5）安装井口地滑轮的方法：将地滑轮坐开口朝向绞车停车位置固定到井口防喷器上，用专用的螺丝固定好，上好两头螺帽，然后将地滑轮鸭嘴孔眼对准地滑轮卡子孔眼，将防串销子从滑轮销子孔眼中穿进去锁好，将深度马丁代克上在地滑轮上，并卡好，并使弹簧销完全插入夹板缺口内，确保齿轮咬合正常，连接深度马丁代克线，并把深度线放到合适位置； （6）将电缆头从下往上穿过井口地滑轮、天滑轮，然后把电缆头抓住； （7）指挥作业队通井机操作工程师将天滑轮提升到采油树上部10m左右后停车，并要求作业队操作人员把通井机气刹、手刹刹把固定死	（1）运送工具途中，若设备摆放不好，可能损伤工具设备； （2）电缆如果没有整齐平铺地面，会造成电缆打扭、打结； （3）若天滑轮固定不牢，滑轮脱落砸向井台，会直接造成严重工程事故和人身伤害； （4）若张力线固定不好，会使张力线与电缆缠绕，造成设备损坏； （5）若通井机刹把固定不牢，会造成天车下滑，砸伤、砸断电缆； （6）如果电缆穿错，会卡断电缆，造成工程事故	（1）输送工具选择合理路线和存放地点； （2）拖放电缆，多观察，速度要慢，铺设平整； （3）天（地）滑轮、T形吊卡、保险绳套等受力件定期探伤并进行拉力试验； （4）张力线固定好，及时检查； （5）检查地滑轮插销的安装情况，确保无误；检查滑轮保险绳套固定情况和吊升设备刹死情况； （6）设备安装完毕，要及时检查，实时监控井口设备的运行情况
连接下井仪器	（1）仪器下井前，使用万用表、摇表检查电缆通断、绝缘情况； （2）连接下井仪器（伽马仪器），通知操作工程师进行下井前的仪器校验；	（1）连接仪器时，如果没有检查电缆对地绝缘和通断，可能会造成返工； （2）如果没有对仪器校验就下井，易导致返工；	（1）接伽马仪器前缆芯要放电，防止串电影响仪器工作； （2）校验仪器，确保下井成功率；

续表

工作内容	工作标准	风险提示	风险规避措施
连接下井仪器	（3）地面工（井口）甲握住伽马仪器尾部，指挥绞车司机上起电缆	（3）若手势不清、不干脆，绞车在操作中，可能发生人身伤害	（3）手势清晰、干脆
下放电缆	（1）地面工（井口）乙站在井口与绞车之间且距井口3m以外处，用双手向绞车方向用力将电缆拉直，以防电缆跳槽，直至电缆绷直； （2）地面工（井口）甲做上起电缆手势，示意绞车司机上起电缆，绞车司机缓慢平稳上起电缆；伽马仪器尾离井口上部0.3m左右时，地面工（井口）甲做手势停止电缆运行，做下电缆手势示意绞车司机下放电缆，同时双手扶在伽马仪器尾部约0.3m处，将伽马仪器扶正对正井口，将伽马仪器下入井内； （3）当伽马仪器磁定位记录点到达井口平面时，指挥绞车司机停车，做手势示意绞车和仪器深度对零；等电缆下放50m，正常后，离开井口到安全位置	（1）上起电缆时电缆及伽马仪器易对施工人员造成打击伤害； （2）若井场不平整或障碍物过多，会绊倒施工人员，造成摔伤、扭伤； （3）电缆运行时可能发生滑轮绞手、电缆剐蹭等危险； （4）井口脱岗可能会导致无法及时发现电缆下堆等重大隐患； （5）不得在运行的滑轮上作业，防止滑轮绞伤手指； （6）绞车后严禁站人	（1）起电缆时人员身体远离电缆，防止电缆伤人，防止电缆伤人； （2）仪器正下方及正前方不得站人，防止仪器撞伤、砸伤； （3）滑轮运行时，施工人员手不得攀附滑轮电缆，防止滑轮绞伤手指； （4）下电缆时地面工（井口）不准脱岗，防止仪器遇阻将电缆下堆，防止处理电缆下堆时造成人身伤害
电缆运行	（1）监视电缆、井口设备的运行状况； （2）发现异常（如电缆跳槽、电缆钢丝不平整，以及井液喷涌、有毒有害气体、井架落物等），应及时采取措施； （3）上提电缆时安装刮油器，下放电缆时拆除刮油器，仪器距井口1m时拆除刮油器； （4）下井仪器出入井口时，负责在井口指挥	（1）若对电缆、井口设备运行情况未能随时监控，则出现异常情况无法及时发现，易造成工程事故； （2）若电缆回收时不装刮油器，脏电缆可造成深度误差，冬天结冰可造成电缆跳槽； （3）若仪器出井口时刮油器未能及时拆卸，可被电缆带上天滑轮，引起严重的工程事故； （4）若仪器出入井口时指挥有误，与绞车司机协作时误操作，可造成工程事故和人身伤害	（1）熟悉应急处置程序和措施，有相应的应急处置能力； （2）实时观察电缆运行情况、井口情况，有问题及时汇报队长； （3）与绞车司机配合合理，手势正确
电缆起出	（1）曲线测量完毕，需上起电缆时，装好电缆刮油器，并在上起电缆过程中，地面工（井口）观察井口是否有外溢； （2）电缆起到距井口500m处，可以听到绞车3声喇叭声音时，到井口观察电缆记号，并指挥绞车放慢上起电缆速度； （3）电缆起到距井口100m处时，可以听到绞车两三声喇叭声音时，	（1）起电缆时电缆及回收的电缆头易造成人员的打击伤害； （2）井口人员若脱岗，则不能及时发现卡枪、过顶天车等重大安全隐患； （3）枪身起出后可能砸伤施工人员；	（1）起电缆过程中，任何人员不得穿越、跨越电缆，防止电缆伤人； （2）起电缆时地面工（井口）不准脱岗，防止将仪器枪身起过天车； （3）起电缆过程中，三等仓禁止上人，绞车后禁止站人，防止遇卡拉断电缆或绞车被拉向井口造

续表

工作内容	工作标准	风险提示	风险规避措施
电缆起出	地面工（井口）打手势示意司机换挡慢起电缆，眼睛及时观看井口； （4）当电缆上提50m记号出现后，手势画3个圈；25m记号出现后，手势上下摆动两次；5m记号出现后，手臂伸直，一直到射孔枪（仪器）提出井口时，伸直的手臂向下示意停车； （5）电缆5m记号出井口，手平举，伽马仪器尾部起出井口约0.3m后做手势示意司机停止上起电缆； （6）用手握住仪器尾部，指挥绞车司机缓慢下放电缆，由装跑工将仪器拽离井口平坦处摆放，地面工（井口）甲将伽马仪器与电缆断开； （7）检查电缆通断、绝缘情况，准备下一次施工	（4）使用正确的手势与绞车司机交流很重要，否则容易造成人身、设备危害及事故	成人身伤害； （4）不得在运行的滑轮上作业，防止滑轮绞伤手指； （5）起电缆时，施工人员身体远离电缆，防止电缆伤人； （6）枪身正下方及正前方不得站人，防止枪身撞伤、砸伤
拆除电缆及井口滑轮	（1）施工完毕，磁性定位器与电缆断开，电缆头套上护帽； （2）地面工（井口）甲抓住电缆头护帽后，指挥作业队通井机操作工程师下放天滑轮，同时地面工（井口）乙拉住电缆同步往绞车方向收取电缆； （3）天滑轮到达地面后，将电缆从天、地滑轮中依次取出，地面工（井口）指挥绞车司机将电缆慢慢收回到绞车滚筒上； （4）将深度马丁代克线取下，然后将地滑轮从地滑轮座子上取下，再将地滑轮座子从井口上拆除； （5）将张力线取下，然后将保险绳套从天滑轮上取出，在依次拆除天滑轮、张力计，最后取下羊角； （6）地面工（井口）将天（地）滑轮、张力计、深度马丁代克、地滑轮座子等收回到原来位置并妥善保管； （7）检查井口工具是否回收齐全	（1）电缆回收过程中，电缆头易伤人，操作人员易绊倒； （2）井口人员拆除天、地滑轮时如果不按照操作规程进行，可能造成人身伤害； （3）若工具回收不齐全，影响下次施工	（1）电缆下放过程中，地面工（井口）拉住电缆，跟随天车下放速度缓慢收取，防止绞车起电缆速度过快，使电缆头在天车处被刮住，被拉断、拉飞，砸伤人员； （2）司机收电缆时注意观察，控制电缆回收速度；且地面工（井口）注意观察周围地势和障碍物，避免跌倒；防止绞车收电缆速度过快，将地面工（井口）拉倒造成摔伤、扭伤； （3）工具和器材回收齐全
场地清理	（1）填写地面设备使用记录； （2）检查现场工具器材是否回收完全，是否固定好； （3）场地清洁	（1）检查器材回收情况，防止遗漏施工工具和器材； （2）保护场地环境	（1）及时向队长汇报材料消耗情况，及时补全； （2）及时清洁场地，避免环境污染
参加班后会	参加班后会，总结本次施工中出现的隐患	如果隐患不能及时排查，可能造成事故	发现问题后要及时解决问题

5. 返回途中操作标准化操作规程

返回途中操作标准化操作规程如表6–6所示。

表6–6 射孔地面工返回途中操作标准化操作规程

工作内容	工作标准	风险提示	风险规避措施
途中操作	进行射孔枪、马笼头、磁定位器、天（地）滑轮等的保护	疲劳驾驶，危险路段行车易造成车辆事故，剧烈颠簸易造成器材损伤、变形	提醒司机匀速行驶，颠簸路段减速慢行；停车检查设备固定情况

6. 基地设备维护与保养标准化操作规程

基地设备维护与保养标准化操作规程如表6–7所示。

表6–7 射孔地面工基地设备维护与保养标准化操作规程

工作内容	工作标准	风险提示	风险规避措施
清理、清点设备	设备维护、保养	如果仪器设备不能及时归还，就不能及时进行维护、保养，将影响下一次施工	及时送还仪器设备进行维护、保养
参加班组安全活动	每月不少于3次	如果员工对一些危险不知道处理，会使人或者设备出现过度伤害和损失	加强员工处理和躲避危险的能力
材料检查	备用材料齐全、完好	若长时间不使用，可能造成一些材料变质，无法达到施工要求	及时检查、补充、更换材料

第三节 应急处置标准化操作规程

应急处置标准化操作规程如表6–8所示。

表6–8 射孔地面工应急处置标准化操作规程

故障类型	处置程序
交通事故	（1）有起火、爆炸或事故发生在高速公路上时，应迅速转移人员到安全地带； （2）车上有民爆品时，应及时转移到安全地带并安排专人看护； （3）必要时寻求周围群众、过往车辆的帮助； （4）及时汇报，现场抢险，保护现场
民爆品丢失	（1）一旦确认丢失，要迅速保护现场； （2）立即向公司应急办公室、基层单位和业主方汇报； （3）立即组织全队人员查找； （4）若查找不到，应立即通知有关部门，同时做好工作场地的控制工作，严禁闲散人员进入工作场地； （5）若已查找到民爆品，则宣布应急结束，安排继续施工

续表

故障类型	处置程序
触电事故	（1）指挥切断电源； （2）指挥将触电者脱离电源； （3）根据触电者情况采取不同急救措施； （4）拨打“120”急救电话，并向公司应急办公室、基层单位汇报
民爆品地面爆炸	（1）指挥对伤者进行急救； （2）拨打“120”急救电话； （3）向公司应急办公室、基层单位和业主方汇报情况； （4）将剩余民爆品妥善保存； （5）保护好现场
一般火灾	（1）组织转移民爆品，如有可能，则切断火灾区域电源； （2）现场指挥调配人员和消防器材，在确保人员安全的情况下开展灭火工作，如火势较大现场难以控制，立即拨打火警电话； （3）清点现场人员，确保人员安全的前提下，积极寻找失踪人员和抢救涉险、受伤人员，如人员受伤较重现场无法处置，立即拨打急救电话； （4）在确保人员安全的前提下，能隔离火源的，立即进行有效隔离； （5）转移附近物资装备，阻止火势蔓延，控制事态发展； （6）在进行以上处置的同时向公司应急办公室和业主方汇报； （7）火势熄灭后，检查设备损坏情况，继续组织生产
电缆射孔射孔枪未起爆	（1）装配现场应设警戒区，严禁无关人员进入，严禁吸烟和使用明火，关闭所有无线通信设备； （2）要求射孔枪上提离井口100m时切断总电源，点火缆芯接地放电； （3）先在井口把电雷管取掉，再把射孔枪提出井口拆卸； （4）拆卸的火工品要分类存放、妥善保管
TCP射孔射孔枪未起爆	（1）采用投棒起爆的TCP射孔时，要先打捞出投棒，才能上提射孔管柱拆卸射孔枪； （2）在井口拆卸时要圈闭作业区，作业区严禁无关人员进入，严禁吸烟和使用明火，关闭所有无线通信设备； （3）拆卸射孔枪时，射孔枪两端严禁站人； （4）拆卸的火工品要分类存放、妥善保管
电缆打扭	（1）提示司机慢速上提仪器，缓慢通过井口； （2）打扭处出井口后迅速卡住下部电缆，并用游车上下活动电缆及仪器，对打扭电缆及时处理； （3）若影响下一步施工，则将电缆打扭处剁去后快速接上电缆上提仪器

岗位主要安全风险	井喷及井喷失控、火灾、爆炸、噪声、中毒、其他伤害	岗位主要危险物质	原油、天然气、硫化氢、民爆品

第七章 射孔队车辆驾驶员岗位操作标准

第一节 岗位描述

1. 岗位说明

射孔队车辆驾驶员岗位说明如表7-1所示。

表7-1 车辆驾驶员岗位说明

项 目		主要内容
工作概述		负责车辆的使用、维修和保养，做好日常的生产准备工作；负责出车前和收车后的检查，掌握设备的运转情况；负责绞车液压系统、滚筒的维修、保养，确保设备的正常运转；负责协助操作绞车进行施工，配合小队其他各岗完成任务
上岗条件	教育程度	具有高中（技校）及以上学历
	从业资格	持有有效的内部准驾证、职工上岗资格证、HSSE管理培训合格证、井控培训合格证、硫化氢防护技术证、爆破作业人员许可证、危险品运输从业资格证；遵守《道路运输从业人员管理规定》，海上作业必须持有有效海上石油作业安全救生培训证
	技能等级	中国石化集团公司认可的中级工及以上任职资格
	辅助技能	（1）熟悉施工设备的规范、性能、原理； （2）熟悉各种射孔施工工艺流程，能根据井下不同情况及时处理遇卡、遇阻事故； （3）掌握一定的机修技能
	工作经历	具备5年以上或15万千米以上的安全驾驶经验；取得机动车B2驾驶证
	职业道德	爱岗敬业、勇于奉献、团结协作、遵章守纪
	身体素质	身体健康，能适应野外工作
岗位关系	纵向关系	接受队长的直接领导
	横向关系	（1）与本队其他岗位有协作关系； （2）与检查站、加油站、修理厂有服务关系
岗位职责	工作职责	（1）负责驾驶车辆设备的维修、保养工作，按照车辆维修、保养“十字作业方针”维护好车辆，做好车辆一级保养，使车辆设备处于完好状态； （2）负责出车前、行车中、返厂后的安全检查，发现问题及时处理； （3）负责本队发电机、空调的日常维护、保养工作； （4）按规定的路线和速度行车，确保行人及车上人员、仪器设备的安全； （5）确保设备正常运转，积极参加现场施工，协助绞车操作；

续表

<table>
<tr><th colspan="2">项 目</th><th>主要内容</th></tr>
<tr><td rowspan="2">岗位职责</td><td>工作职责</td><td>(6)严格执行QHSE体系，负责本岗位QHSE记录的填写、传递及保管工作；
(7)完成上级安排的其他工作</td></tr>
<tr><td>安全职责</td><td>(1)对本岗位的QHSE工作负直接责任；
(2)贯彻执行国家、行业QHSE相关的法律法规和本企业钻井作业安全工作规程、安全技术操作规程，遵守中国石化集团公司《员工守则》和《安全生产禁令》；
(3)能够积极参加QHSE会议、培训、学习、演习，不断提高自身的HSSE意识；
(4)正确穿戴劳保用品上岗作业，规范、熟练地使用各种安全工器具、防护用品和消防器材；
(5)定期检查设备的安全状况，能熟练操作消费器材；
(6)做好交通安全，确保安全无事故；
(7)做好施工安全工作；
(8)不违章作业，不违反劳动纪律，自觉抵制违章指挥，纠正违章行为，掌握HSSE的基本知识；
(9)熟悉并遵守交通规则，安全驾驶，确保行车安全；
(10)能够按照“十字作业方针”维护车辆，消除隐患，确保设备处于良好状态</td></tr>
<tr><td colspan="2">岗位工作内容</td><td>(1)操作责任:
①完成车辆的保养、送检和送修工作，确保车辆在生产前处于完好状态；
②完成车辆驾驶室的清洁卫生工作；
③领取备足上井仪器车所需的各种备料，以及绞车系统所需的各种常用备料；
④保管和清点各种随车工具；
⑤准备足够所需油料；
⑥参加班前会，听取队长、QHSE监督员对本次施工内容、注意事项的说明和对本岗位的工作安排；
⑦配合队长指挥停好车辆；
⑧配合地面工将仪器装车，充气固定压牢；
⑨车辆开至车辆检查站做出厂检查，并签字；
⑩了解行车路线；
⑪安全行车，遵守交通规则；
⑫做好中途停车检查工作；
⑬配合队长做好井场勘察；
⑭进入井场后在离井口25～30m的地方选一块平地，使绞车对准井口；
⑮按照地面工的指挥，调整车辆摆放角度，使滚筒轴线垂直基层单位线正对井口，从而有利于施工时整齐地盘好电缆；
⑯对正井口后，打直方向、拉紧刹车，将行车挡扳至绞车挡，下车放好掩木；
⑰接好安全地线；
⑱配合做好施工前安装、电缆下放工作；
⑲施工过程中密切监视车辆及绞车系统各种表头的读数是否正常；
⑳施工过程中，按照操作员指令完成对绞车的操作，绞车出现问题时，及时处理，进行巡回检查；
㉑施工完成后，配合地面工收回电缆和马笼头；
㉒将绞车各操作手柄放置于行车挡的合理位置，将绞车挡扳至行车挡；
㉓负责大车前仓清洁卫生工作，所产生的垃圾用专门的袋具收集并投放至井队指定点，或带回工房处理，严禁乱扔，污染环境；
㉔参加班后会，听取队长对本次施工工作的总结和回厂行车安全注意事项；
㉕确认各种仪器工具和放射性源已全部装车完毕后，锁好车门；
㉖参加班后会，总结本岗位施工情况，了解回场路线；
㉗按回场路线返回，注意安全行车。
(2)安全责任:
①执行HSSE法律法规、标准和公司各项HSSE管理制度，严格遵守各级安全生产禁令；
②严格执行交通法规</td></tr>
<tr><td colspan="2">工作权限</td><td>(1)有权对射孔管理工作提出合理化建议和改进意见；
(2)在生产作业中，有权对违章指挥、强令冒险作业的指令拒绝执行，并及时汇报；</td></tr>
</table>

续表

项 目		主要内容
工作权限		(3)在严重危及生命安全、不可抗拒的紧急情况下，有权采取必要措施避险，并立刻报告； (4)对危害生命安全和身体健康的生产条件和行为，有权提出意见并汇报； (5)发现生产过程中的安全隐患，有权采取适当的应急处理措施，并及时报告； (6)对相关工序岗位员工的违章操作，有权制止
职业生涯发展规划		(1)在本岗位具有良好的工作业绩，达到高一层次任职条件，可晋升到高一级岗位； (2)可以在公司内部进行相应岗位流动或轮换
工作考核	考核关系	(1)接受上级相关部门的工作考核； (2)接受基层单位的业务考核； (3)对本班组人员的工作进行考核
	考核依据	考核细则、岗位职责、工作标准、上级检查反馈的考核信息

注：为适应作业现场表达习惯，本书在部分内容中将“车辆驾驶员”简称“司机”。

2. 工艺流程

车辆驾驶员工作工艺流程如图7-1所示。

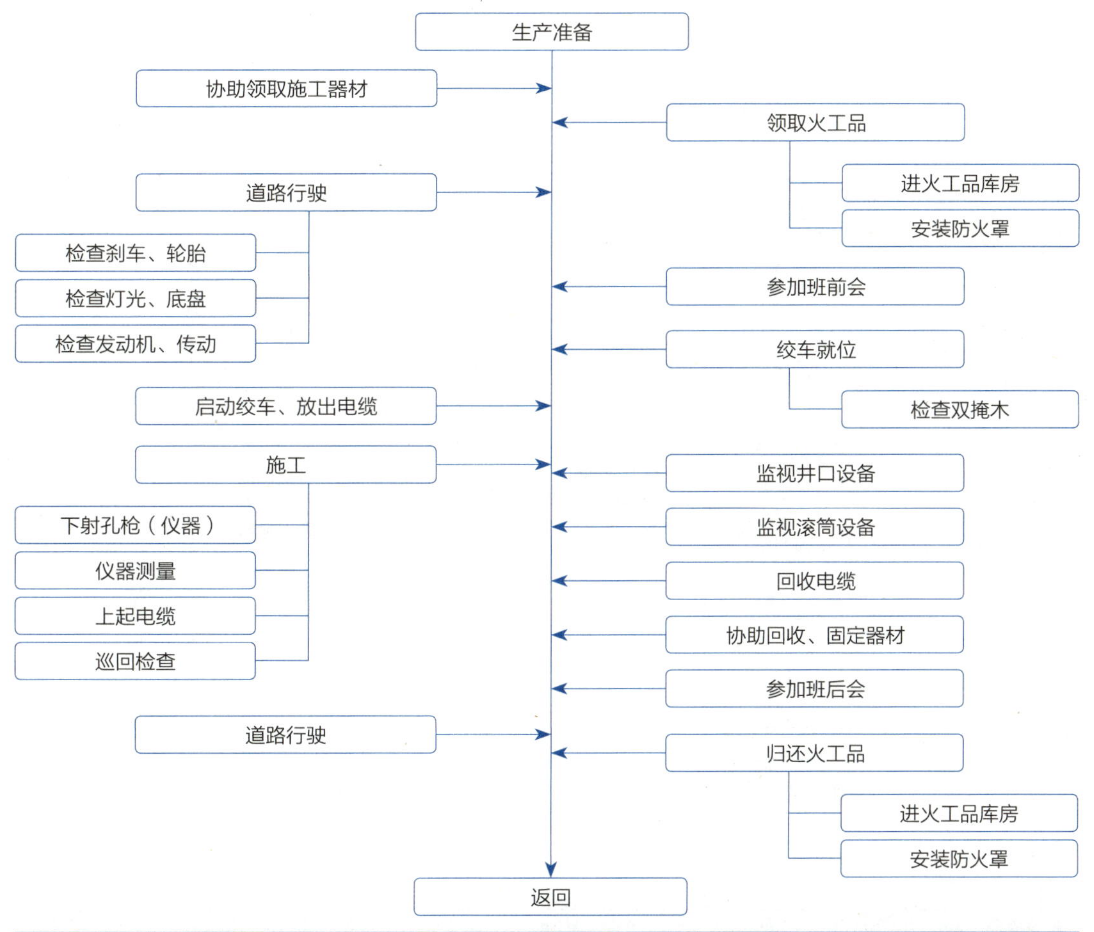

图7-1 车辆驾驶员工作工艺流程图

上·七

3. 工作流程

车辆驾驶员工作流程如图7-2所示。

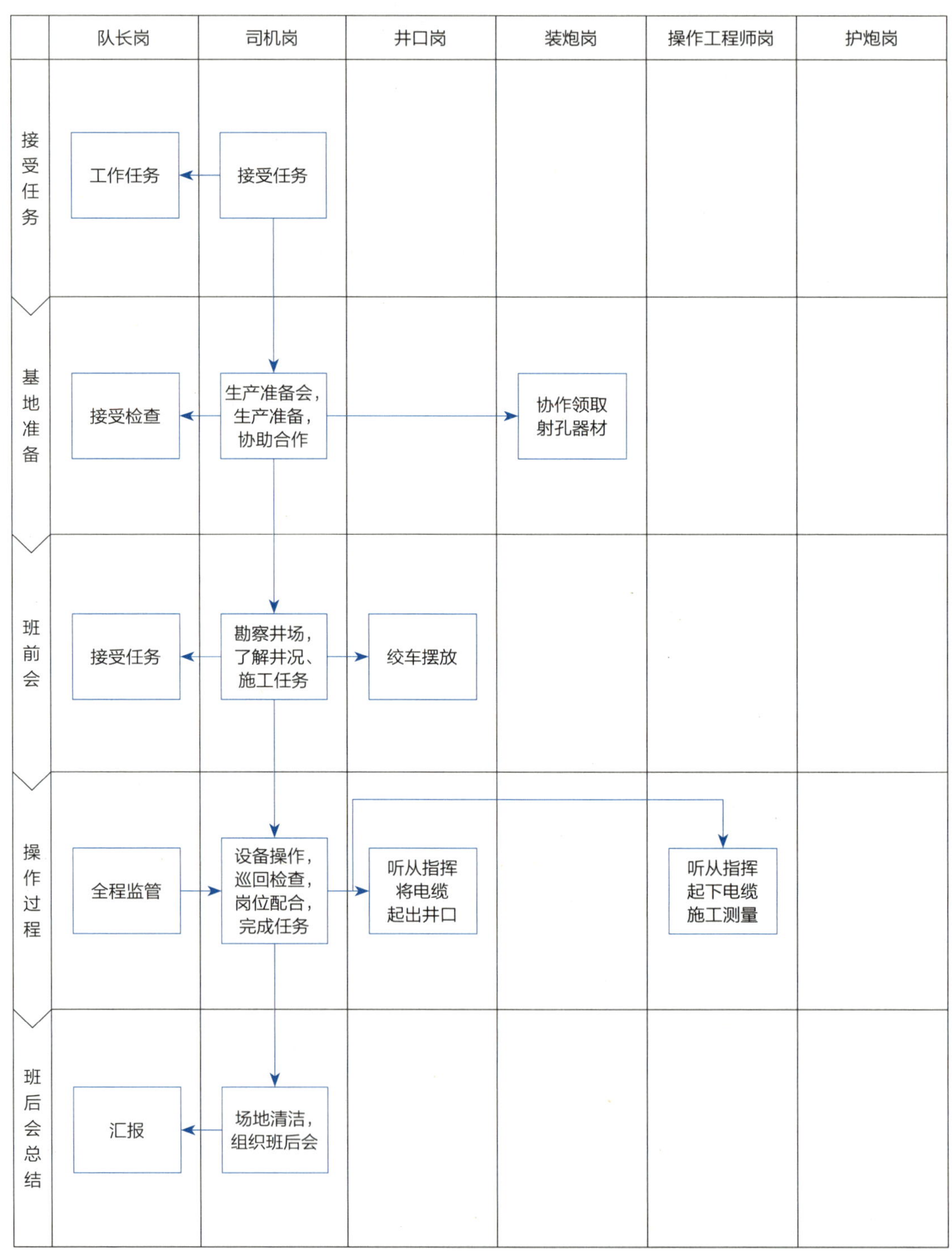

图7-2 车辆驾驶员工作流程

第二节 岗位标准化操作规程

1. 生产准备标准化操作规程

生产准备标准化操作规程如表7-2所示。

表7-2 车辆驾驶员生产准备标准化操作规程

工作内容	工作标准	风险提示	风险规避措施
出车前检查	确保前（后）轮胎、发动机、底盘、灯光、仪表盘正常	若车辆有问题，易发生交通事故，导致现场无法施工	按照“十字作业方针”维护车辆，消除隐患
绞车动力系统检查	确保发动机、分动箱、变速箱、大小传动轴正常、无异响	若动力系统有问题，现场将无法施工或发生工程事故	（1）按“十字作业方针”维护保养； （2）协助队长、地面工（井口）进行检查
绞车刹把、气刹系统检查	绞车刹把、气刹系统灵敏，刹带松紧自如，两边刹带受力均匀	若绞车刹把、刹带不灵活，会造成井下工程事故；若刹带受力不均匀，会造成机械事故	（1）按照《射孔地面系统维护保养规程》保养； （2）协助队长、地面工（井口）进行检查
绞车传动部分检查	检查绞车传动部分润滑是否到位	若各连接部位缺油，会造成机械事故	（1）按照《射孔地面系统维护保养规程》保养； （2）协助司机、地面工（井口）进行检查
灭火器检查	检查灭火器的压力、喷嘴、压把、阀体、罐体	如果车辆发生火情，而灭火器失效，会无法及时处理火情	（1）定期检查灭火器； （2）专人负责

2. 运输途中检查标准化操作规程

运输途中检查标准化操作规程如表7-3所示。

表7-3 车辆驾驶员运输途中检查标准化操作规程

工作内容	工作标准	风险提示	风险规避措施
途中检查	（1）做到安全驾驶，不疲劳驾驶；危险路段，确认安全后方可通行； （2）转向机构连接部位无松动、无断裂，方向机坚固； （3）制动系统不发咬，无漏油、无漏气，刹车左右一致，手刹把不单边，手制动灵便有效； （4）仪表指示系统正常，灯光齐全有效，喇叭、雨刮器、反光镜和各操作部件有效	（1）若路线不清，可能造成行车绕路，耽误生产； （2）若行驶中转向机构出现问题，车辆会发生偏晃、摆头等现象，可能发生交通事故； （3）行驶中如果制动出现问题，将会造成车辆失控，造成交通事故； （4）行驶中如果指示系统不正常，容易发生机械事故；若灯光等出现问题，司机视线不清，在突发情况发生时，不能及时处理，将发生交通事故	（1）司机安全驾驶，严格遵守交通规则； （2）长时间行驶，停车对车辆转向机构进行检查，确保完好； （3）长时间行驶，停车对制动系统进行检查，确保完好； （4）长时间行驶，停车对仪表、灯光等附属装置进行检查，确保完好

3. 现场施工标准化操作规程

现场施工标准化操作规程如表7–4所示。

表7–4　车辆驾驶员现场施工标准化操作规程

工作内容	工作标准	风险提示	风险规避措施
生产准备	（1）出车前对车辆、绞车系统进行检查； （2）协助各岗位完成器材装车	车辆、绞车系统如果检查不到位，将延误到井施工时间；滚筒系统如果检查不到位，将影响现场施工	严格按照《射孔地面系统维护保养规程》进行操作检查
道路行驶，民爆品领取	（1）驾驶车辆前往井场，行驶中遵守交通规则，安全行车，并行对车； （2）车辆进出危险品库区时，排气管安装防火罩	（1）道路行驶中如果超速、抢行，产生碰车、倾翻，易造成爆炸事故； （2）若不安装防火罩进入危险品库区，易引发火灾、爆炸事故	（1）民爆品运输车辆在行驶中不得与其他车辆抢行；能见度良好时，汽车行驶速度应符合所行驶道路规定的车速下限；在扬尘、起雾、大雨、暴风雪天气时速度酌减； （2）进入危险品库区时，检查防火罩安装情况
参加班前会	参加班前会，认真听取提及的注意事项	若不参加，将无法了解井下情况	按照相关规定参加班前会
放出电缆	听从地面工（井口）指挥，将电缆有序放到地面后摘挡，刹死滚筒	若放电缆时脱岗，会造成电缆垮塌，造成人身伤害	（1）收放电缆时，注意观察有无人员走动； （2）操作滚筒时运行平稳，控制电缆起下速度
绞车巡回检查	（1）发动机工作稳定无异响，冷却水、燃油等正常； （2）仪表指示系统正常； （3）传动机构不松动变形，无颤动、拖滞、异响和过热现象； （4）制动系统不发咬，无漏油、无漏气，刹车左右一致，手刹把不单边，手制动灵便有效； （5）检查绞车两侧后轮胎是否用掩木固定； （6）检查发电机运转是否正常	（1）如果发动机工作不稳定，有异响，冷却水、燃油不正常，且不处理，会造成机械事故； （2）若仪表指示不正常，说明绞车有故障，不及时处理会造成机械事故或者工程事故； （3）若传动机构不正常，会造成机械事故，严重的会造成人身伤害； （4）若制动系统有问题，会造成井下工程事故和人身伤害； （5）绞车掩木如果失去作用，起下电缆过程中，可能引发工程事故和人身伤害事故； （6）若发电机运转不正常，会影响施工和造成机械事故	（1）加强巡回检查，避免工程事故的发生； （2）对于绞车传动、制动机构、系统，要认真检查，防止发生机械事故； （3）协助指挥非工作人员远离工作区域，围好警示带，设置好警示标志； （4）多看、多听发电机的情况，发现问题立即处理； （5）检查确保掩木与轮胎接触紧密、无松动； （6）确保发电机运转正常
下放电缆	（1）听从地面工（井口）指挥，井口对零； （2）打开绞车面板电源，深度回零，张力回零； （3）听从操作工程师指挥下电缆	（1）起下电缆时，施工人员靠近电缆时放慢电缆速度，防止电缆抖动伤人； （2）下电缆时不准脱岗，防止枪身遇阻将电缆下堆，防止处理电缆下堆时造成人身伤害；	（1）人员不得穿越、跨越电缆； （2）实时观察绞车速度、张力变化

续表

工作内容	工作标准	风险提示	风险规避措施
下放电缆		(3)下电缆速度不能过快，下放过程中观察系统张力情况，防止枪身遇卡，井口滑轮飞向大车或拉断电缆	
测量曲线	(1)听从操作工程师指挥； (2)测量结束，记号捆扎结束后上起电缆	测量过程中，全部听从操作工程师指挥，不然会影响测量，若上提挂挡停车不及时，将无法施工	听从操作工程师指令操作绞车施工
上起电缆	(1)做好下次点火记号后，待人员离开电缆，方可上起电缆； (2)听从操作工程师指挥； (3)电缆上起到300m深度时，鸣笛示意地面工（井口）射孔枪（仪器）可以上井口	(1)起电缆时不准脱岗，防止将仪器枪身起过天车，造成落物伤人； (2)点火后上起电缆，如果井下仪器遇卡，起电缆过猛会造成井下工程事故； (3)射孔枪（仪器）快出井口时，换慢挡缓慢上起电缆，预防撞天车事故	(1)电缆起速引用SY/T5325射孔作业技术规范； (2)绞车司机时刻观察井口情况，如遇突发情况则做出及时应对措施； (3)绞车操作时，必须认真、仔细观察井口手势，及时停车，不然极易发生工程事故和人身伤害
施工完毕	(1)回收电缆； (2)打住手刹、气刹； (3)关闭绞车面板、其他开关； (4)检查绞车底盘有无渗漏； (5)及时填写各项记录； (6)清理井场垃圾	(1)如果不能仔细观察电缆头，会使电缆拉坏盘绳器，造成机械事故； (2)若手刹、气刹失效，会造成电缆垮塌，损伤电缆； (3)如果开关不关闭，可能引发火灾； (4)如果不检查绞车，有问题没有发现，会造成机械事故或者交通事故； (5)若井场垃圾不及时清理，会造成环境污染	(1)绞车司机观察收回电缆过程，防止人身伤害； (2)手刹、气刹全部打死，避免电缆垮塌、损伤电缆； (3)离开绞车室时，及时检查各部位开关关闭情况； (4)发现问题立即解决，并汇报队长； (5)认真填写各种相关记录； (6)及时清洁场地，避免环境污染
参加班后会	汇报生产情况，确保及时准确	如果隐患不能及时排查，可能造成事故	发现问题及时解决

4. 返回途中操作标准化操作规程

返回途中操作标准化操作规程如表7-5所示。

表7-5 车辆驾驶员返回途中操作标准化操作规程

工作内容	工作标准	风险提示	风险规避措施
返回途中操作	(1)规范行车，按规定路线行驶，装运爆炸物品的车辆在前，车距不超过500m，行车超过2h后中途停车休息20min； (2)保护好车载仪器、下井设备等	(1)若不按路况行车，可能造成交通事故；若对路线不清，可能造成行车绕路，耽误生产； (2)疲劳驾驶可能造成交通事故；剧烈颠簸可能造成器材损伤、变形	(1)安全驾驶，不疲劳驾驶；危险路段，确认安全后方可通行； (2)长时间行驶后，应该停车休息，颠簸路段减速慢行

5. 基地设备维护与保养标准化操作规程

基地设备维护与保养标准化操作规程如表7–6所示。

表7–6 车辆驾驶员基地设备维护与保养标准化操作规程

工作内容	工作标准	风险提示	风险规避措施
设备归还	(1)配合其他岗人员做好仪器维修、校验及电缆维修工作; (2)向队长汇报车辆情况	若设备、仪器有问题，不能够及时归还返修，会影响下一次施工	配合地面及时归还设备并进行维护、保养
车辆清洁	(1)按照“十字作业方针”维护好车辆; (2)做好绞车维修、保养; (3)排除驾驶中出现的可疑部件的故障; (4)认真核对里程表，做好行车记录的填写	(1)若车辆保养不到位，行驶中可能发生机械事故; (2)若绞车出现问题，将无法施工，或者造成井下工程事故; (3)若隐患不排除，会发生机械事故或者交通事故; (4)若记录填写不及时、不准确，影响保养时间，就会危及车辆的性能，造成人为事故	(1)做好车辆一级保养，使车辆设备处于完好状态; (2)认真按照标准进行绞车系统的维护、保养; (3)发现问题立即检查，排除隐患; (4)认真核对行驶里程，及时、认真填写数据
材料检查	备用材料齐全、完好	若长时间不使用，可能造成一些材料变质，无法达到施工要求	及时检查、补充、更换材料

第三节 应急处置标准化操作规程

应急处置标准化操作规程如表7–7所示。

表7–7 车辆驾驶员应急处置标准化操作规程

故障类型	处置程序
交通事故	(1)有起火、爆炸或事故发生在高速公路上时，应迅速转移人员到安全地带; (2)车上有民爆品时，应及时转移到安全地带并安排专人看护; (3)必要时寻求周围群众、过往车辆的帮助; (4)及时汇报，现场抢险，保护现场
民爆品丢失	(1)一旦确认丢失，要迅速保护现场; (2)立即向公司应急办公室、基层单位和业主方汇报; (3)立即组织全队人员查找; (4)若查找不到，应立即通知有关部门，同时做好工作场地的控制工作，严禁闲散人员进入工作场地; (5)若已查找到民爆品，则宣布应急结束，安排继续施工
触电事故	(1)指挥切断电源; (2)指挥将触电者脱离电源; (3)根据触电者情况采取不同急救措施; (4)拨打“120”急救电话，并向公司应急办公室、基层单位汇报
民爆品地面爆炸	(1)指挥对伤者进行急救; (2)拨打“120”急救电话;

续表

故障类型	处置程序
民爆品地面爆炸	（3）向公司应急办公室、基层单位和业主方汇报情况； （4）将剩余民爆品妥善保存； （5）保护好现场
一般火灾	（1）组织转移民爆品，如有可能，则切断火灾区域电源； （2）现场指挥调配人员和消防器材，在确保人员安全的情况下开展灭火工作，如火势较大现场难以控制，立即拨打火警电话； （3）清点现场人员，确保人员安全的前提下，积极寻找失踪人员和抢救涉险、受伤人员，如人员受伤较重现场无法处置，立即拨打急救电话； （4）在确保人员安全的前提下，能隔离火源的，立即进行有效隔离； （5）转移附近物资装备，阻止火势蔓延，控制事态发展； （6）在进行以上处置的同时向公司应急办公室和业主方汇报； （7）火势熄灭后，检查设备损坏情况，继续组织生产
电缆射孔射孔枪未起爆	（1）装配现场应设警戒区，严禁无关人员进入，严禁吸烟和使用明火，关闭所有无线通信设备； （2）要求射孔枪上提离井口100m时切断总电源，点火缆芯接地放电； （3）先在井口把电雷管取掉，再把射孔枪提出井口拆卸； （4）拆卸的火工品要分类存放、妥善保管
TCP射孔 射孔枪未起爆	（1）采用投棒起爆的TCP射孔时，要先打捞出投棒，才能上提射孔管柱拆卸射孔枪； （2）在井口拆卸时要圈闭作业区，作业区严禁无关人员进入，严禁吸烟和使用明火，关闭所有无线通信设备； （3）拆卸射孔枪时，射孔枪两端严禁站人； （4）拆卸的火工品要分类存放、妥善保管
电缆打扭	（1）提示司机慢速上提仪器，缓慢通过井口； （2）打扭处出井口后迅速卡住下部电缆，并用游车上下活动电缆及仪器，对打扭电缆及时处理； （3）若影响下一步施工，则将电缆打扭处剁去后快速接上电缆上提仪器

岗位主要安全风险	井喷及井喷失控、火灾、爆炸、噪声、中毒、其他伤害	岗位主要危险物质	原油、天然气、硫化氢、民爆品

下篇 修井作业

第八章　修井作业概况

修井是指油气井在钻完井、井下作业、生产等阶段，井筒出现故障导致无法正常作业或生产时采取的措施。修井主要有两个作用：一是解决钻完井、井下作业等阶段井筒内的故障；二是恢复井的正常生产或提高井的生产能力。

修井根据井筒作业的需要选择合适的修井设备、修井管具、修井工具、修井液。目前修井有较成熟的修井工艺技术体系，包括打捞技术、套铣技术、切割技术、套管处理技术等。

本书将修井队在试气过程中配合完成的一些井筒作业，如通井、刮管、循环、射孔作业等进行了一并介绍。

第一节　修井项目

根据修井作业的难易程度，常将修井分为小修和大修。若只需要起下作业和冲洗作业就能完成的修井范围，称为小修，如更换生产管柱、冲砂、清蜡检泵、配合射孔、简易打捞等井下作业。而大修则指工艺复杂、动用工具和设备较多的一些井下作业，如打捞、钻磨、套铣、切割、开窗侧钻、套管处理及封井等需要动用转盘、钻具对井筒进行的作业。

第二节　修井工艺流程

自接到一口井修井任务开始，需经过设备搬迁安装、开工验收、换装井口、修井作业（或井筒作业）、修井设备拆卸、修井设备离场等流程（单井修井工艺流程见图8-1），每个工序需紧密衔接，以保证修井施工任务的顺利完成。

图8-1 单井修井工艺流程

第三节 修井队岗位设置

本书岗位设置主要参考《中国石化岗位类别划分和用工配置规范》，并根据目前井下作业公司修井队实际岗位配置整理而成，共收录队长、书记、HSSE管理员、工程技术主管、司钻、井口工、井架工、场地工、大班司机、作业机司机共计10个岗位的标准化操作规程。另外，本书侧重于生产施工，未整理经管员、炊事员等辅助岗标准化操作要求。

第九章　修井队队长岗位操作标准

第一节　岗位描述

1. 岗位说明书

修井队队长岗位说明如表9-1所示。

表9-1　修井队队长岗位说明

项　目		主要内容
工作概述		负责本队安全、环保、生产、经营、设备、队伍建设等全面工作，是本队安全生产第一责任人
任职资格	教育程度	大学专科及以上学历，石油工程及相关专业
	工作经历	5年以上修井施工现场工作经历
	从业资格	取得工程师或以上技术职称（技能等级），持有效安全知识与管理能力考核合格证、井控培训合格证、HSSE管理培训合格证、硫化氢防护技术证、直接作业环节许可证
	能力要求	具有一定组织管理协调能力，熟悉本队生产经营特点、生产工艺流程
	辅助技能	能熟练使用计算机相关办公软件
	职业道德	具有良好的政治素质和职业道德，坚持原则，秉公办事，具有较强的责任心和团队协作精神
	身体素质	身体健康，能适应修井队野外施工组织，心理素质良好
岗位关系	纵向关系	（1）接受公司的直接领导； （2）接受公司有关部门的业务指导； （3）对本队员工进行管理
	横向关系	（1）与生产辅助单位有配合关系； （2）与第三方（录井、测井、固井、运输等）配合单位有协作关系
岗位职责		（1）履行安全生产第一责任人职责，执行国家、集团公司和分公司等相关安全生产的法规、标准和规章制度，坚持生产与安全“五同时”，全面推行QHSE管理体系，抓好井控管理、现场标准化和清洁生产，确保HSSE管理目标任务的完成； （2）负责本队生产经营、技术、行政管理工作，制订年度工作计划，抓好组织实施和检查考核，完成年度生产经营承包任务； （3）负责技术和质量管理工作，严格按照工程设计、施工程序和质量标准组织施工，确保工程质量达到规定标准，检查和审核本队各项报告、报表等资料；

续表

项目		主要内容
岗位职责		（4）生产过程中发现不安全因素，发生事故、险情时，应按处置方案果断处理，并按程序报告相关部门； （5）负责设备管理、工艺改造和技术升级，完成挖潜增效、节能减排任务； （6）履行“一岗双责”，带头遵守《员工守则》，协同书记做好思想政治工作，并在书记休班期间履行其职责
工作权限		（1）对生产运行有指挥权； （2）对员工有管理权； （3）对生产经营管理有决定权； （4）对违章指挥有拒绝权； （5）对不合格产品有拒绝使用权
工作考核	考核关系	（1）接受公司的考核； （2）对本队班组、员工进行考核
	考核依据	本岗位职责、年度工作目标、上级有关规定

2. 工艺流程图

修井队队长工作工艺流程如图9-1所示。

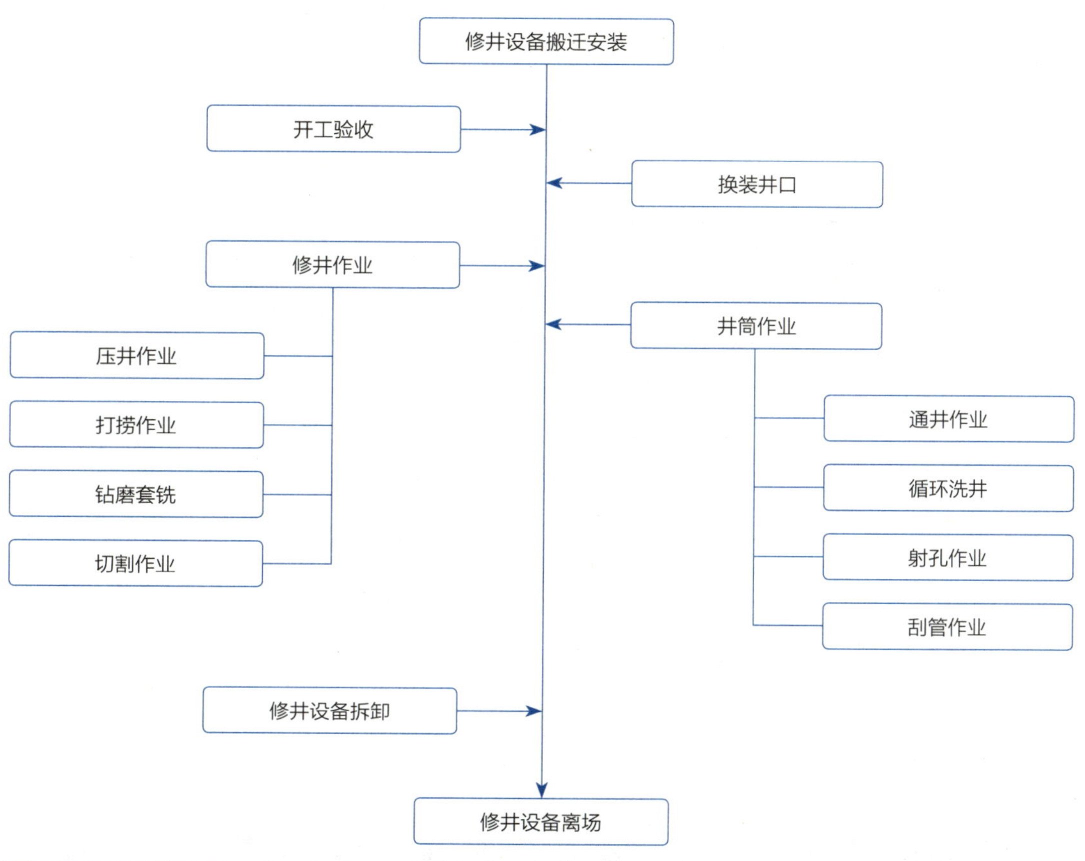

图9-1 修井队队长工作工艺流程

3. 工作流程

修井队队长工作流程如图9-2所示。

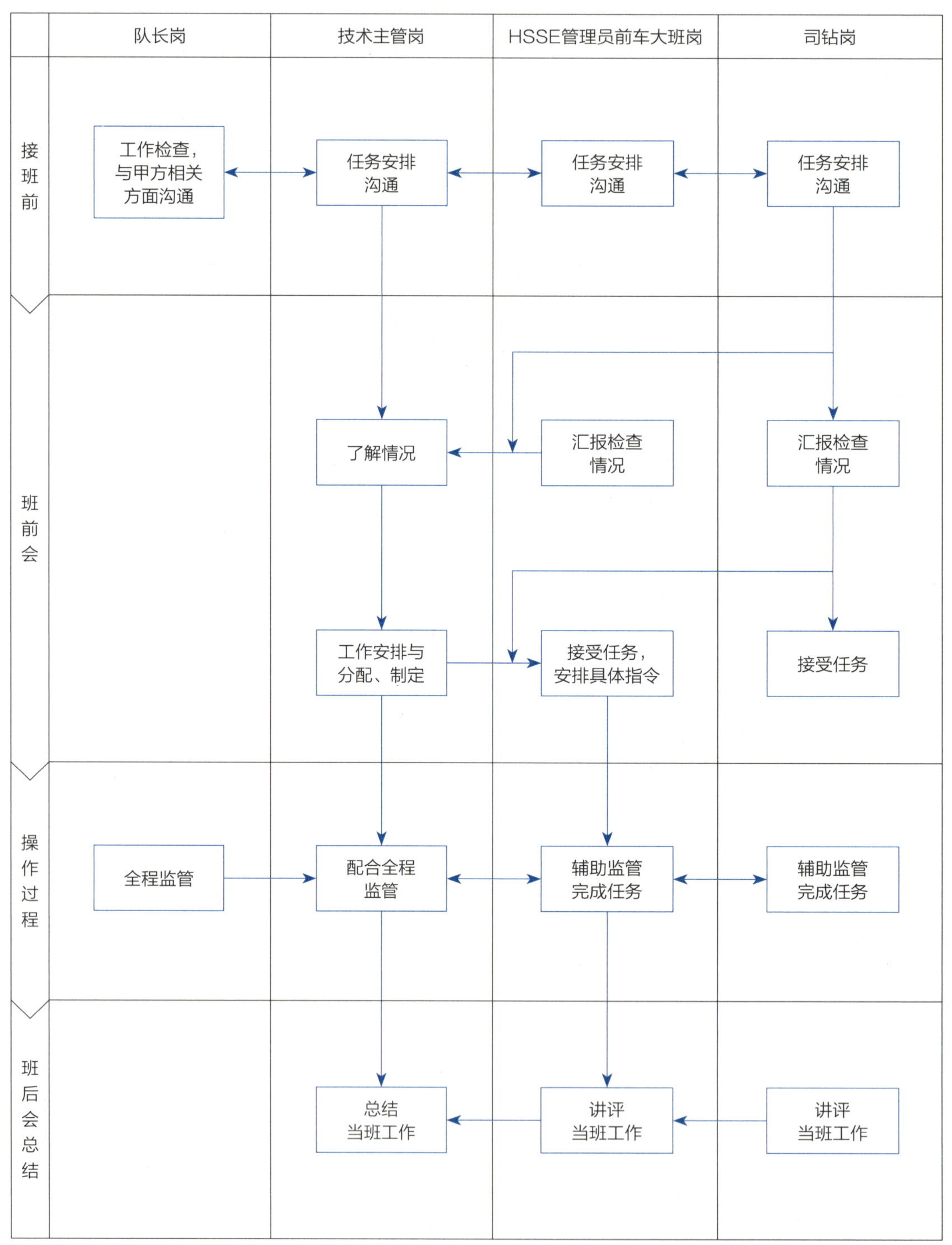

图9-2 修井队队长工作流程

第二节 岗位标准化操作规程

1. 交接班标准化操作规程

交接班标准化操作规程如表9-2所示。

表9-2 修井队队长交接班标准化操作规程

工作内容	工作步骤	工作标准
每日检查	(1)检查作业人员劳保用品穿戴情况; (2)检查各岗位交接班自检情况; (3)发现问题督促班长落实整改; (4)掌握安全、设备、生产情况	(1)作业人员劳保用品穿戴齐全; (2)井控设备运转正常,传感器及管线、仪器仪表、井下情况(管柱结构、悬重)、压井液性能、班报表、钻具记录、压力记录、坐岗观察等关键要害部位等检查; (3)复查问题整改; (4)掌握当前施工、安全、设备情况,做到心中有数,有计划地开展工作
参加班前会	(1)组织安排当班生产; (2)对巡检出的问题督促落实整改; (3)传达上级文件和相关安全会议内容并督促落实; (4)参与当班作业环节的JSA分析,并制定防范措施	(1)整改落实率100%; (2)传达及时准确; (3)组织安排对作业环节制定针对性的技术措施
参加班后会	班后会讲评	讲评内容包括安全、环保、生产、技术方面等

2. 巡回检查标准化操作规程

巡回检查路线如图9-3所示。

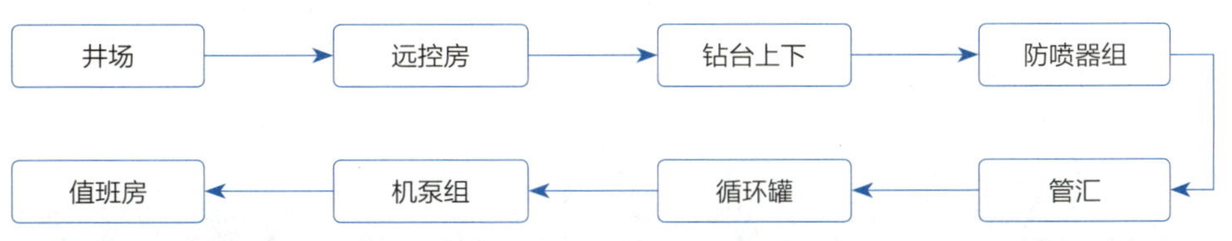

图9-3 修井队队长巡回检查路线

3. 施工作业标准化操作规程

1)现场踏勘

现场踏勘标准化操作规程如表9-3所示。

表9-3 修井队队长现场踏勘标准化操作规程

工作内容	工作步骤	工作标准
现场踏勘	(1)安排准备踏勘工具;	(1)记录沿途需要注意部位,如转弯角、电线架高、道路桥梁、隧

续表

工作内容	工作步骤	工作标准
现场踏勘	（2）车辆、人员安排及分工； （3）组织道路和井场踏勘； （4）组织编写及审定踏勘报告； （5）根据井场情况需要，组织编制风险评估报告	道等能满足修井设备和应急抢险设备通行的要求； （2）掌握井场情况及布局，满足设备及物资的摆放要求； （3）掌握井场所在地工农关系、前期钻井队遗留等问题； （4）踏勘报告应详尽、全面； （5）风险评估详尽、全面，并完成审批

2）设备搬迁安装

设备搬迁安装标准化操作规程如表9–4所示。

表9–4　修井队队长设备搬迁安装标准化操作规程

工作内容	工作步骤	工作标准
入场手续	安排人员办理入场手续	根据业主单位要求办理齐全各项手续
搬迁准备	（1）制订搬迁计划，组织全队人员召开搬迁作业会，制订搬迁计划，包括搬迁车辆、物资等计划； （2）搬迁准备（人、材、物）：搬迁期间，对人员进行分工，制定设备入场顺序，组织搬迁所需物资； （3）搬迁动员会（内部协调）：组织全队人员召开搬迁动员会，强调安全操作、劳动纪律、人员分工等； （4）搬迁安装协调会（外部协调）：与搬迁车队的配合、与地方政府的衔接等	（1）组织主持搬迁内部协调会，统筹搬迁作业中的各项工作； （2）根据搬迁设备型号规格、途径路况做好吊、运特种车辆计划并报生产运行部门； （3）配合甲方或公司处理好企地关系； （4）规划搬迁路线； （5）合理安排人员、物资
搬迁	（1）安排相关人员指挥设备吊装、捆绑、摆放； （2）过程视频监控，及时调整人员、车辆等	（1）人员分工执行到位； （2）视频监控运行正常
修井设备安装调试	（1）组织安排人员进行修井机、钻台、循环系统、机泵组、发电机组、流程等设备设施安装； （2）组织召开起升井架专项会，并制定异常处置措施； （3）审批起升井架等直接作业环节许可证； （4）组织人员检查、调试设备	（1）安装人员分工明确，责任落实； （2）监督、监控员工按设备安装要求规范操作； （3）起升井架条件确认到位； （4）直接作业环节票证申请、审批符合要求，过程监护到位，全程视频监控； （5）设备安装、检查结束后，整机连续试运转90min，各部件工作正常，保证可靠
信息化设备安装调试	安排人员配合信息化设备安装调试	（1）满足现场视频能够清晰、连续、全天候地传至设计的位置； （2）满足现场与后方授权人员、相关部门的视频对话

3）开工验收

开工验收标准化操作规程如表9–5所示。

表9-5 修井队队长开工验收标准化操作规程

工作内容	工作步骤	工作标准
开工验收	（1）组织本队人员分工检查； （2）对不符合项进行记录，按岗位责任进行整改； （3）复查整改情况	（1）根据开工验收书条款逐项进行检查； （2）按标准要求整改到位； （3）复查问题整改率100%

4）换装井口

换装井口标准化操作规程如表9-6所示。

表9-6 修井队队长换装井口标准化操作规程

工作内容	工作步骤	工作标准
拆采气树	（1）组织班组办理拆换井口许可证； （2）安排司钻组织当班人员进行分工及拆换井口JSA分析； （3）安排监控泄压、隔离相应阀门； （4）安排监控拆卸螺栓时戴好护目镜，扳手系有安全绳； （5）安排监督、监控或参与采气树吊装，严格按吊装要求操作，绳套满足要求，专人指挥吊装，吊装时各岗位人员做好配合，拴好尾绳，严防碰撞	（1）拆换井口许可证符合标准，监控到位； （2）班组员工分工合理，JSA分析到位； （3）监控泄压归零； （4）监督、监控员工拆卸螺栓时戴好护目镜，扳手系有安全绳； （5）监督、监控员工严格按吊装要求操作，绳套满足要求，专人指挥吊装，吊装时各岗位人员做好配合，拴好尾绳，严防碰撞
安装防喷器	（1）组织班组办理安装防喷器许可证； （2）安排司钻组织本班人员进行分工及安装防喷器JSA分析； （3）安排监督、监控或参与吊装防喷器，严格按吊装要求操作，绳套满足要求，专人指挥吊装，吊装时各岗位人员做好配合，拴好尾绳，严防碰撞； （4）监督、监控员工紧固螺栓时戴好护目镜，扳手系有安全绳； （5）监督、监控员工连接液压管线，各液压控制件连接正确，管线密封无刺漏； （6）监督、监控防喷器调试、试压合格	（1）安装防喷器许可证符合标准，监控到位； （2）班组员工分工合理，JSA分析到位； （3）监督、监控员工严格按吊装要求操作，严格按吊装要求操作，绳套满足要求，专人指挥吊装，吊装时各岗位人员做好配合，拴好尾绳，严防碰撞； （4）监督、监控员工紧固螺栓时戴好护目镜，扳手系有安全绳； （5）监督、监控液压控制件连接正确，管线密封无刺漏； （6）监督、监控防喷器调试、试压合格
拆防喷器	（1）组织班组办理拆防喷器许可证； （2）安排司钻组织本班人员进行分工及拆防喷器JSA分析； （3）安排监控泄压、隔离相应阀门； （4）安排监控拆卸螺栓，戴好护目镜，扳手系有安全绳； （5）安排监督、监控或参与吊出防喷器至安全位置，防喷器下垫上盖；严格按吊装要求操作，绳套满足要求，专人指挥吊装，吊装时各岗位人员做好配合，拴好尾绳，严防碰撞	（1）拆防喷器许可证符合标准,监控到位； （2）班组员工分工合理，JSA分析到位； （3）监控泄压归零； （4）监督、监控员工拆卸螺栓时戴好护目镜，扳手系有安全绳； （5）监督、监控员工严格按吊装要求操作，绳套满足要求，专人指挥吊装，吊装时各岗位人员做好配合，拴好尾绳，严防碰撞
安装采气树	（1）组织班组办理换装井口许可证； （2）安排司钻组织本班人员进行分工及安装采气树JSA分析；	（1）安装采气树许可证符合标准，监控到位； （2）班组员工分工合理，JSA分析到位； （3）监督、监控员工严格按吊装要求操作，严格

续表

工作内容	工作步骤	工作标准
安装采气树	(3)监督、监控或参与吊装采气树，严格按吊装要求操作，绳套满足要求，专人指挥吊装，吊装时各岗位人员做好配合，拴好尾绳，严防碰撞； (4)安排监控紧固螺栓，戴好护目镜，扳手系有安全绳	按吊装要求操作，绳套满足要求，专人指挥吊装，吊装时各岗位人员做好配合，拴好尾绳，严防碰撞； (4)监督、监控员工紧固螺栓时戴好护目镜，扳手系有安全绳

5）井筒作业

井筒作业标准化操作规程如表9-7所示。

表9-7　修井队队长井筒作业标准化操作规程

工作内容	工作步骤	工作标准
通井作业（主体）	(1)参加技术交底，监督、监控班组员工全员参加技术交底，安排技术人员按设计组织通井工具及管柱； (2)监督、监控鼠洞组立柱； (3)监督、监控井内组立柱； (4)监督、监控下通井规及通井管柱； (5)监督、监控探人工井底； (6)监督、监控循环洗井； (7)监督、监控起通井管柱及通井规； (8)处理通井异常情况及时上报	(1)参加技术交底，监督、监控班组员工全员参加技术交底，通井工具及管柱符合设计要求。 (2)监督、监控司钻、井口主（副）岗、井架工按标准操作进行组立柱作业： ①待钻台人员将管柱单根吊入小鼠洞内并摘掉提升护丝后，操作大钩将吊卡前倾扣合鼠洞内钻具； ②待钻台人员检查吊卡扣合无误后，司钻操作大钩上提钻具出鼠洞； ③钻台人员吊第二根钻具入鼠洞，司钻操作大钩至鼠洞上方，下放使第一根钻具与第二根对扣； ④待钻台人员液气大钳紧扣后，上提钻具出鼠洞； ⑤内外钳工将钻具推入钻杆盒内； ⑥司钻缓慢下放钻具，使吊卡与钻具母接头脱离； ⑦井架工将钻具拉入至二层台指梁，司钻下放大钩。 (3)监督、监控司钻、井口主（副）岗、井架工按标准操作进行组立柱作业： ①司钻将挂有吊卡的大钩下放至钻台合适位置停住； ②钻台将场地已通径单根拉至钻台面离吊卡合适位置； ③内外钳工合力将打开的吊卡前倾挂入单根并合扣好吊卡； ④内外钳工将单根绳套解开； ⑤司钻上提大钩直至将单根提至钻台，上提过程中内外钳扶住掌控单根并将护丝拆卸； ⑥内外钳工扶正单根，居中引导放入井内，司钻平稳匀速下放单根至钻台； ⑦内外钳工摘吊环脱离吊卡，将吊环挂入另一只吊卡，插好插销； ⑧司钻上提吊卡到合适位置停住； ⑨钻台将另一单根拉到钻台，内外钳合力将打开的吊卡前倾挂入单根并合扣好吊卡，司钻上提单根到钻台面（上提过程扶正拆护丝），外钳工涂抹丝扣油，内钳工推上部单根与井内单根接扣，内钳工操作液压钳按标准扭矩上好扣； ⑩司钻上提大钩将立柱提至二层台合适位置停住，井架工兜兜绳，内外钳将立柱推到钻杆盒，井架工摘吊卡将

续表

工作内容	工作步骤	工作标准
通井作业（主体）		立柱拉入二层台指梁司钻下放大钩。 （4）监督、监控司钻、井口工主（副）岗按标准要求连接通井规，下通井管柱。 （5）监督、监控司钻按设计要求探人工井底。 （6）监督、监控当班人员按设计要求循环洗井至进出口液体性能一致（密度差小于0.02g/cm^3）。 （7）监督、监控当班人员按要求起通井管柱及通井规。 （8）按程序处理施工异常情况
通井作业（配合）	（1）参加主体方组织的技术交底，监督、监控班组员工全员参加技术交底，安排技术人员核实通井工具是否符合按设计要求； （2）监督、监控鼠洞组立柱； （3）监督、监控井内组立柱； （4）监督、监控下通井规及通井管柱； （5）监督、监控探人工井底； （6）监督、监控循环洗井； （7）监督、监控起通井管柱及通井规； （8）处理通井异常情况	（1）参加技术交底，监督、监控班组员工全员参加技术交底，通井工具及管柱符合设计要求。 （2）监督、监控司钻、井口主（副）岗、井架工按标准操作进行组立柱作业： ①待钻台人员将管柱单根吊入小鼠洞内并摘掉提升护丝后，操作大钩将吊卡前倾扣合鼠洞内钻具； ②待钻台人员检查吊卡扣合无误后，司钻操作大钩上提钻具出鼠洞； ③钻台人员吊第二根钻具入鼠洞，司钻操作大钩至鼠洞上方，下放使第一根钻具与第二根对扣； ④待钻台人员液气大钳紧扣后，上提钻具出鼠洞； ⑤内外钳工将钻具推入钻杆盒内； ⑥司钻缓慢下放钻具，使吊卡与钻具母接头脱离； ⑦井架工将钻具拉入至二层台指梁，司钻下放大钩。 （3）监督、监控司钻、井口主（副）岗、井架工按标准操作进行组立柱作业： ①司钻将挂有吊卡的大钩下放至钻台合适位置停住； ②钻台将场地已通径单根拉至钻台面离吊卡合适位置； ③内外钳工合力将打开的吊卡前倾挂入单根并合扣好吊卡； ④内外钳工将单根绳套解开； ⑤司钻上提大钩直至将单根提至钻台，上提过程中内外钳扶住掌控单根并将护丝拆卸； ⑥内外钳工扶正单根，居中引导放入井内，司钻平稳匀速下放单根至钻台； ⑦内外钳工摘吊环脱离吊卡，将吊环挂入另一只吊卡，插好插销； ⑧司钻上提吊卡到合适位置停住； ⑨钻台将另一单根拉到钻台，内外钳合力将打开的吊卡前倾挂入单根并合扣好吊卡，司钻上提单根到钻台面（上提过程扶正拆护丝），外钳工涂抹丝扣油，内钳工推上部单根与井内单根接扣，内钳工操作液压钳按标准扭矩上好扣； ⑩司钻上提大钩将立柱提至二层台合适位置停住，井架工兜兜绳，内外钳将立柱推到钻杆盒，井架工摘吊卡将立柱拉入二层台指梁司钻下放大钩。 （4）监督、监控司钻、井口工主（副）岗按标准要求连接通井规，下通井管柱。 （5）监督、监控司钻按设计要求探人工井底。 （6）监督、监控当班人员按设计要求循环洗井至进出口液体性能一致（密度差小于0.02g/cm^3）。 （7）监督、监控当班人员按要求起通井管柱及通井规。 （8）按程序处理施工异常情况

续表

工作内容	工作步骤	工作标准
射孔作业	(1)安排人员参加射孔作业交底会; (2)监督监控班组人员配合下射孔枪、下射孔管柱、配合测井定位、配合调整射孔管柱; (3)监督监控班组人员配合射孔(关防喷器射孔或拆防喷器安装采气树射孔)监控员工按标准操作; (4)监督监控班组人员观察、循环压井液情况; (5)监督监控班组人员起射孔管柱及射孔枪; (6)配合处理作业异常情况并及时上报	(1)射孔管柱符合设计要求; (2)监督、监控班组员工按标准操作,发现未按规程操作或违章操作,及时制止; (3)按程序处理施工异常情况
刮管作业(主体)	(1)参与并组织班组人员参与刮管交底会,安排技术人员按设计组织刮管工具及管柱; (2)监控员工下刮管器、下刮管管柱、刮管、循环洗井、起刮管管串及刮管器; (3)处理刮管异常情况及时上报	(1)刮管工具及管柱符合设计要求; (2)发现未按规程操作或违章操作,及时制止; (3)按要求对设计井段进行刮管作业; (4)按程序处理施工异常情况
刮管作业(配合)	(1)参与并组织人员参加主体组织的刮管交底会,安排技术人员核实刮管工具及管柱是否符合设计要求; (2)监控员工按标准操作; (3)处理刮管异常情况	(1)刮管工具及管柱符合设计要求; (2)发现未按规程操作或违章操作,及时制止; (3)按要求进行对设计井段刮管作业; (4)按程序处理施工异常情况
循环洗井(主体)	(1)安排司钻对班组员工分工、明确岗位; (2)监督、监控员工循环前是否检查循环通道; (3)监督、监控司钻(或泵工)启泵及循环情况	(1)班组员工分工合理、岗位明确; (2)循环前循环通道通畅; (3)司钻(或泵工)缓慢开启循环泵,待出口返液正常后再按设计排量参数进行洗井,洗井至进出口液体性能一致(密度差小于0.02g/cm^3)
循环洗井(配合)	(1)接受主体方安排; (2)安排司钻对班组员工分工、明确岗位; (3)监督、监控员工循环前是否检查循环通道; (4)监督、监控司钻(或泵工)启泵及循环情况	(1)班组员工分工合理、岗位明确; (2)循环前循环通道通畅; (3)司钻(或泵工)缓慢开启循环泵,待出口返液正常后再按设计排量参数进行洗井,洗井至进出口液体性能一致(密度差小于0.02g/cm^3)

6)修井作业

修井作业标准化操作规程如表9-8所示。

表9-8 修井队队长修井作业标准化操作规程

工作内容	工作步骤	工作标准
压井作业(主体)	(1)安排技术员编制压井技术方案(包括压井曲线、压井参数、压井方式、压井液、泵	(1)参会率100%; (2)监控率100%;

续表

工作内容	工作步骤	工作标准
压井作业（主体）	车、供浆、回压控制、压井异常情况处置等）。 （2）参加压井安全技术交底会。 （3）监督、监控司钻是否组织班组员工全员参与压井安全技术交底会及压井作业环节JSA分析。 （4）监督、监控班组泄压情况。 （5）监督、监控压井准备情况。 （6）指挥、参与及监控压井： ①按压井技术方案连接安装压井管线（正反循环均能满足），试压合格； ②按压井曲线组织压井，司钻控制好泥浆泵（或泵车操作工控制好泵车），管汇人员根据技术员要求做好控回压，各岗位人员协同做好配合工作（如供浆、计量、放喷口观察等）。 （7）压井异常情况的处置与汇报	（3）员工有控制泄压：泄压前检查泄压通道是否畅通，放喷口点火装置状况良好，提前点好长明火，采用针阀或油嘴有控制地安全泄压； （4）压井液准备：压井液数量为井筒容积1.5~2倍，压井液密度为地层压力系数附加0.07~0.15g/cm^3，压井液性能良好； （5）压井设备及供浆准备：泥浆泵或泵车状况良好，供浆设备良好，满足供浆要求，供浆管线无刺漏； （6）压井前做好班组人员分工，明确岗位，备好对讲机，保持信息畅通，指令执行到位； （7）按压井技术方案连接安装压井管线（正反循环均能满足），试压合格； （8）按压井曲线组织压井，司钻控制好泥浆泵（或泵车操作工控制好泵车），管汇人员根据技术员要求做好控回压，各岗位人员协同做好配合工作（如供浆、计量、放喷口观察等）； （9）压井异常情况的处置与汇报
压井作业（配合）	（1）安排技术员与主体共同编制压井技术方案（包括压井曲线、压井参数、压井方式、压井液、泵车、供浆、回压控制、压井异常情况处置等）。 （2）参加压井安全技术交底会。 （3）监督、监控司钻是否组织班组员工全员参与压井安全技术交底会及压井作业环节JSA分析。 （4）监督、监控班组泄压情况。 （5）监督、监控压井准备情况。 （6）指挥、参与及监控压井： ①按压井技术方案连接安装压井管线（正反循环均能满足），试压合格； ②按压井曲线组织压井，司钻控制好泥浆泵（或泵车操作工控制好泵车），管汇人员根据技术员要求做好控回压，各岗位人员协同做好配合工作（如供浆、计量、放喷口观察等）。 （7）与主体共同处置压井异常情	（1）参会率100%； （2）监控率100%； （3）员工有控制泄压：泄压前检查泄压通道是否畅通，放喷口点火装置状况良好，提前点好长明火，采用针阀或油嘴有控制地安全泄压； （4）压井液准备：压井液数量为井筒容积1.5~2倍，压井液密度为地层压力系数附加0.07~0.15g/cm^3，压井液性能良好； （5）压井设备及供浆准备：泥浆泵或泵车状况良好，供浆设备良好，满足供浆要求，供浆管线无刺漏； （6）压井前做好班组人员分工，明确岗位，备好对讲机，保持信息畅通，指令执行到位； （7）按压井技术方案连接安装压井管线（正反循环均能满足），试压合格； （8）按压井曲线组织压井，司钻控制好泥浆泵（或泵车操作工控制好泵车），管汇人员根据技术员要求做好控回压，各岗位人员协同做好配合工作（如供浆、计量、放喷口观察等）； （9）与主体共同处置压井异常情
打捞作业	（1）安排技术人员制订打捞作业技术方案（包括打捞步骤、打捞方式、打捞工具、打捞参数、打捞管柱、打捞复杂情况预判与处置等）并审核。 （2）参加打捞安全技术交底会，监督、监控司钻组织班组员工全员参加打捞技术交底会，打捞作业环节JSA分析。 （3）监督、监控司钻及班组员工组下打捞管柱。	（1）技术方案合理，针对性强，操作性好。 （2）班组全员参加打捞技术交底会，打捞作业环节JSA分析。 （3）监督、监控司钻及班组员工按标准组下打捞管柱，发现未按规程操作或违章操作，及时制止。 （4）打捞前，安排人员检查吊环、吊卡、大绳、死绳固定器等提升系统及工具，落实安全措施。 （5）打捞作业： ①强提活动打捞：在管柱、工具、修井机额定强

续表

工作内容	工作步骤	工作标准
打捞作业	(4)检查打捞前的准备。打捞前，安排人员检查吊环、吊卡、大绳、死绳固定器等提升系统及工具，落实安全措施。 (5)指挥打捞作业： ①强提活动打捞； ②倒扣打捞。 (6)打捞异常情况处置及上报	度三者允许最小值范围内强提活动，强提前检查大绳、死绳头；安排专人检查绷绳；强提前对吊卡吊环采用不小于15mm钢丝绳捆绑牢靠。 ②倒扣打捞：检查转盘及转盘刹车确保其状况良好；对吊卡吊环采用不小于15mm钢丝绳捆绑牢靠；小方瓦采用钢丝绳捆绑防飞出；按倒扣打捞技术参数上提打捞吨位；平稳操作转盘按倒扣圈数进行倒扣，控制好转盘刹车，倒扣时员工远离转盘面；释放扭矩时缓慢有控制地进行。 (6)在权限范围内对打捞异常情况处置并及时上报，汇报信息准确
钻磨套铣作业	(1)安排技术人员编制钻磨套铣作业技术方案（包括钻磨套铣工具、管柱、参数、防卡措施、异常情况处理等）并审核； (2)参加钻磨套铣作业安全技术交底会，监督、监控司钻组织班组全员参加钻磨套铣技术交底会，钻磨套铣作业环节JSA分析； (3)监督、监控司钻及班组员工组下钻磨套铣管柱，作业前安排人员检查循环系统，落实安全措施； (4)参与、监督、监控钻磨套铣作业； (5)监控员工按标准操作； (6)在权限范围内处理钻磨套铣异常情况并及时上报	(1)技术方案合理，针对性强，可操作性好； (2)钻磨套铣工具及管柱符合技术要求； (3)严格按钻磨套铣技术参数执行钻磨套铣作业，根据钻磨套铣适时工况，时优化钻磨套铣参数，钻磨套铣做好防蹩跳； (4)钻磨套铣安排员工观察返屑情况； (5)钻磨套铣做好防卡（加双捞杯）； (6)发现未按规程操作或违章操作，及时制止，循环系统、提升系统、动力系统等设备状况良好，安全措施落实到位； (7)在权限范围内处理钻磨套铣异常情况并及时上报，汇报信息准确
切割作业	(1)安排技术人员制订切割技术方案（包括切割工具、切割管柱、切割参数、切割异常情况处理等）； (2)参加切割作业安全技术交底会，监督、监控司钻组织班组员工全员参加切割技术交底会，切割作业环节JSA分析； (3)指挥、参与、监督、监控切割作业； (4)监控员工按标准操作； (5)在权限范围内处理切割异常情况并及时上报	(1)技术措施合理，针对性强，可操作性好； (2)切割工具及管柱符合技术要求； (3)切割作业前，安排人员检查转盘、刹车系统，落实安全措施，传动系统、循环系统、提升系统、动力系统等设备状况良好，安全措施落实到位； (4)执行切割技术参数，根据切割适时工况，适时优化切割参数； (5)切割作业人员安排合理，专人监控返出情况，各岗位责任落实； (6)发现未按规程操作或违章操作，及时制止； (7)在权限范围内处理切割异常情况并及时上报，汇报信息准确

7）修井设备拆卸

设备拆卸标准化操作规程如表9-9所示。

表9-9　修井队队长设备拆卸标准化操作规程

工作内容	工作步骤	工作标准
拆卸准备	(1)安排制订拆迁计划、组织全队员工参加拆卸设备	(1)许可证审查符合要求；

续表

工作内容	工作步骤	工作标准
拆卸准备	部署会； （2）参与设备拆卸、搬迁安全交底，审批外协单位项目许可证； （3）参与审批设备拆卸作业环节JSA分析与防范措施	（2）JSA分析符合实际，可操作性强
放井架	（1）召开放井架专项会； （2）审批放井架作业许可证； （3）检查放井架前各岗位设备本质安全检查核实情况； （4）指挥放井架	（1）人员分工明确，责任落实； （2）许可证签订规范； （3）准备和检查到位，液压管路排空气充分、液压管路无漏点、抗压符合标准、液压油位正常，承重钢丝绳、安全销规格符合规定； （4）按标准化操作规程操作

8）修井设备离场

修井设备离场标准化操作规程如表9-10所示。

表9-10 修井队队长修井设备离场标准化操作规程

工作内容	工作步骤	工作标准
离场准备	（1）组织制订离场搬迁计划，组织全队人员参加离场搬迁部署会，人员分工安排； （2）参与修井设备离场作业环节JSA分析与防范措施	（1）许可证审查符合要求； （2）JSA分析符合实际，可操作性强
修井设备离场	（1）监控员工是否按规程安全操作及时发现和制止违章行为； （2）监督、监控备吊装、捆绑、装车； （3）过程视频监控，及时调整人员、车辆等	（1）人员分工执行到位； （2）按规程安全操作； （3）视频监控运行正常

第十章　修井队书记岗位操作标准

第一节　岗位描述

1. 岗位说明书

修井队书记岗位说明如表10-1所示。

表10-1　修井队书记岗位说明

项　目		主要内容
工作概述		全面负责修井队党建工作，确保抓班子、带队伍、强“三基”、保稳定、促发展五项重要任务的贯彻落实；履行好“一岗双责”，本单位行政负责人缺席时，履行行政负责人职责，确保修井生产任务、年度工作目标任务的完成
任职资格	教育程度	专科及其以上学历，具有企业管理基本知识
	工作经历	5年以上相关管理经验或修井实践工作经验
	从业资格	具有助理政工师资质，持有效HSSE管理培训合格证、硫化氢防护技术证、井控培训合格证、司钻证及安全知识与管理能力考核合格证
	能力要求	政治强，业务精，作风正，肯奉献；具有一定的组织协调和语言文字表达能力，熟悉本单位生产经营特点；懂党务、懂业务、懂管理，会解读政策、会疏导思想、会总结经验
	辅助技能	能熟练使用计算机相关办公软件
	职业道德	具有良好的政治素质、敬业精神和职业道德，坚持原则，秉公办事，具有较强的责任心和团队协作精神；政治过硬、作风过硬、廉洁过硬
	身体素质	身体健康，精力充沛
岗位关系	纵向关系	（1）接受公司领导的管理； （2）接受公司有关业务部门的指导； （3）对本单位员工进行管理
	横向关系	与党群、纪检、人力资源等部门有协作关系
岗位职责		书记在党支部委员会的集体领导下，按照支部党员大会、支部委员会决议，负责主持支部的日常工作，是本单位党建工作第一责任人： （1）负责召集支部委员会和支部党员大会，结合本单位的具体情况，贯彻执行党的路线、方针、政策和上级的决议、指示，研究安排支部工作，将支部工作中重大问题，及时提交委员会和支部党员大会讨论决定；

续表

项 目	主要内容
岗位职责	（2）针对本支部党的建设存在的突出问题，分析研究提出工作思路，主持制订本支部工作规划和年度计划，组织指导、检查督促党建重点工作落实； （3）了解掌握党员群众的思想、工作和学习情况，发现问题及时解决，做好经常性的思想政治工作，原则上每年组织开展员工思想动态调研分析不少于4次； （4）检查、督促支委会的工作计划、决议执行情况，带头抓好制度执行与检查考核，带头落实党建工作责任制，指导督促班子成员履行党建工作责任，每年至少向支委会、党员大会及上级党组织报告工作一次； （5）经常与支部委员和同级行政负责人保持密切联系，交流情况，积极参与行政、班组重大问题的决策； （6）抓好支委自身学习，原则上每月至少组织召开一次支委会，每年主持召开一次民主生活会，支委班子成员每年集中学习不少于56学时，搞好领导班子自身建设，充分发挥委员会的集体领导作用； （7）抓好党员队伍建设，每季度组织召开一次党员大会，组织一次党课学习，按时组织本支部党员开展民主评议工作，强化党员“四个意识”和自身建设，充分发挥党员先锋模范作用； （8）领导和支持本单位工会、共青团按照各自章程开展工作，积极发挥群团组织的桥梁纽带和生力军作用，每年组织研究和指导群团工作不少于4次； （9）抓实综治信访稳定工作，采取有效措施，维护队伍稳定，营造和谐发展环境； （10）协助修井队队长搞好经营管理和安全生产，履行安全生产“一岗双责”
工作权限	（1）有编制党建工作计划、组织管理权； （2）有参与拟订本队生产运行、计划管理权； （3）有参与本单位重大事项决策权
考核关系	（1）接受公司党委的工作考核； （2）接受公司党群工作科及有关业务部门的业务考核； （3）对本单位人员、班组进行工作考核

2. 工艺流程图

修井队书记工作工艺流程如图10-1所示。

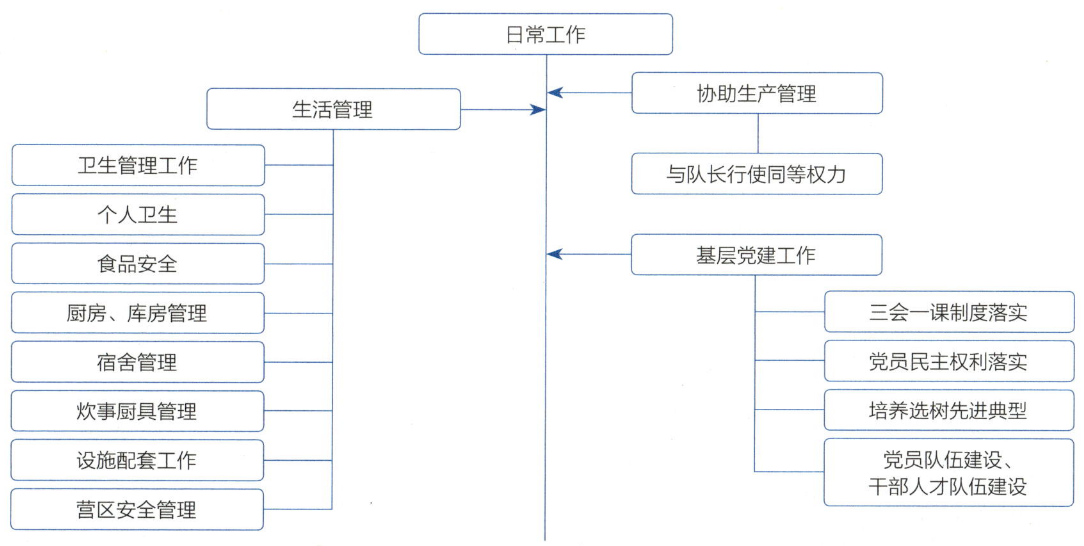

图10-1 修井队书记工作工艺流程

图10-1 修井队书记工作工艺流程（续）

第二节 岗位标准化操作规程

1. 生产管理标准化操作规程

生产管理标准化操作规程如表10–2所示。

表10–2 修井队书记生产管理标准化操作规程

工作内容	工作步骤	工作标准
生产管理	(1)队长不在时代替队长行使队长权力； (2)与队长同为安全生产第一责任人	(1)执行队长岗位工作标准； (2)履行“一岗双责”，贯彻执行上级工作部署，紧紧围绕中心工作，团结带领干部职工完成生产经营目标任务

2. 生活管理标准化操作规程

生活管理标准化操作规程如表10–3所示。

表10–3 修井队书记生活管理标准化操作规程

工作内容	工作步骤	工作标准
生活管理	(1)加强卫生管理工作； (2)强化食品安全； (3)做好厨房、库房(食品储藏室)的管理工作； (4)搞好宿舍管理； (5)加强炊事厨具的管理； (6)做好生活设施配套工作； (7)营区安全管理	(1)严格执行《中华人民共和国食品安全法》和《食品卫生“五四”制》，搞好食品安全、环境卫生和个人卫生；做好卫生防疫和病媒生物防治工作，预防和消除肠道疾病、传染病的发生，杜绝食物中毒； (2)食品存放要“四隔离”(生熟隔离、成品与半成品隔离、食品与杂物药品隔离、食品与天然冰隔离)；炊具、餐具要“四过关”(一洗、二刷、三冲、四消毒)并做好消毒记录；食品有防蝇、防尘、防腐设施，分刀、分案操作； (3)食品出入库记录齐全，室内卫生、洁净，物品、食品摆放整齐、有序，有良好的通风条件和防蚊蝇、防鼠措施； (4)宿舍(营房)摆放整齐、布局合理，室内卫生整洁，生活设施、卫生用具配套齐全，安全措施有效； (5)实行机具挂牌、专人负责，保持内外清洁，及时维修保养，做到安全、合理使用； (6)为职工创造良好的洗浴、洗衣、卫生条件，完善常见病的急救医治条件； (7)做好生活营区安全日常检查工作，为职工创造良好的休息环境

3. 基层党建标准化操作规程

基层党建标准化操作规程如表10–4所示。

表10–4 修井队书记基层党建标准化操作规程

工作内容	工作步骤	工作标准
基层党建管理	(1)组织生活制度落实； (2)党员民主权利落实；	(1)支部党员大会每季度至少召开一次；党支部委员会每月至少召开一次；党小组会每月至少召开一次；党课每季度组织一次；党支部工作基础资

续表

工作内容	工作步骤	工作标准
基层党建管理	(3)培养选树和宣传先进典型; (4)党员队伍建设; (5)发展党员工作; (6)党员干部学习教育; (7)党费收缴; (8)党务公开工作	料完整、真实记录支委会、党员大会、党课、民主生活会、专题组织生活会、民主评议党员等内容，记录格式要规范，会议议题、决议要明确; (2)党支部每三年召开一次党员选举大会进行改选换届，未到换届时间，委员有缺额时30天内需增补齐全，选举程序应符合《中国共产党基层组织选举工作暂行条例》及上级党委的有关要求，支委设置合理、分工明确; (3)强化宣传舆论引导，坚持典型示范带动，加强先进典型的选树和宣传工作，用身边的事教育身边的人，起到教育人、鼓舞人、凝聚人的作用，加强正面引领。定期评比表彰先进党小组、先进班组和优秀共产党员、优秀员工、月(季)度之星等先进集体和优秀个人，激励基层干部员工学先进、争优秀、当先锋，共筑石化梦，传递正能量; (4)提高党员队伍综合素质，实施“双培养”制度，建设“五带头”党员队伍，开展党员“示范岗”、党员“一带三”、党员“突击队”、“党员责任区”等实践活动，积极推行“党员三先”，搭建有效活动载体，增强党员主体意识，发挥党员先锋模范作用; (5)严格按照《中国共产党发展党员工作细则》要求，做好入党积极分子培养和发展党员工作，职工群众递交的《中国共产党入党志愿书》要保存完好;确定入党积极分子时履行民主推荐程序，及时报公司党委备案;积极分子列为发展对象时经过评议推荐程序，及时报公司党委备案，发展对象集中培训不少于24学时;未经培训的，除个别特殊情况外，不能发展入党;培训合格3年内未发展的，须重新参加培训;支委会对发展对象审查合格后，报公司党委预审;预审合格，支委会提交支部大会讨论，接收发展新党员实行票决制，且必须经过公示程序，即党支部在召开接收预备党员的支部大会前要对发展对象进行为期5天的公示。把握好会议的时间节点;确定入党积极分子、确定发展对象、预备党员接收及转正必须有会议记录，入党积极分子和预备党员要及时填报考察表; (6)健全党员学习制度，制订年度学习计划和阶段性学习安排;扎实推进“两学一做”学习教育常态化;充分利用业余党校和“共学共做共建”平台加强党员学习教育，党员领导干部要先学一步、研学结合，组织党员针对性地开展学习研讨，党员学习次数、学时达标;党员学习记录真实、完整;党员每年集中学习时间一般不少于32学时; (7)党员主动按月足额交纳党费;收据齐全、记录清楚，党支部每半年向党员公布一次党费收缴情况; (8)公开上级和本级党组织的决议、决定及执行情况，公布班子民主生活会、发展党员和党员教育培训、评比表彰、党费收缴使用、干部选任管理监督、联系服务党员和群众、党风廉政建设情况等

4.“三基”工作标准化操作规程

“三基”工作标准化操作规程如表10-5所示。

表10-5 修井队书记“三基”工作标准化操作规程

工作内容	工作步骤	工作标准
“三基”工作	(1)制订“三基”工作年度计划; (2)基层建设; (3)基础工作; (4)基本功训练	(1)每年一月份根据上级工作安排，科学合理编制本队“三基”工作年度计划;充分发挥基层党支部在基层建设中的核心作用、在基础工作中的促进作用、在基本功训练中的带动作用，不断推动基层基础工作上水平。 (2)基层建设: ①健全落实党支部议事规则和工作制度，发挥班子整体功能; ②在标准化班组、标准化现场、标准化岗位“三标”建设中，“三标”建

续表

工作内容	工作步骤	工作标准
“三基”工作		设基础资料齐全，发挥党员先锋模范作用明显，群众对党员先锋模范作用发挥的满意度测评大于85%； ③党支部各项工作基础台账完善，做到可查询、可追溯； ④干部职工教育、管理和服务措施落实到位，队伍保持稳定，群众对支部的满意度测评大于85%。 （3）基础工作： ①健全完善岗位责任制，岗位职责清晰、分工明确，职工熟记、熟背各自的岗位职责，并自觉遵守执行；突出强化岗位责任心和执行力提升，通过加强思想教育、观念引导和典型引路，促进员工队伍责任心增强和作风养成，切实把管理责任、操作责任落实到岗位； ②结合本单位安全环保问题，提出加强改进的合理化建议，积极开展“我为安全作诊断”活动； ③开展“QC”小组活动，组织开展群众性质量管理、质量改进活动，“QC”小组活动记录齐全； ④开展“5S”活动，在生产现场大力开展以“整理、整顿、清扫、清洁、自律”为主要内容的“5S”活动，改善现场工作环境，消除安全隐患，保证设备正常运转，提高工效。 （4）基本功训练： ①突出强化岗位练兵，通过“党员传帮带”、党员创新工作室等形式，落实岗位练兵机制； ②根据队伍实际状况，制订员工培训计划，培训台账记录齐全（包括自培记录、送外培训记录、岗位练兵记录），加大岗位操作规程、岗位操作技能、岗位应急处置等应知应会知识培训，持续提高员工专业技能和综合素质； ③职工队伍素质建设，根据资质检查钻井队人员配置要求，积极跟公司人力资源科保持联系，确保井队主要人员资质达标，现场人员要求持证上岗，现场主要人员若与标书人员不符，要及时向公司及甲方变更并备案； ④加强班组建设，班组成员团结协作、充满活力，加大岗位操作规程、岗位操作技能、岗位应急处置等应知应会知识培训，持续提高员工专业技能和综合素质； ⑤在科研、生产、经营管理、党建、思想政治工作等方面积极创新，取得明显成效

5. 思想政治工作标准化操作规程

思想政治工作标准化操作规程如表10-6所示。

表10-6 修井队书记思想政治工作标准化操作规程

工作内容	工作步骤	工作标准
思想政治工作	（1）加强党政班子思想政治建设； （2）开展谈心谈话活动； （3）开展“四必访”“五必谈”工作； （4）职工思想动态分析； （5）开展形势任务教育； （6）职工政治理论学习；	（1）认真贯彻执行上级党组织的决策部署；着力增强班子成员在思想政治工作、生产经营管理、处理复杂问题、维护和谐稳定等方面的能力；坚持班子成员集中学习和自学制度，每年累计学习时间不少于56学时，至少进行一次集中培训； （2）党支部领导班子成员之间、党员与党员、党员与员工之间都要定期或不定期地开展谈心活动，沟通思想，消除隔阂，互相帮助，共同进步；党支部班子成员原则上每人每年谈心谈话不得少于5人次，一般党员原则上每人每年谈心谈话不得少于3人次；

续表

工作内容	工作步骤	工作标准
思想政治工作	(7)运用新媒体开展员工思想政治工作; (8)评先树优工作; (9)信息上报	(3)做好一人一事思想政治工作,关心关爱员工;做到“四必访”(员工及家庭成员大病住院或员工家庭成员去世必访,员工家庭出现重大矛盾和婚姻变故必访,员工家庭遇到特殊困难必访,员工重大节日值班必访)、“五必谈”(员工执行重要工作任务时必谈,实施重大政策措施出现不同意见时必谈,员工间出现隔阂矛盾时必谈,员工工作岗位有较大变动时必谈,员工受到重大奖惩或情绪有较大波动时必谈);谈话记录要齐全; (4)每季度开展一次职工动态思想分析,并形成调研报告; (5)及时开展形式任务教育,记录要齐全; (6)对上级有关文件、政策进行认真宣贯,践行社会主义核心价值观,组织开展小型多样的文化体育活动,广泛开展谈心谈话活动,了解职工思想动态;坚持尊重理解、引导培养、关心帮助的原则,做好员工队伍思想政治工作; (7)配合上级做好EAP工作,发动员工关注“奋进石化”微信平台、关注西南石油工程公司《西南工程简报》和“西南工程”“西南铁先锋”“西南工程青春铁军”微信公众号;探索运用互联网、微博微信等新媒体做员工思想政治工作的新方式、新方法和新渠道; (8)选树先进典型; (9)每月按时上报政务快报,每季度按时上报井队大事记

6. 党风廉政建设标准化操作规程

党风廉政建设标准化操作规程如表10-7所示。

表10-7 修井队书记党风廉政建设标准化操作规程

工作内容	工作步骤	工作标准
党风廉政建设	(1)工作计划、部署、报告; (2)签订党风廉政建设责任书; (3)反腐倡廉教育; (4)队务公开与监督工作; (5)开展廉洁谈话	(1)党风廉政建设工作有计划、有检查;定期研究党风廉政建设和反腐败工作,年终专题报告执行责任制情况; (2)签订党风廉政建设责任书;领导班子成员落实党风廉政建设“一岗双责”; (3)党性党风党纪和廉洁从业教育列入年度总体工作计划;每年至少安排4次反腐倡廉专题学习,内容包含反腐败工作新形势、新精神;每年至少讲一次廉政党课;六进工作不少于三进;无违纪违法事件; (4)落实“三重一大”集体决策制度,严格议事规程,实行队务公开,接受职工群众监督;考勤、工资、职工岗位调整、绩效发放等齐全,在队务公开栏内每月公布一次;“三务公开”内容党支部审批手续齐全、规范; (5)党支部书记定期找重点岗位人员进行廉政谈话并召开廉政座谈,建立谈话记录

7. 工会工作标准化操作规程

工会工作标准化操作规程如表10-8所示。

表10-8 修井队书记工会工作标准化操作规程

工作内容	工作步骤	工作标准
工会工作	(1)建立健全工会组织机构; (2)会费收缴工作; (3)主题活动开展; (4)队务公开民主管理; (5)开展劳动竞赛活动; (6)关注劳动保护; (7)落实职工福利	(1)建立健全工会委员会、民主管理小组、劳动竞赛领导小组、劳动保护监督检查小组、文体活动小组,工会组织网络明确,有年度工作计划、半年、年度工作总结。 (2)及时接收会员,按标准及时、准确上缴会费。 (3)结合单位特点,开展小改小革、修旧利废、技术革新、节能减排、双增双促、合理化建议等主题活动,活动有计划,内容符合主题,按时上报活动信息,总结活动成果: ①积极开展改善经营管理建议和技术革新活动,采纳合理化建议,实施率高,追求实效; ②积极开展节能降耗、挖潜增效活动,促进经济效益。 (4)队务公开、民主管理制度健全落实,各种资料和台账齐全,职工满意率高;及时公开工资、奖金、考勤、评先、生活福利等热点问题,原始资料真实齐全。 (5)开展群众性经济技术活动,坚持运用岗位练兵、技能比武、师带徒等方式,提高职工综合素质,结合本单位实际情况,组织开展有单位特色的劳动竞赛活动,取得较好效果。 (6)及时传达贯彻上级劳动保护的政策制度,监督协助队委会执行安全操作规程,制止违章作业;落实职工劳保,每月定期开展安全健康教育等活动。 (7)及时办理职工各种保险、互助互济等工作,及时上报、申请落实有关待遇,职工互助保险待遇申请落实受益率100%;职工特殊困难及时上报、解决落实

8. 团支部工作标准化操作规程

团支部工作标准化操作规程如表10-9所示。

表10-9 修井队书记团支部工作标准化操作规程

工作内容	工作步骤	工作标准
团支部工作	(1)抓好基层团组织建设; (2)开展特色团支部争创活动; (3)开展青春建功活动; (4)开展文体活动; (5)团费收缴; (6)推优工作	(1)基层团组织按期进行民主改选;班子健全、人员齐备、职责明确;支部活动记录及时、完整、准确; (2)积极创建"红旗""特色""四好"团支部,有计划,有内容,有步骤,有措施; (3)积极开展争创"青年文明号""青年示范岗",争当青年岗位能手,争做青年志愿者活动;围绕生产需要,经常性地开展青年突击队活动和师带徒活动,结合岗位实际积极开展技术比武、班组对抗赛等活动,有效促进单位的生产经营建设;组织开展修旧利废、挖潜增效活动和创新创效活动; (4)积极开展各种文化娱乐活动,寓教于乐,组织青工踊跃参与,利用重大节日、纪念日,举行各种丰富多彩的文体活动;积极参与分公司团组织及上级团委开展的各项活动;积极开展阳光助学、慈善抚孤等青年志愿服务活动; (5)及时收缴团费; (6)党建带团建工作机制健全,"双推"工作有成效,深入开展青年思想动态调研,及时了解团青队伍状况;加强共青团工作的宣传,注重选树和学习青年先进典型

9. 综治信访稳定工作标准化操作规程

综治信访稳定工作标准化操作规程如表10-10所示。

表10-10 修井队书记综治信访稳定工作标准化操作规程

工作内容	工作步骤	工作标准
综治信访稳定工作	(1)综治信访稳定工作规划; (2)普法教育; (3)健全综治信访稳定组织机构; (4)和谐稳定建设; (5)消防管理工作	(1)建立领导责任制和目标管理责任制,有年度信访稳定工作计划,做到有计划、有安排、有措施、有考核、有总结;签订综合治理责任书,确保责任到位;每年至少召开6次会议,研究信访稳定工作; (2)制订详细的年度普法教育计划,建立法制宣传教育台账,资料齐全、管理规范;完成上级布置的普法学习活动,及时总结上报; (3)建立健全综治信访稳定队伍,职责明确,每月开展活动并做好记录,查有资料;四季度总结全年工作,全面分析总结单位综治情况,及时掌握各类综治动向,消除治安隐患,为公司综合治理提供第一手资料; (4)结合各单位自身实际情况,制定相应的“三防”措施,预防被盗案件的发生;严格落实公司矛盾纠纷排查制度,坚持“抓早、抓小、抓苗头”,做好矛盾纠纷隐患排查工作,把问题解决在基层;每月按时上报综治月报; (5)组织建立消防安全管理制度和机构,制订井队年度消防工作计划;编制消防应急预案,按计划组织演练,并做好记录(每月一次);定期开展消防教育培训,预防火灾事故发生;每月召开一次消防会议,总结本月情况,安排下月工作;每月组织一次全面消防检查,及时消除各类隐患,做好记录

10. 联系服务群众工作标准化操作规程

联系服务群众工作标准化操作规程如表10-11所示。

表10-11 修井队书记联系服务群众工作标准化操作规程

工作内容	工作步骤	工作标准
联系服务群众工作	(1)建立党员联系帮助群众制度; (2)开展帮扶救助和送温暖活动; (3)建立困难党员、困难职工档案; (4)解决职工实际问题	(1)每位支部委员联系1~2个班组、每名党员联系1个岗位、每名党员联系帮助2~3名员工群众,建立党员联系帮助群众制度,明确联系帮助的任务和要求; (2)关心群众的思想、学习、工作和生活,探索实施员工帮扶计划(EAP);帮扶制度健全,积极开展夏送清凉、冬送温暖、金秋助学、困难帮扶等活动,对困难职工实行动态管理,解决职工实际难题,帮扶救助工作及时到位;保障员工按规定正常休假; (3)建立困难党员、困难职工档案,做好困难党员和困难职工帮扶工作; (4)建立职工关心的热点难点问题台账,并帮助职工解决实际问题,职工对支部书记的满意度测评大于90%

11. 企业文化建设工作标准化操作规程

企业文化建设工作标准化操作规程如表10-12所示。

续表

表10-12 修井队书记企业文化建设工作标准化操作规程

工作内容	工作步骤	工作标准
企业文化建设	(1)制订企业文化建设年度工作计划，进行企业文化年度工作总结； (2)爱国教育和传统教育； (3)落实《中国石化集团公司企业文化建设纲要(2016修订版)》； (4)践行《员工手册》； (5)加强舆论宣传引导	(1)年度企业文化建设有计划、有措施、有总结，企业文化建设职责分工明确，创新开展，效果明显； (2)组织党员、职工开展社会主义核心价值理念和爱国主义、“三老四严”“四个一样”等石油石化传统文化教育，及时学习贯彻上级精神和要求，学习教育记录齐全； (3)落实《中国石化集团公司企业文化建设纲要(2016修订版)》，严格执行中国石化、西南石油工程公司、井下作业分公司企业文化核心价值理念，丰富创新载体，使中国石化、西南工程、井下作业分公司的核心价值理念深入人心；在此基础上提炼形成本单位的核心价值理念并加以实施； (4)践行中国石化《员工守则》和《职工违纪违规行为处分规定》，引导员工养成和遵守社会公德、职业道德、家庭美德和个人品德，宣贯学习到位，记录齐全； (5)做好内外宣传工作，建立本单位宣传员队伍；运用展板、横幅、宣传栏等载体，因地制宜地开展宣传工作；建立本单位微信、QQ工作群，运用新媒体，做好舆情监测和应对处置，努力塑造高度负责任、高度受尊敬的企业形象

第十一章　修井队HSSE管理员岗位操作标准

第一节　岗位描述

1. 岗位说明书

修井队HSSE管理员岗位说明如表11-1所示。

表11-1　HSSE管理员岗位说明

项　目		主要内容
工作概述		负责本队的HSSE管理日常工作，做好安全监控、问题整改及反馈、安全生产责任制落实、安全教育及培训、应急演练、隐患排查治理、证件管理、环境保护、职业健康、交通安全、事故处理等工作
任职资格	教育程度	中专（或同等学力）及以上学历
	工作经历	3年以上相关工作经历
	从业资格	具有中级工技术等级，持有效安全知识与管理能力考核合格证、井控培训合格证、HSSE管理培训合格证、硫化氢防护技术证、直接作业环节监护证
	能力要求	熟悉岗位责任制、巡回检查制、质量管理和HSSE管理体系及有关的法律法规；具有一定的组织协调和语言文字表达能力，熟悉本单位生产经营特点和生产工艺流程，有一定的安全管理知识
	辅助技能	具有一定的电工知识及医疗护理、消防常识
	职业道德	爱岗敬业、勇于奉献、团结协作、遵章守纪
	身体素质	身体健康，能适应野外施工组织，心理素质良好
岗位关系	纵向关系	（1）接受队长、书记的直接领导； （2）接受安全环保等相关部门的工作指导； （3）对本队各班组上岗人员进行安全监督和管理
	横向关系	（1）与队长、书记、工程技术主管等有协作关系； （2）与运输、钻前钻后、固井、测井、测试、输气站等配合方施工队伍有监督关系
岗位职责		（1）负责安全生产相关法律法规的宣贯并监督执行，全面负责QHSE管理体系运行及相关资料的收集整理； （2）参与作业现场及施工过程风险评价，制定风险控制措施，并监督落实，参与新员工岗前“三级”安全教育； （3）开展本队的各种安全活动，负责安全活动记录，提出改进安全工作意见和建议，参与班前安全评估分析，班后安全总结；

续表

项目		主要内容
岗位职责		(4)负责本队劳动防护用品、消防设施、安防设施等日常管理工作; (5)负责井控安全监督管理工作，参与井控检查; (6)负责对本队交接班、岗位巡检、劳动防护用品、职业卫生、环境保护、消防器材、危险化学品、气防设施、安全用电、防雷、防火、防爆、防中毒、防洪防汛等进行日常监督检查，发现不安全因素，督促责任人落实整改; (7)做好动火作业、受限空间作业、起重作业、临时用电等17项直接作业环节的监督管理工作; (8)督促并参与本队各项应急演练工作，详细记录演练情况; (9)发生事故时，按照岗位应急程序及时处置，维护好现场，救护伤员，并向值班干部报告
工作权限		(1)对HSSE工作有监督管理权; (2)对现场人员有安全教育指导权; (3)对直接作业环节违规有停工权; (4)对现场“三违”有制止权、处罚权
工作考核	考核关系	(1)接受队长、书记的工作考核; (2)接受安全及有关部门的业务考核; (3)对本队上岗人员进行安全考核
	考核依据	本岗位职责、年度工作目标、上级有关规定

2. 工艺流程

HSSE管理员工作工艺流程如图11-1所示。

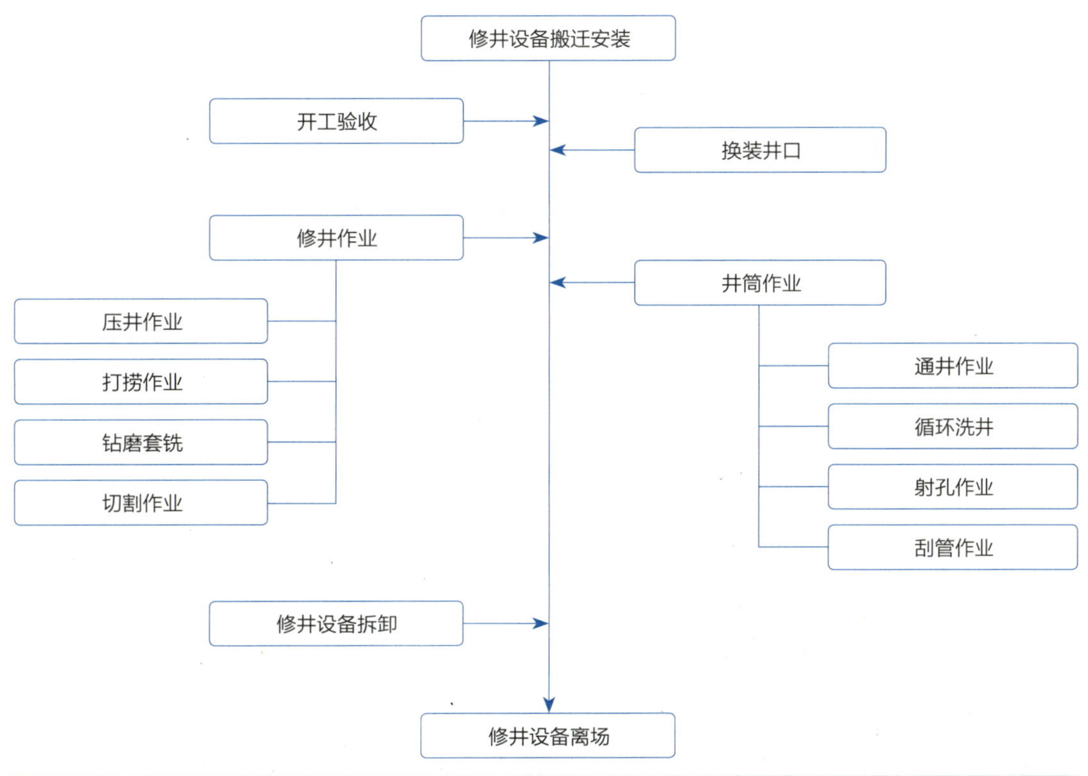

图11-1 HSSE管理员工作工艺流程

3. 工作流程

HSSE管理员工作流程如图11-2所示。

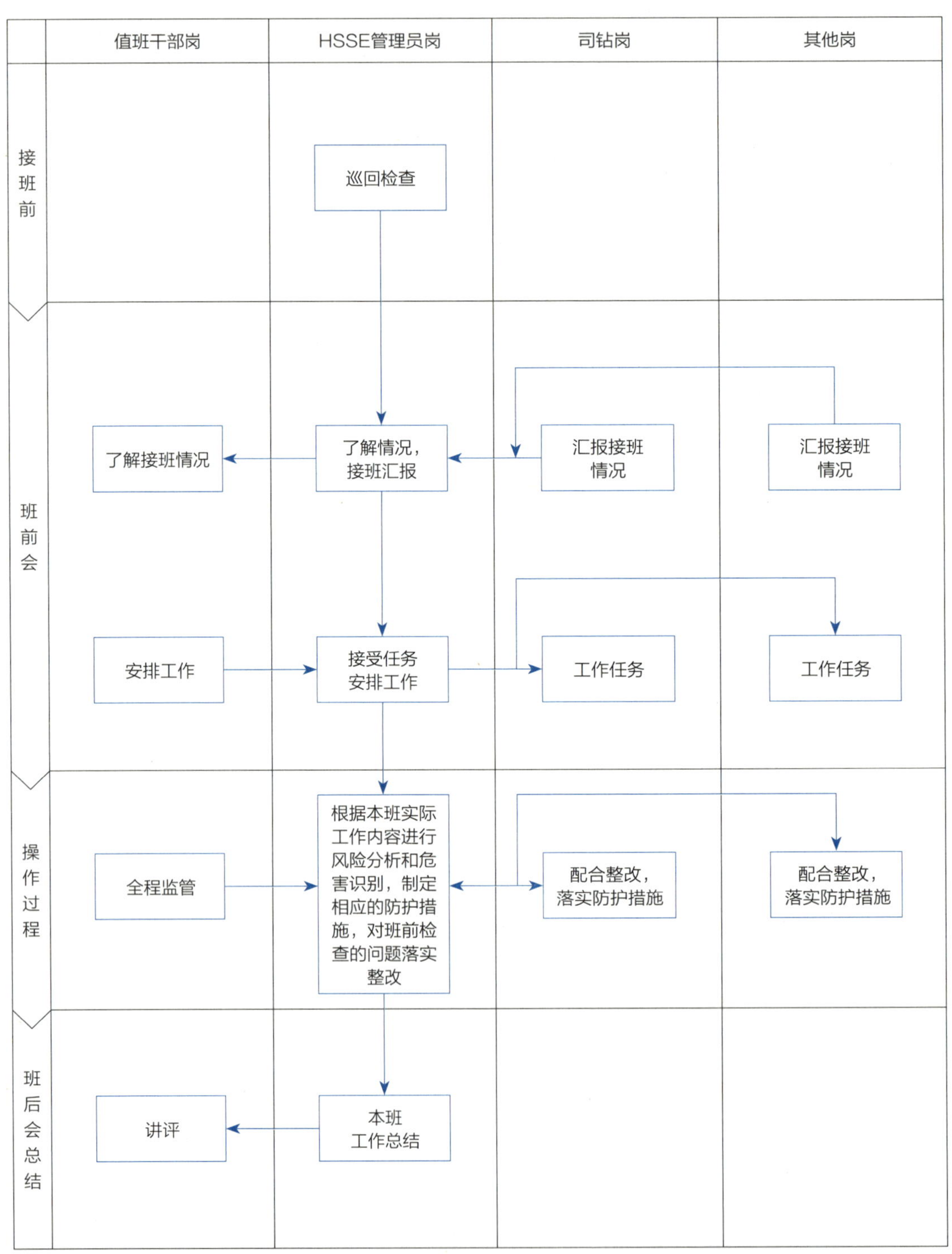

图11-2　HSSE管理员工作流程

第二节 岗位标准化操作规程

1. 交接班标准化操作规程

交接班标准化操作规程如表11-2所示。

表11-2 HSSE管理员交接班标准化操作规程

工作内容	工作步骤	工作标准
每日检查	（1）穿戴劳保用品； （2）按要求对安防设施、消防设施、关键要害部位、保险装置等进行检查； （3）发现问题反馈给相关责任岗位整改； （4）询问了解设备、井下等安全生产情况	（1）劳保用品穿戴齐全、规范； （2）安防设施、消防设施、关键要害部位、保险装置等检查率100%； （3）问题反馈率100%； （4）了解当前设备、井下等安全生产情况，有计划地开展工作
参加班前会	（1）巡检后参加班前会； （2）对检查出的问题落实整改责任岗位； （3）针对当班的工作内容进行危害分析，做好风险评价并制定防范措施； （4）传达上级文件和相关安全会议内容并督促落实	（1）参加率100%； （2）整改率100%（若在限期未能完成整改的问题，需向相关部门申请延期整改）； （3）危害分析全面，措施制定有效； （4）传达及时准确
参加班后会	对当班的安全生产情况进行总结，对本班出现的违章行为、未遂事件、事故隐患提出批评，做出处理意见，对好的做法、遵章守纪好的职工提出表扬	参加率100%，总结内容具体、全面

2. 巡回检查标准化操作规程

巡回检查路线如图11-3所示。

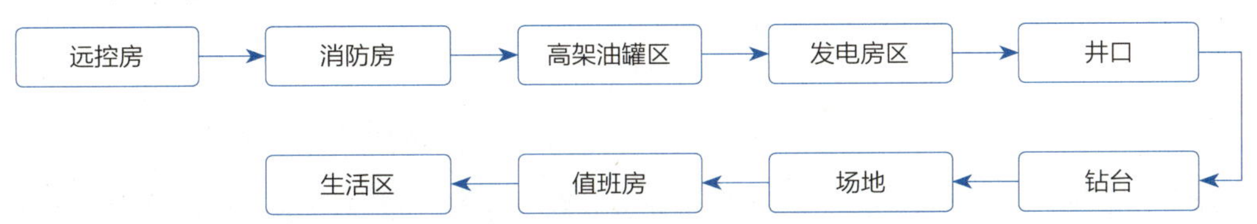

图11-3 HSSE管理员巡回检查路线

巡回检查标准化操作规程如表11-3所示。

表11-3 HSSE管理员巡回检查标准化操作规程

检查地点	检查项点	工作标准
远控房	（1）接地线； （2）液压管线连接	（1）接地线齐全，接地良好，接地阻值小于4Ω； （2）液压管线连接良好，无滴漏
消防房	标准配置及要求	（1）消防房配备35kg干粉灭火器2具，8kg干粉灭火器8具，消防斧2把，消防锹4把，消防钩2把，消防桶4只，开花、直流水枪各1支，消防带150m，应急灯1具，每月检查2次，确保有效；

续表

检查地点	检查项点	工作标准
消防房		(2)消防房内外干净整洁，房门上方安装“消防房”标志牌，消防房顶不得搁放其他杂物，消防房中间位置用红色漆喷涂上两条间隔宽度均为20cm的漆带，消防房门喷涂红漆，门口应铺垫便于应急消防器材进出的踏板，消防房门口不得搁放物体，除要求设施外，不得有其他杂物，照明灯完好
高架油罐区	(1)接地电阻; (2)防静电装置; (3)消防器材	(1)定期对高架油罐进行接地电阻检测，接地阻值小于10Ω; (2)油罐区域设置放静电装置，确保仪器有效; (3)摆放两具35kg灭火器，灭火器有效
发电房区	(1)消防器材; (2)线路及接地线; (3)安全警示标识	(1)配备二氧化碳灭火器一具，定期检测，合格证齐全，净重满足要求; (2)线路连接可靠，有防磨和防护措施，接地良好; (3)发电房地板铺设绝缘胶皮，悬挂“噪声有害”“有电危险”等警示标识
井口	(1)底座拉筋及销子; (2)梯子、栏杆、逃生滑道; (3)方井	(1)安全销齐全，拉筋无变形、无弯曲; (2)安装牢固，通行畅通无障碍，逃生装置灵活好用，逃生滑道用保险绳系牢; (3)方井内梯子固定牢靠，方井内污水不能超过表套闸门
钻台	(1)标志牌; (2)小绞车; (3)B型吊钳; (4)攀爬器; (5)防坠器; (6)洗眼器; (7)安全销; (8)照明灯及固定; (9)二层台逃生器; (10)避雷针	(1)标志牌齐全、安装牢固清晰醒目; (2)绳子无断丝、液压管线无渗漏，小绞车是否漏油或漏气，钢丝绳是否符合规范要求，小钩自锁装置良好; (3)各锁销齐全，钳尾绳连接标准、无断丝; (4)攀爬器安装牢固，绳子无打扭、松紧合适，专用安全带完好，助力器上下灵活好用，安全带完好，挂钩可靠并有封口; (5)防坠器安装牢固; (6)洗眼器固定牢靠，洗眼液干净，不低于标准水位; (7)安全销齐全; (8)照明灯与井架连接固定牢靠，保险链有效，满足夜间照明需求; (9)二层台逃生器上端与井架连接安装牢固，上下无障碍，上端手动锁紧器位置距逃生出口约1.5m，下端地锚牢靠，两地锚间隔4m，红色警示牌应卡在下端手动锁紧器上，距地面约1.5m，逃生器主绳与地面夹角为30°~75°; (10)避雷装置检测有效
场地	井场周边及环境	(1)对场地进行封闭管理，并配置相应的警示标牌（逃生通道标识牌、安全告知、集合点等）; (2)井场无油污、无废弃物或其他杂物，修井机、油罐、发电房、循环罐、沉砂池铺设防渗膜; (3)现场风向标识不少于4个（钻台、大门、循环罐、放喷口）
值班房	安全日常资料（自检自查、安全会议、人员证件等）、值班干部记录表、班组自查整改记录本、班组安全讲话记录、相关作业许可证的开具关闭情况等	资料齐全，填写准确、及时，无漏填内容
生活区	(1)配电柜; (2)线路、接地线; (3)消防器材（检查）	(1)配电柜位置摆放合适，进出线连接可靠，有绝缘防护，线路无老化，接地良好; (2)各宿舍电缆插件可靠无接头，接地线齐全，接地良好; (3)野营房内每间配备4kg干粉灭火器两只，灭火器完好，检查标签符合要求（每半月检查并记录）

3. 施工作业标准化操作规程

1）道路踏勘

道路踏勘标准化操作规程如表11-4所示。

表11-4 HSSE管理员道路踏勘标准化操作规程

工作内容	工作步骤	工作标准
路线踏勘	参与道路踏勘，记录沿途需要注意部位，如转弯角、电线架高、道路桥梁、隧道能否承受通过修井机等；做好环境调查，了解新井场所在地工农关系、前期钻井队遗留等问题，避免在搬迁安装和生产过程中由于油地关系影响安全生产正常运行	通往井场的道路，应满足建井周期内各型车辆安全通行，特别应考虑满足抢险车辆的通行；形成踏勘报告，风险评估报告、汛期风险识别清单
环保	（1）巡查场地是否有油污、泥浆等未治理； （2）井场周边的清污分离沟是否畅通、完好； （3）放喷池是否渗漏	（1）场地无油污、无污染物； （2）井场周边的清污分离沟畅通、完好； （3）放喷池不渗漏

2）设备安装

设备安装标准化操作规程如表11-5所示。

表11-5 HSSE管理员设备安装标准化操作规程

工作内容	工作步骤	工作标准
安全交底	协助队长召开设备安装协调会，分别于外协单位签订交叉协议书；监督相关作业许可证的开具	安装协调会分工明确，责任明确，协议书和许可证签订规范
JSA分析	针对本班工作内容进行危害分析，风险评价，并参与制定相应的防范措施	中国石化油工安〔2018〕68号《石油工程公司井筒工程作业许可管理规定》：用火作业、进入受限空间作业、临时用电作业、高处作业、吊装作业、危险物品使用作业、破土作业、试压作业、井架起放作业、拆卸和安装防喷器作业、换装井口作业、下套管作业、甩钻具作业、处理复杂情况及故障作业、设备检修、闸板防喷器开井作业、爆破作业、放射源作业18项作业，严格执行作业许可证制度
过程监控	监控职工是否按标准化操作规程安全操作，及时发现和制止违章行为	按标准化操作规程操作
起升井架	（1）参与起升井架专项会； （2）监督监控起井架作业许可执行情况； （3）监督监控设备本质安全检查，并做好记录； （4）风速检测	（1）人员分工明确，责任落实； （2）司钻申请、队长审批、HSSE管理员进行监护，全程视频监控； （3）准备和检查到位，液压管路排空气充分、液压管路无漏点、抗压符合标准、液压油位正常，承重钢丝绳、安全销规格符合规定； （4）起放井架风速＜5级（8.0~10.7m/s）

3）施工前准备

施工前准备标准化操作规程如表11-6所示。

表11-6　HSSE管理员施工前准备标准化操作规程

工作内容	工作步骤	工作标准
HSSE风险识别	结合本井的地理位置和施工设计，对井场周边环境进行摸排分析，根据施工工序进行风险识别并进行安全交底，并制定相应的措施	现场HSSE风险识别制定符合实际，可操作性强
接地线安装	检查接地线，并督促电工操作人员对接地电阻进行检测	带电体、营房等接地线是否连接完好，接地电阻是否达到标准
施工前自检自查	（1）检查现场安防设施设备准备是否充足、安全并有效； （2）参与应急处置方案的编写； （3）参与开工验收与问题整改	（1）现场安防设施设备充足、有效； （2）应急处置方案的编写符合实际，可操作性强； （3）整改落实到位
联合演练	与各配合单位进行井控联合演练、消防演练、防洪防汛、职业健康、反恐、二层台逃生演练等	各项演练符合标准

4）施工安全监控（换装井口、井筒作业、修井作业）

施工安全监控标准化操作规程如表11-7所示。

表11-7　HSSE管理员施工安全监控标准化操作规程

工作内容	工作步骤	工作标准
JSA分析	参与施工作业环节JSA分析并制定防范措施	JSA分析符合实际，可操作性强
过程监控	（1）现场监控员工标准操作情况，发现问题及时整改，制止违章行为； （2）制定环境污染控制措施	（1）问题整改到位，无违章； （2）无环境污染

5）拆卸设备

拆卸设备标准化操作规程如表11-8所示。

表11-8　HSSE管理员拆卸设备标准化操作规程

工作内容	工作步骤	工作标准
安全交底	参与设备拆卸安全交底，检查外协单位项目许可证并签订安全环保协议书	人员分工明确，责任落实，协议书和许可证签订规范
JSA分析	参与设备拆卸作业环节JSA分析并制定防范措施	JSA分析符合实际，可操作性强
作业许可证	督促司钻开具吊装作业许可，与协助单位签订交叉作业协议书	做到票证齐全
下放井架	（1）召开起升井架专项会； （2）起井架作业许可执行情况； （3）设备本质安全检查，并做好记录； （4）风速检测	（1）人员分工明确，责任落实； （2）司钻申请、队长审批、HSSE管理员进行监护，全程视频监控； （3）准备和检查到位，液压管路排空气充分、液压管路无漏点、抗压符合标准、液压油位正常，承重钢丝

续表

工作内容	工作步骤	工作标准
下放井架		绳、安全销规格符合规定； （4）起放井架风速<5级（8.0~10.7m/s）
过程监控	监控员工是否按标准化操作规程安全操作，及时发现和制止违章行为	按标准化操作规程操作

6）井场设备搬迁

井场设备搬迁标准化操作规程如表11-9所示。

表11-9 HSSE管理员井场设备搬迁标准化操作规程

工作内容	工作步骤	工作标准
JSA分析	参与设备搬迁作业环节JSA分析并制定防范措施	JSA分析符合实际，可操作性强
安全交底	参与设备搬迁安全交底，检查外协单位项目许可证并签订安全环保协议书	人员分工明确，责任落实，协议书和许可证签订规范
作业许可证	督促司钻开具吊装作业许可，与协助单位签订交叉作业协议书	做到票证齐全
吊装	（1）吊车钩头保险销检查； （2）吊索检查； （3）挂钩、绑牵引绳； （4）证件； （5）劳保	（1）检查确认吊车钩头保险销可靠灵活并处于正常位置； （2）检查索具的断丝、磨损、锈蚀和弯曲是否超标，使用符合安全要求的吊索吊具； （3）人员指挥吊车时需配合好，人员需站到安全位置；检查吊钩防脱钩装置处于正常状态，系好足够长的牵引绳到合适部位，牵引绳另一端不能有打结； （4）检查吊装人员从业资格证是否有效； （5）劳保用品穿戴齐全、规范
过程监控	监控员工是否按标准化操作规程安全操作，及时发现和制止违章行为	严格按照上级相关安全要求，及时发现和制止违章行为

第十二章　修井队工程技术主管岗位操作标准

第一节　岗位描述

1. 岗位说明书

修井队工程技术主管岗位说明如表12-1所示。

表12-1　工程技术主管岗位说明

项　目		主要内容
工作概述		全面负责修井队的技术管理、井控管理、质量管理、钻具管理、工具管理和技术资料管理，编写大型复杂工程、专业项目的施工组织方案，解决施工中的技术疑难问题，推广应用新工艺、新技术，制订、完善培训计划并组织实施
任职资格	教育程度	大学专科及以上学历，石油工程及相关专业毕业
	工作经历	3年以上修井现场施工经验
	从业资格	取得石油工程专业初级及以上专业技术任职资格证书，持有效井控培训合格证、HSSE管理培训合格证、硫化氢防护技术证
	能力要求	具有一定的组织协调和语言文字表达能力，熟悉本单位生产经营特点和生产工艺流程，具有解决各类技术难题的能力
	辅助技能	能熟练使用计算机相关办公软件
	职业道德	爱岗敬业、勇于奉献、团结协作、遵章守纪
	身体素质	身体健康，能适应作业队野外施工组织，心理素质良好
岗位关系	纵向关系	（1）接受队长、书记的直接领导； （2）接受公司工程技术、生产运行等业务部门的业务指导； （3）对本单位班组、员工进行业务指导
	横向关系	（1）与公司有关业务部门有协作关系； （2）与固井、测井、管具、钻井、油服、井控中心等相关单位有协作组织关系
岗位职责		（1）负责协助队长完成各项生产组织工作； （2）负责作业现场的生产技术工作与生产资料管理工作； （3）组织施工前技术、安全交底工作，参与交接井相关工作，编写施工材料需求计划、生产进度计划； （4）确定单井施工组织方案、施工技术措施，对全队职工进行技术交底，根据生产节点定期检查施工技术措施实施情况，确保施工技术措施的落实； （5）负责组织质量检查和质量改进，按生产流程下达班组作业任务书，并负责检查考核，

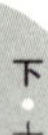

续表

项目		主要内容
岗位职责		提高施工质量，降低工程成本，提高工程效率，对施工中出现影响质量的问题及时进行纠正； （6）掌握入井工具结构、性能，负责检查、编号、丈量、登记入井管具和专用工具，针对工具作出图例，对出井工具做出技术分析；判断、处理作业中井内情况，收集、完善现场各种原始资料，编写工程报告，按照要求进行生产汇报； （7）负责现场管具管理，正确选择、使用专业工具，了解、掌握新技术、新工艺，并及时推广应用，制订完善职工专业技术培训计划并组织实施； （8）遵守安全生产法律法规、行业标准，按照QHSE管理体系要求，督察现场人员劳保穿戴、标准操作，编写应急预案，并按预案落实组织班组开展各种应急演练，协助队长做好应急事件管理； （9）负责本队安全生产技术工作，对班组生产安全工作进行业务指导； （10）依据设计安装井控设备，对井控设备按设计标准进行试压合格，作业过程中定期检查井控设备，严格执行相关井控管理规定，按要求组织井控演练，搞好井控管理； （11）按要求开展节能减排和清洁生产工作
工作权限		（1）对施工技术措施有制定权； （2）对工程质量有监控权； （3）对原始工程资料有审核权； （4）对职工培训计划有建议权； （5）对班组人员有管理考核权； （6）对生产经营管理有建议权； （7）对违章指挥有拒绝权； （8）对不合格产品有拒绝使用权
工作考核	考核关系	（1）接受队长的工作考核； （2）接受技术部门的业务考核； （3）对本队所属班组的业务进行考核
	考核依据	本岗位职责、年度工作目标、上级有关规定

2. 工艺流程图

工程技术主管工作工艺流程如图12–1所示。

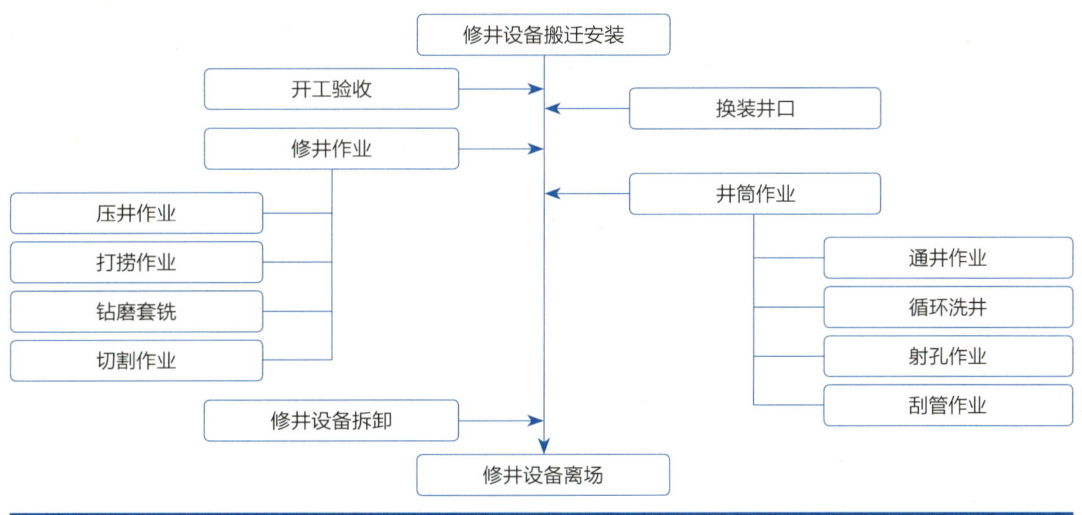

图12–1 工程技术主管工作工艺流程

3. 工作流程图

工程技术主管工作流程如图12–2所示。

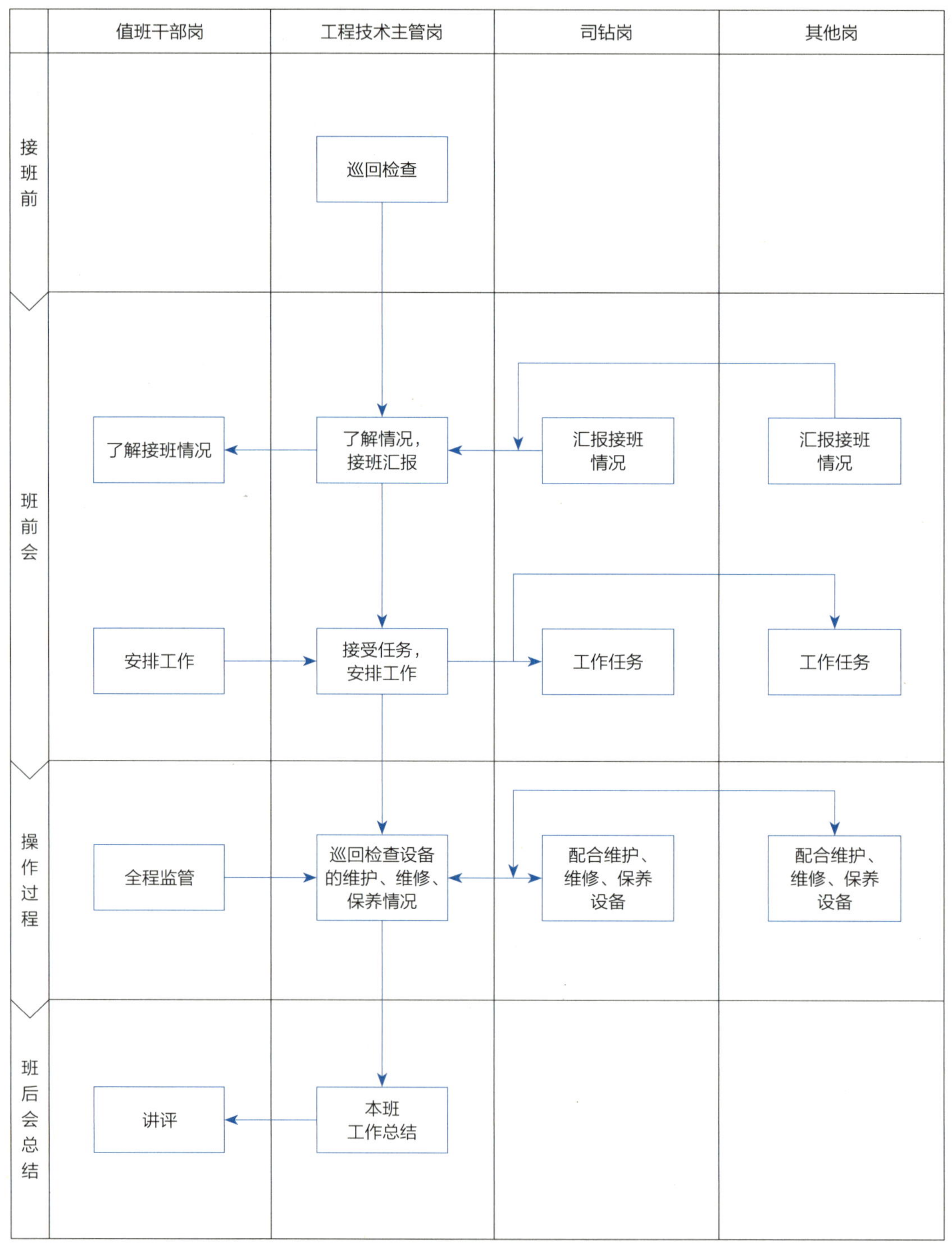

图12–2 工程技术主管工作流程

第二节 岗位标准化操作规程

1. 交接班标准化操作规程

交接班标准化操作规程如表12–2所示。

表12–2 工程技术主管交接班标准化操作规程

工作内容	工作步骤	工作标准
每日检查	（1）作业人员劳保用品穿戴及操作情况； （2）按要求对设备运转、传感器及管线、仪器仪表、井下情况（管柱结构、悬重）、压井液性能、班报表、钻具记录、压力记录、坐岗观察等关键要害部位等进行检查； （3）发现问题反馈给队长或值班干部，并安排责任岗位落实整改； （4）EPBP信息系统及资料录入； （5）掌握安全、设备、生产情况	（1）作业人员劳保用品穿戴齐全，操作规范； （2）设备运转正常，传感器及管线、仪器仪表、井下情况（管柱结构、悬重）、压井液性能、班报表、钻具记录、压力记录、坐岗观察等关键要害部位等检查率100%； （3）问题反馈率100%； （4）每日8:00前完善EPBP信息系统资料录入，录入率100%； （5）掌握当前施工、安全、设备情况，做到心中有数，有计划地开展工作
参加班前会	（1）巡检完，参加班前会； （2）对巡检出的问题督促落实整改； （3）传达上级文件和相关生产技术会议内容，下达当班任务； （4）参与当班的工作内容的JSA分析，并制定防范措施，监控直接作业环节管理（票证的签发与关闭、作业过程中安全监控）	（1）参加率100%； （2）落实率100%； （3）传达及时准确； （4）JSA分析全面，措施制定得当
参加班后会	对当班的安全、生产情况进行总结，对本班出现的违章行为、事故隐患提出批评，做出处理建议，对好的做法，遵章守纪好的职工提出表扬	参加率100%，总结内容具体、全面

2. 巡回检查标准化操作规程

巡回检查路线如图12–3所示。

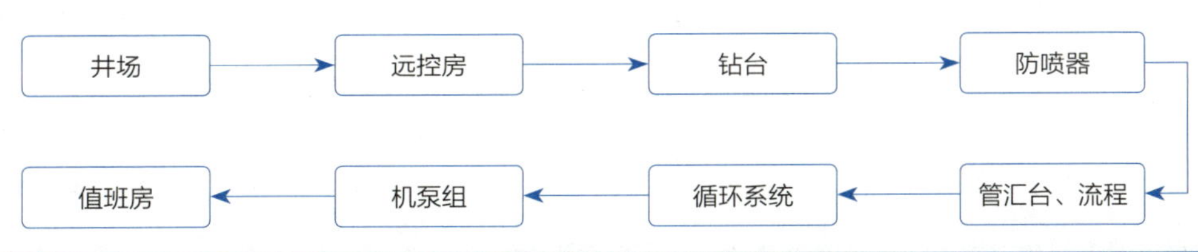

图12–3 工程技术主管巡回检查路线

巡回检查标准化操作规程如表12–3所示。

表12–3 工程技术主管巡回检查标准化操作规程

检查路线	检查项点	工作标准
井场	（1）井场； （2）门禁管理； （3）管具； （4）安全标示牌； （5）消防设施； （6）安防设施	（1）井场设备有序摆放，分区明确；设备清洁保养完好，无“跑、冒、滴、漏”现象；现场无油污、无易污染环境物品、无抛弃的废弃物或其他杂物；标牌齐全，警戒线规范，执行门禁制度完好； （2）管具摆放整齐，两端有防滑落装置，标示正确，钻具入井逐根检测、丈量并形成记录； （3）井场各类安全标识牌齐全、清洁，安装位置准确、牢靠； （4）消防器材配备、检查、保养符合规范要求； （5）各类气防、安防设施配套齐全、完好、清洁，工作灵敏可靠
远控房	（1）压力表； （2）电源线及控制开关； （3）油质、油量及液压管线； （4）手柄	（1）储能器压力18.5~21MPa、氮气瓶（7±0.7MPa）、管汇压力（环形压力）10.5MPa，气源压力0.65~0.8MPa，各压力表灵敏有效；线路无渗漏，手柄倒向需和控制部件工作状况相匹配； （2）电源从发电房用专线引出、单独开关控制，开关进行标示；电缆出、入口处采用塑料护套或胶管防护； （3）油质、油量符合要求，液压管线及接头密封良好，无渗漏； （4）手柄完好，开关位置正确；全封手柄安装防误操作装置，剪切手柄安装限位装置
钻台	（1）底座拉筋、承重销、安全锁销； （2）仪器仪表； （3）梯子、栏杆、坡道、逃生装置； （4）液压大钳； （5）“三吊一卡”； （6）内防喷工具； （7）司钻控制台； （8）司钻控制台（房）、指重表	（1）各类承重销尺寸配套、安装牢靠无松动，安全锁销齐全并锁紧，拉筋无变形，弯曲； （2）仪器仪表有效，在有效期内； （3）梯子、逃生滑道畅通无障碍，逃生装置灵活好用； （4）钳牙完好，安全活门灵活好用；尾部连接可靠，各销有锁紧装置，调节灵敏，使用方便；钳尾绳采用Φ16mm钢丝绳固定好，每端3个绳卡卡紧（绳径的6~8倍，钢丝绳变形三分之一），无断丝，开口槽受力方向一致；有保险销； （5）“三吊一卡”灵活好用，外观无缺陷、变形，检测报告齐全，在有效期内； （6）检查内防喷工具标识齐全（内外径尺寸、压力级别、扣型）；扣型与井内管柱扣型相匹配，摆放到位；旋塞阀待用状态下处于开位，止回阀处于顶开状态；开关灵活好用； （7）各压力表工作正常，处于检测期限内；各控制阀开关对象标识正确并与远控房一致，全封和剪切手柄安装有防误操作及限位装置；各连接牢固，不刺不漏不受挤压； （8）各操作手柄灵活好用，连接管线不刺不漏不受挤压；各压力表指针无变形，校准合格，在检测周期内；指重表指针无变形，校准合格，在检测周期内；随钻记录仪运转完好，记录准确
防喷器	（1）固定； （2）开关性能； （3）液控管线； （4）手动锁紧装置	（1）检查井口、转盘、天车三点一线误差不大于10mm；井口采用不小于Φ16mm的钢丝绳在井架底座对角线上进行固定；检查上部挡泥伞及溢流管紧固完好； （2）液压防喷器的液动开关正常，开关到位；手动锁紧装置转动灵活，开关到位；开关状态标识正确； （3）液控管线连接牢固并摆放在液压管线槽内，管线不刺不漏不受挤压；防提断装置安装正确、有效； （4）手动锁紧装置连接完好，手轮转动灵活，安装角度不大于30°；手动锁紧杆高度超过1.5m时搭建操作台，操作台应稳固牢靠
管汇台、流程	（1）管线连接与固定； （2）试压； （3）压力表； （4）放喷池（罐）区域	（1）流程管线紧固，卡板无松动，流程区域是否牵拉警戒线，各类警示安全标识齐全，各闸门开关标识正确； （2）按设计要求进行试压，试压曲线齐全； （3）各压力表灵敏有效，在有效期内；

续表

检查路线	检查项点	工作标准
管汇台、流程		（4）放喷池（罐）无溢无漏，含硫化氢气井，放喷口安装自动点火装置或“长明火”，备有至少3种以上点火方式，工作正常
循环系统	（1）梯子、栏杆、脚踏板、标志牌； （2）线路地线； （3）液面报警器； （4）坐岗观察； （5）压井液储备； （6）加重压井液； （7）性能检测	（1）罐梯子安装稳固，上端两侧分别用保险链拴挂在循环罐体上；踏板完好，无裂纹、破损、变形；梯子安装牢靠；踏板牢靠无孔洞，安全警示牌清晰悬挂完好； （2）各线路连接正规，接地良好，电线无老化，破损； （3）固定牢固，标杆上下活动灵活无阻卡；报警灵敏、警示灯完好，电路走向无阻碍；浮球完好无损坏，与标杆连接牢固；标杆刻度清晰；线路连接正规，上下浮动灵活，位置调节合适（达到1m^3报警），声光报警可靠； （4）井控坐岗人员严禁脱岗，按要求填写坐岗记录； （5）密度和数量按设计要求储备； （6）产层压力系数大于1.5的气井，应储备高于设计相对密度0.2的压井液或配制材料，用量是井筒容积的两倍； （7）按设计对压井液或洗井液性能进行检测化验，并做记录
机泵组	（1）设备安装； （2）清洁保养	（1）检查各固定螺栓齐全、紧固；柴油机运转平稳、冷却风机运转良好；喷淋泵运转平稳，上水良好，排量符合要求，喷嘴无堵塞；闸门位置正确，保养及时，开关灵活，上水管线连接牢固、无渗漏；保险凡尔齐全，压力值设定准确，润滑良好；泄压管线安装牢固，通径符合要求，泄压方向正确；皮带轮运转平稳无抖动，皮带槽无缺陷，护罩齐全，安装牢固；氮气包预充气压符合现场工作要求； （2）泥浆泵体清洁无油污、杂物，清洁保养完好
值班房	（1）各类班报表、工作日志、班报表、坐岗记录等； （2）井控资料录取（井控装置记录、井控演练、自检自查等）； （3）环境卫生	（1）资料齐全，填写准确、清洁、及时，无漏填内容，坐岗记录无漏时、超时记录； （2）各类井控演练、自检自查如实开展并准确详细记录； （3）值班房应整洁、卫生

3. 施工作业标准化操作规程

1）设备搬迁安装

修井设备搬迁安装标准化操作规程如表12-4所示。

表12-4　工程技术主管修井设备搬迁安标准化操作规程

工作内容	工作步骤	工作标准
设备搬迁	（1）搬迁前准备： ①道路踏勘； ②制订搬迁计划。 （2）设备装车。 （3）设备卸车	（1）参与道路踏勘，协助安全员编写道路踏勘报告、搬迁组织方案和风险评估报告； （2）协助队长制订搬迁计划，制订吊车、搬迁车辆需求及安排计划； （3）搬迁安装领导小组成员，参与搬迁安装期间安全管理； （4）参与搬迁前安全技术交底会议，进行风险分析并制定风险控制措施； （5）装、卸车前准备好与吊装物相匹配的吊具、索具；安排专人指挥吊装，并佩戴明显标识； （6）搬迁设备按照Q/XN 3001—2018《搬迁运输作业规程》执行

续表

工作内容	工作步骤	工作标准
设备安装、调试	（1）参与、监督、监控设备安装； （2）参与、监督、监控设备调试； （3）组织相关井控设备及井下工具进场	（1）安装设备期间严格按照按照规范进行，做到“平、稳、正、全、牢”；设备部件、附件、安全装置、护罩等应齐全、完好；设备运转部位转动灵活，各种阀件应灵活可靠、安全保险；设备油水应符合要求，保证油、气、水路畅通，不渗不漏；所有紧固件、连接件应紧固可靠，销子应有锁紧保险装置；紧固件螺纹外露部分要涂抹润滑脂； （2）设备安装后进行试运转、调试；天车和转盘中心的同心度偏差应小于10mm，转盘要找正找平；调试指重表、机械防碰天车、电子防碰天车、液面报警仪灵活好用； （3）根据设计要求及井内情况准备相应的井控设备及井下工具，检测检验报告齐全，在有效期内
信息化安装调试	（1）参与信息设备安装调试； （2）参与摄像头安装调试	配合信息中心工作人员安装好信息设备，并学习如何使用

2）开工验收

开工验收标准化操作规程如表12-5所示。

表12-5　工程技术主管开工验收标准化操作规程

工作内容	工作步骤	工作标准
开工验收	（1）完善基础资料； （2）施工设计、应急预案交底； （3）开工前自检； （4）提报开工验收申请； （5）开工验收	（1）检查方案设计、施工设计、任务书审批完成，队伍资质、人员证件齐全，应急处置方案完善并报甲方及当地政府进行备案，根据设计要求组织甲供物资及乙供物资到场； （2）开工前，组织全体员工召开设计交底会，对本井的施工工艺、流程、方案、措施、难点、安全环保等注意事项进行交底； （3）与队长、书记、HSSE管理员组成开工验收小组，对现场进行开工前自检，查出问题立即整改； （4）根据现场情况上报开工验收申请； （5）接受各级开工验收，对检查出问题安排整改并反馈，整改完成率100%（若在期限内未完成整改，需书面申请延期整改），整改合格后开工（开工验收标准参照西南油工技〔2019〕76号《中石化西南石油工程有限公司试油（气）开工验收管理实施细则》要求执行）

3）换装井口

换装井口标准化操作规程如表12-6所示。

表12-6　工程技术主管换装井口标准化操作规程

工作内容	操作步骤	工作标准
拆采气树	（1）检查、协助班组办理拆换井口许可证； （2）组织作业人员全员进行拆换井口JSA分析及安全技术交底；	（1）拆换井口许可证符合标准，监控到位； （2）交底应全员参与，明确班组员工分工、施工风险隐患及控制措施，JSA分析到位； （3）泄压归零；

续表

工作内容	操作步骤	工作标准
拆采气树	（3）监控泄压、隔离相应阀门； （4）监控拆卸螺栓； （5）监督、监控或参与采气树吊装； （6）对拆除油管头、采气树等设备进行检查	（4）敲击作业戴好护目镜，扳手系有安全绳； （5）吊装作业严格按吊装要求操作，绳套满足要求，专人指挥吊装，吊装时各岗位人员做好配合，拴好尾绳，严防碰撞； （6）换装井口按照中国石化西南石油工程有限公司企业标准Q/XN 1008—2016《井口防喷器组安装、拆卸操作规程》执行
安装防喷器	（1）检查、协助班组办理安装防喷器许可证； （2）组织作业人员全员进行拆换井口JSA分析及安全技术交底； （3）监督、监控或参与防喷器吊装； （4）对安装防喷器进行检查，检查清理钢圈槽； （5）监督、监控员工紧固螺栓； （6）监督、监控员工连接液压管线、气路管线	（1）安装防喷器许可证符合标准，监控到位； （2）交底应全员参与，明确班组员工分工、施工风险隐患及控制措施，JSA分析到位； （3）吊装作业严格按吊装要求操作，绳套满足要求，专人指挥吊装，吊装时各岗位人员做好配合，拴好尾绳，严防碰撞； （4）检查防喷器闸板型号正确、安装顺序准确、压力级别与设计相符，检查钢圈槽清洁、完好，无破损； （5）敲击作业戴好护目镜，扳手系有安全绳； （6）液压控制件连接正确，管线密封无刺漏，液控管线装好后应开关各闸板进行调试（必须在井内无管柱情况下进行）
拆防喷器	（1）检查、协助班组办理安装防喷器许可证； （2）组织作业人员全员进行拆换井口JSA分析及安全技术交底； （3）安排监控泄压、隔离相应阀门； （4）监督、监控拆卸螺栓； （5）监督、监控或参与吊出防喷器至安全位置，防喷器下垫上盖	（1）拆卸防喷器许可证符合标准，监控到位； （2）交底应全员参与，明确班组员工分工、施工风险隐患及控制措施，JSA分析到位； （3）泄压归零； （4）敲击作业戴好护目镜，扳手系有安全绳； （5）吊装作业严格按吊装要求操作，绳套满足要求，专人指挥吊装，吊装时各岗位人员做好配合，拴好尾绳，严防碰撞
安装采气树	（1）检查、协助班组办理拆换井口许可证； （2）组织作业人员全员进行拆换井口JSA分析及安全技术交底； （3）监督、监控或参与吊装采气树； （4）对安装采气树进行检查，检查清理钢圈槽； （5）安排监控紧固螺栓	（1）安装采气树许可证符合标准，监控到位； （2）交底应全员参与，明确班组员工分工、施工风险隐患及控制措施，JSA分析到位； （3）吊装作业严格按吊装要求操作，绳套满足要求，专人指挥吊装，吊装时各岗位人员做好配合，拴好尾绳，严防碰撞； （4）检查采气树各闸门完好、手轮完好、检测报告齐全，检查钢圈槽清洁、完好、无破损； （5）敲击作业戴好护目镜，扳手系有安全绳
试压	（1）给第三方试压单位下发试压任务书； （2）试压单位进场连接管线并试压	（1）试压依据相关规范及设计要求进行； （2）试压单位进场后组织做好JSA分析，签订作业票，划定警戒区域，试压期间做好安全监管； （3）试压期间做好现场安全环保管控

4）井筒作业

（1）通井作业。

通井作业标准化操作规程如表12-7所示。

表12-7 工程技术主管通井作业标准化操作规程

工作内容	工作步骤	工作标准
施工准备（作为主体队进行施工）	（1）资料录取； （2）组织对入井管柱进行检查、编号、丈量、登记； （3）组织召开通井安全技术交底，制定风险控制措施，监控全员参加交底会	（1）资料录取：目前井况、前期施工工况、当前井筒状况；根据套管内径选择通井规，通井规外径应小于套管内径6～8mm，其长度不小于500mm，对入井通井规参数进行测量（长度、壁厚、最大外径、型号等）并绘画工具草图； （2）对入井管柱进行检查、编号、丈量、登记； （3）安全技术交底全员参加，做好JSA分析并签字，制定应急汇报及处置
施工准备（作为配合方进行施工）	（1）协助主体方进行资料录取； （2）协助主体队对入井管柱进行检查、编号、丈量、登记； （3）参与主体队组织的通井安全技术交底，后组织本队全员召开通井安全技术交底，监控全员参加交底会	（1）协助主体队进行资料录取并进行核实：目前井况、前期施工工况、当前井筒状况；通井规型号、入井管柱数据等； （2）对入井管柱进行检查、编号、丈量、登记； （3）安全技术交底全员参加，做好JSA分析并签字；明确主体队制定的应急汇报及处置，并按照程序执行
组下通井规管柱、组立柱	（1）监控井口连接通井规； （2）组立柱，监控司钻、井口主（副）岗、井架工按标准操作	（1）井口作业做好井口防落物。 （2）对入井通井规进行检查，各丝扣部位按照规定扭矩进行上扣。 （3）鼠洞组立柱安全操作规程： ①内外钳工操作小绞车将管柱单根吊入小鼠洞内并摘掉提升护丝后，司钻操作大钩，内外钳工协助将吊卡前倾扣合鼠洞内钻具； ②待内外钳工检查吊卡扣合无误后，司钻操作大钩上提钻具出鼠洞； ③内外钳工吊第二根钻具入鼠洞，司钻操作大钩至鼠洞上方，下放使第一根钻具与第二根对扣； ④待内外钳工液气大钳紧扣后，上提钻具出鼠洞。内外钳工将钻具推入钻杆盒内； ⑤司钻缓慢下放钻具，使吊卡与钻具母接头脱离。井架工将钻具拉至二层台指梁，司钻下放大钩。 （4）井内组立柱安全操作规程： ①内外钳工将场地已通径单根拉至钻台面小鼠洞内，司钻将挂有吊卡的大钩下放至钻台合适位置停住； ②内外钳工合力将打开的吊卡前倾挂入单根并合扣好吊卡； ③内外钳工将单根绳套解开； ④司钻上提大钩直至将单根提出钻台面，上提过程中内外钳扶住掌控单根并将护丝拆卸； ⑤内外钳工扶正单根，居中引导通过刮泥器，放入井内，司钻平稳匀速下放单根至钻台（吊卡下放至距转盘面0.3m以下，内外钳工取掉防跳插销）； ⑥内外钳工摘吊环脱离吊卡，将吊环挂入另一只吊卡，插好防跳插销； ⑦司钻上提吊卡到合适位置刹车； ⑧内外钳工将另一单根拉到钻台，司钻下放吊卡内外钳合力将打开的吊卡前倾挂入单根并合扣好吊卡，司钻上提单根到钻台面（上提过程扶正拆护丝，外钳工涂抹丝扣油，内钳工推上部单根与井内单根接扣，内钳工操作液压钳按标准扭矩上扣）； ⑨司钻上提大钩将立柱提至二层台合适位置停住，井架工兜兜绳；内外钳将立柱推到钻杆盒，井架工摘吊卡将立柱拉入二层台指梁司钻下放大钩

续表

工作内容	工作步骤	工作标准
通井	（1）作为主体方时，按照标准制定通井规范措施，监管并指挥进行通井操作； （2）作为配合方时，由主体队制定通井措施，我方按照规范执行	（1）通井作业按照中国石化西南石油工程有限公司企业标准Q/XN 1008—2017《通井刮管》及相关规范执行。 （2）通井操作要求： ①管柱速度控制为不大于20m/min，下到距离设计位置或人工井底100m时，下放速度不得超过10m/min； ②当通到人工井底悬重下降10～20kN时，检验两次，使测得人工井底深度误差小于0.5m； ③通井时，若中途遇阻，悬重下降控制不超过20～30kN，循环冲洗，严禁猛顿、硬压； ④通井到底，充分循环调整好钻井液性能；检测油气上窜情况，保证下步安全作业； ⑤若遇阻，则应分析遇阻井段情况或实测打印，证实遇阻原因，并经整修后进行通井作业； ⑥通井过程中，必须掌握悬重变化，控制悬重下降不超过30kN； ⑦不能用带通井规、刮削器的管柱冲砂
循环洗井	监控循环洗井	（1）循环前检查闸门通道倒换正确后再进行起泵； （2）通井结束后进行大排量循环洗井，洗井液用量不得小于井筒容积的两倍，连续循环两周以上，达到进出口密度差不大于0.02g/cm^3
起通井管柱	监控起通井管柱	（1）循环洗井后进行起钻，起钻做好井口防落物； （2）起出通井规后，应仔细检查通井规本体有无刮痕，出井后将通井规清洗、拍照存档； （3）资料录取：通井管柱类型、通井深度、遇阻位置、指重表变化值及对应深度，起出通井规痕迹描述等

（2）射孔作业。

射孔作业标准化操作规程如表12-8所示。

表12-8 工程技术主管射孔作业标准化操作规程

工作内容	工作步骤	工作标准
施工准备	（1）资料录取； （2）组织对入井管柱进行检查、编号、丈量、登记； （3）施工时参加由主体队组织的施工安全技术风险交底； （4）安排井队全员进行射孔安全技术风险交底，监控全员参加交底会	（1）资料录取：目前井况、前期施工工况、当前井筒状况；根据设计要求核实射孔枪数据； （2）组织对入井管柱进行检查、编号、丈量、登记； （3）射孔安全技术风险交底全员参与，做好JSA分析并签字； （4）明确主体队制定的应急汇报及处置，并按照程序执行

续表

工作内容	工作步骤	工作标准
下射孔管柱	（1）监控井口组下射孔枪； （2）监控组下射孔管柱	（1）下射孔枪期间，井口铺盖好防落物措施，小物件远离井口，使用的管钳、扳手应拴好尾绳，防止井口防落物； （2）在钻台上拉射孔枪期间，司钻配合操作缓慢上提，拴好尾绳，防止大力碰撞，同时钻台作业人员严禁携带火种和手机，防止射孔枪意外起爆； （3）射孔枪下完后，及时收整井口小工具，下钻前检查好液压钳钳牙及螺丝，有松动及时拧紧或更换；下钻期间，井口装好刮泥器，严防井下落物；入井管柱按照规定扭矩进行上扣（必要时依据设计及甲方指令采用扭矩仪进行上扣）； （4）起下钻司钻缓慢操作，下射孔管柱操作平稳，速度应控制在30根/h内，严防顿钻； （5）射孔作业按照SY/T 5325—2013《射孔作业技术规范》执行
测井定位、调整管柱	（1）配合测井公司进行测井定位； （2）根据定位短节深度调整管柱	（1）射孔队按规程测自然伽马、磁性接箍定位曲线，根据曲线确定定位短节顶或底的准确深度。 （2）测井定位后，由现场监督、主体队、测井队三方联合比对数据，确定管柱调整深度；若定位结果管柱伸长量或缩短量太大时，必须反复检查、核对定位数据和油管数据。 （3）根据定位结果调整管柱长度、确定管柱调整深度： ①调整长度尽量达到设计射孔要求，允许误差在0.2m以内； ②带射孔枪定位的调整短节应加在管柱上部； ③不带射孔枪定位后，提出定位管柱，再下射孔管柱，调整短节加在管柱下部； ④射孔前向井筒内灌注满足设计要求的液体
射孔	（1）配合测井队进行射孔； （2）配合主体队做好数据监测及资料录取	（1）根据设计要求采用关防喷器吊射或换装采气树后座锥管挂进行射孔；若需安装采气树射孔，换装井口则按照换装井口标准化操作规程执行； （2）资料录取：管柱结构（射孔枪和各工具长度、规格、通径及下入深度）；校深方法、时间、深度、调整短节长度及井口短节情况；油套管标准短节及接箍校深记录或一次性数控校深记录；点火类型、点火时间、点火方式、最高泵压（投杆射孔：杆的规格、投杆时间、显示情况；加压射孔：井口压力、时间、注入量、点火后压力变化情况）；定点定方位射孔时，记录每发弹的方位及射孔深度
观察	射孔安排坐岗人员做好井控坐岗、观察	（1）严格执行《中石化井控管理规定》，坐岗人员必须经培训后才能上岗；敞井观察等井内长时间静止工况下，压井液出口应倒至灌浆罐内，且每30min需向井内灌注泥浆直至井口返液； （2）坐岗期间严禁脱岗、睡岗、漏时、超时记录；各配合方错时记录，做到1m^{3}报警
循环测油气上窜速度	组织循环，测油气上窜速度	（1）观察后短起下、再循环测油气上窜速度，确定安全后，再循环两周观察无异常后方可起钻，测得油气上窜速度小于30m/h才能起钻； （2）循环前检查闸门通道倒换正确后再进行起泵； （3）测油气上窜速度期间，应保持泵压、排量恒定，便于求取准确油气上窜速度
起钻	（1）组织起出井内射孔管柱； （2）检查射孔枪发射情况	（1）起钻井控坐岗人员严禁脱岗，及时向井内灌满压井液，并核对好灌返浆量，严格执行《中石化井控管理规定》； （2）起钻控制速度，防止抽汲压力过大。管柱从缓慢提升开始，随着悬重的减少，逐步加快至规定提升速度；起出最后几根油管时，提升速度要小于或等于5m/min，防止碰坏井口

（3）循环洗井作业。

循环洗井标准化操作规程如表12-9所示。

表12-9 工程技术主管循环洗井标准化操作规程

工作内容	工作步骤	工作标准
循环洗井	（1）组织进行循环洗井前安全技术交底（制定施工步骤，确定流程走向、闸门倒换、放喷池点火方式、污水回收、人员分工等），监控全员进行交底； （2）洗井前监督检查各闸门、管线、振动筛、人员到位情况，检查确认后再起泵； （3）组织、监控循环洗井； （4）做好资料录取	（1）组织进行循环洗井前安全技术交底（制定施工步骤，确定洗井液性质、数量、流程走向、闸门倒换、放喷池点火方式、污水回收、人员分工等），监控全员进行交底。 （2）洗井前监督检查各闸门、流程管线倒换正确，振动筛完好，人员组织到位。 （3）循环洗井资料录取要求： ①作业时间； ②洗井方式； ③洗井液性质，包括名称、黏度、相对密度、切力、pH值、温度、添加剂及杂质含量等； ④洗井参数，包括泵压、排量、注入液量及喷漏量； ⑤洗井液排出携带物，包括名称、形状及数量

（4）刮管作业。

刮管作业标准化操作规程如表12-10所示。

表12-10 工程技术主管刮管作业标准化操作规程

工作内容	工作步骤	工作标准
施工准备（作为主体施工）	（1）资料录取； （2）组织对入井管柱进行检查、编号、丈量、登记； （3）组织召开刮管安全技术交底，制定风险控制措施，监控全员参加交底会	（1）资料录取：目前井况、前期施工工况、当前井筒状况；根据套管直径选择合适的刮管器，对入井刮管器长度、壁厚、最大外径、型号进行测量并绘画工具草图； （2）组织对入井管柱进行检查、编号、丈量、登记； （3）组织召开刮管安全技术交底，制定风险控制措施，监控全员参加交底会；做好JSA分析并签字，制定应急汇报及处置
施工准备（作为配合方施工）	（1）协助主体方进行资料录取； （2）协助主体队对入井管柱进行检查、编号、丈量、登记； （3）参与主体队组织的刮管安全技术交底，后组织本队全员召开刮管安全技术交底，监控全员参加交底会	（1）协助主体队进行资料录取并进行核实：目前井况、前期施工工况、当前井筒状况；刮管器型号、入井管柱数据等； （2）入井管柱逐根进行检查、编号、丈量、登记； （3）安全技术交底全员参加，做好JSA分析并签字； （4）明确主体队制定的应急汇报及处置，并按照程序执行
组下刮管器刮管管柱	（1）监控井口连接刮管器； （2）组立柱，监控司钻、井口主（副）岗、井架工按标准操作	（1）井口作业做好井口防落物。 （2）对入井刮管器进行检查（刀片完好、弹簧活动灵活），各丝扣部位按照规定扭矩进行上扣。 （3）鼠洞组立柱安全操作规程： ①内外钳工操作小绞车将管柱单根吊入小鼠洞内并摘掉提升护丝后，司钻操作大钩，内外钳工协助将吊卡前倾扣合鼠洞内钻具； ②待内外钳工检查吊卡扣合无误后，司钻操作大钩上提钻具出鼠洞；

续表

工作内容	工作步骤	工作标准
组下刮管器刮管管柱		③内外钳工吊第二根钻具入鼠洞，司钻操作大钩至鼠洞上方，下放使第一根钻具与第二根对扣； ④待内外钳工液气大钳紧扣后，上提钻具出鼠洞，内外钳工将钻具推入钻杆盒内； ⑤司钻缓慢下放钻具，使吊卡与钻具母接头脱离；井架工将钻具拉至二层台指梁，司钻下放大钩。 （4）井内组立柱安全操作规程： ①内外钳工将场地已通径单根拉至钻台面小鼠洞内，司钻将挂有吊卡的大钩下放至钻台合适位置停住； ②内外钳工合力将打开的吊卡前倾挂入单根并合扣好吊卡； ③内外钳工将单根绳套解开； ④司钻上提大钩直至将单根提出钻台面，上提过程中内外钳扶住掌控单根并将护丝拆卸； ⑤内外钳工扶正单根，居中引导通过刮泥器，放入井内，司钻平稳匀速下放单根至钻台（吊卡下放至距转盘面0.3m以下，内外钳工取掉防跳插销）； ⑥内外钳工摘吊环脱离吊卡，将吊环挂入另一只吊卡，插好防跳插销； ⑦司钻上提吊卡到合适位置刹车； ⑧内外钳工将另一单根拉到钻台，司钻下放吊卡内外钳合力将打开的吊卡前倾挂入单根并合扣好吊卡，司钻上提单根到钻台面（上提过程扶正拆护丝，外钳工涂抹丝扣油，内钳工推上部单根与井内单根接扣，内钳工操作液压钳按标准扭矩上扣）； ⑨司钻上提大钩将立柱提至二层台合适位置停住，井架工兜兜绳；内外钳将立柱推到钻杆盒，井架工摘吊卡将立柱拉入二层台指梁司钻下放大钩
刮管	（1）对设计刮管段进行刮管； （2）作为主体方作业，按照标准制定刮管操作规范措施，监管并指挥进行刮管操作； （3）作为配合方作业，由主体队制定刮管措施，我方按照规范执行	（1）刮管作业按照中国石化西南石油工程有限公司企业标准Q/XN 1008—2017《通井刮管》及相关规范执行。 （2）刮管操作要求： ①下管柱速度控制为不大于30m/min，下到距离设计刮削井段前 50m左右，下入速度控制不大10m/min； ②接近刮削井段并开泵循环正常后，一边缓慢正转管柱，一边缓慢下放，然后再上提管柱反复多次刮削，直到下放悬重不再下降为止； ③若中途遇阻，当悬重下降20～30kN时，应停止下管柱，接方钻杆循环洗井，边正转边下放管柱，反复刮削直到管柱悬重恢复正常为止，再继续下管柱； ④不能用带通井规、刮削器的管柱冲砂
循环洗井	监管循环洗井	（1）循环前检查闸门通道倒换正确后再进行起泵； （2）刮管结束后进行大排量反循环洗井，洗井液用量不得小于井筒容积的两倍，连续循环两周以上，达到进出口密度差不大于0.02g/cm^3
起刮管管柱	监管起刮管管柱	（1）循环洗井后进行起钻，起钻做好井口防落物； （2）起出刮管器后，应仔细检查刮管器本体有无刮痕，出井后进行清洗、拍照存档； （3）资料录取：记录刮管器规格、型号、外径、长度；油管类型、规格、根数；刮管深度、刮壁井段、刮管遇阻及处理情况；刮管器入井前后检查结果和情况分析

5）修井作业

（1）压井作业。

压井作业标准化操作规程如表12-11所示。

表12-11 工程技术主管压井作业标准化操作规程

工作内容	工作步骤	工作标准
泄压、观察（作为主体方作业）	（1）泄压前准备（全员安全技术交底、JSA分析）； （2）进行泄压前安全确认（流程走向、闸门倒换、放喷池点火方式、污水回收等）； （3）监控开井泄压	（1）组织全员进行JSA分析、安全技术风险交底； （2）进行泄压前安全确认（流程走向、闸门倒换、放喷池点火方式、污水回收等进行检查确认）； （3）开井泄压至井口压力稳定
泄压、观察（作为配合方作业）	（1）服从主体队任务安排，参加主体队组织的安全技术交底，明确应急汇报及处置； （2）组织本队全员进行压井安全技术交底，监管全员进行交底； （3）服从主体队安排，参与压井作业	（1）服从主体队任务安排，参加主体队组织的安全技术交底，明确应急汇报及处置； （2）组织本队全员进行压井安全技术交底，监管全员进行交底； （3）服从主体队安排，参与压井作业
压井前准备（作为主体方作业）	（1）编写制订压井施工组织方案及压井施工单； （2）确定压井方式； （3）求取压井液密度、性能和所需压井液用量； （4）组织所需压井液及相关材料进场	（1）根据施工情况编写压井组织方案（明确压井方式、压井液性能、施工参数控制、压井曲线、人员分工、压井参数、泵车、供浆、回压控制、压井异常情况处置等压井期间安全操作及应急处理控制措施及汇报等），并组织全员进行交底。 （2）根据设计要求及井内情况确定压井方式： ①对有循环通道的井，可优先选用循环法全压井或半压井； ②对没有循环通道的井，可选用挤注法压井； ③对压力不大、作业施工简单、作业时间短的井，选择灌注法压井。 （3）压井液密度的确定应以钻井资料显示最高地层压力系数或实测地层压力为基准，再加个附加值，附加值可选用下列两种方法之一确定： ①密度附加值法：$\rho_{压}=\rho$（地层压力当量密度）$+\rho_{附加密度}$ 附加值的取值范围为：油水井0.05~0.1g/cm^3，气井0.07~0.15g/cm^3。 ②压力附加法：$\rho_{压}=(\rho_{地层}+\rho_{附加})/gH$（油层中部） 压力附加值$\rho$取值范围为：油水井1.5~3.5MPa，气井3~5MPa。 （4）按压井施工设计要求，备足压井液、隔离液及相关材料进场，压井液按井筒容积1.5~2倍准备
压井前准备（作为配合方作业）	（1）协助主体队做好压井前准备工作，与主体共同制订压井技术方案（明确压井方式、压井液性能、施工参数控制、压井曲线、人员分工、压井参数、泵车、供浆、回	（1）协助主体队做好压井前准备工作； （2）检查好相处机泵组、循环系统、管汇、流程等确保完好，泥浆泵或泵车状况良好，供浆设备良好，满足供浆要求，供浆管线无刺漏； （3）进行压井组织交底（明确压井方式、压井液性能、施工参数控制、压井曲线、人员分工、压井参数、泵车、供

续表

工作内容	工作步骤	工作标准
压井前准备（作为配合方作业）	压控制、压井异常情况处置等压井期间安全操作及应急处理控制措施及汇报等）； （2）检查好相处机泵组、循环系统、管汇、流程等确保完好； （3）组织进行压井前安全技术交底，监督全员进行交底	浆、回压控制、压井异常情况处置等压井期间安全操作及应急处理控制措施及汇报等）
压井、观察	（1）组织进行压井施工，做好施工期间质量管控； （2）停泵、观察	压井施工质量控制： ①按压井施工设计要求，备足压井液、隔离液； ②压井前控制泄压至稳定状态； ③井口应使用控制阀门，节流阀和油嘴控制出口排量； ④管线连接后，进行试压，试压值不低于最高设计施工压力的1.5倍，但不应高于其某一管阀管件最低的额定工作压力； ⑤泵注隔离液达到设计要求； ⑥采用循环法压井时，最高泵压不超过地层破裂压力，泵注压井液过程应连续进行，排量符合设计要求；控制进出口排量平衡，循环至进出口密度差不大于0.02g/cm^{3}可停泵（若下一步进行起钻作业，压井后应进行观察，短起下后再循环，测油气上窜速度，确定安全后，再循环两周观察无异常后方可起钻）； ⑦采用挤压井施工作业时，施工压力不超过地层破裂压力； ⑧清水压井，清水的机械杂质含量小于0.02%，数量不小于井筒容积的两倍；如设计要求用KCl溶液压井，按设计浓度配制，搅拌均匀； ⑨检验压井效果，观察出口应无溢流； ⑩压井结束时，压井液进出口性能应达到一致，油套压为零，观察一个换装井口或者起下钻时间，若无溢流，则可进行下一步作业

（2）打捞作业。

打捞作业标准化操作规程如表12-12所示。

表12-12　工程技术主管打捞作业标准化操作规程

工作内容	工作步骤	工作标准
施工准备	（1）查阅施工设计、前期施工记录，做井况调查； （2）分析井况及落鱼原因，选择合适的打捞工具； （3）针对井况及打捞工具参数制定打捞作业技术交底； （4）监督、监控打捞前设备检查	（1）打捞作业参照《打捞作业指导书》执行； （2）打捞工具的选择应根据井内落物情况，优先选用常规打捞工具，其外径尺寸由套管或者油管的内径决定，实际打捞尺寸根据铅模显示或者其他方式获得的鱼顶内、外径和形状决定，并绘制工具草图； （3）制定打捞作业安全技术交底（制定操作步骤、风险分析及控制并组织全员进行交底）； （4）打捞前，安排人员检查转盘、刹车系统，落实安全措施；传动系统、循环系统、提升系统、动力系统等设备状况良好，安全措施落实到位

续表

工作内容	工作步骤	工作标准
下打捞管柱	（1）入井打捞工具检查、丈量； （2）监控井口组装打捞工具； （3）监控组下打捞管柱	（1）做好入井工具及管柱结构的检查及数据录取（打捞工具名称、型号、规格、长度等），下井工具应绘有结构示意图，打印应有印痕描绘图。 （2）打捞作业参照《打捞作业指导书》执行。 （3）监督、监控司钻及班组员工按标准下打捞管柱，发现未按规程操作或违章操作，及时制止；打捞井下落物时应遵循以下原则： ①打捞过程中要确保油、水层不受二次伤害与破坏； ②不损坏井深结构（套管与水泥环）
打捞操作	活动打捞，制定打捞参数，做好数据记录，监督监控司钻按照规范要求进行操作	（1）打捞作业参照《打捞作业指导书进行》执行： ①上提解卡：旋转井内被卡管柱，在井内管柱及设备能力允许的范围内并逐步上提，最大悬重不应超过井内管柱或工具抗拉强度的80%； ②收缩解卡：缓慢上提达到最大载荷，但不得超过设备的许用载荷和管柱的强度极限，然后快速下放，利用管柱伸长后的收缩力解卡； ③旋转解卡：在规定范围内施加一定扭矩后进行上提活动解卡。 （2）若活动解卡不成功，则采用其他打捞方法打捞落物。 （3）做好打捞资料收集：打捞时的钻压、转速、旋转圈数，打捞情况，捞出落物名称、规格、长度、数量(质量)，作业时间，打捞过程中发生的现象和套管描述等
	倒扣打捞，制定打捞参数，做好数据记录，监督监控司钻按照规范要求进行操作	（1）在井况条件允许下，应先对被捞管柱从上到下紧扣； （2）测定或计算出管柱卡点深度，确定倒扣载荷（方法：原管柱提拉法推算测卡、测卡仪测卡）； （3）根据卡点深度确定中和点倒扣，直至捞获全部落物； （4）若倒扣打捞不成功，采用其他打捞方法打捞落物； （5）做好打捞资料收集：打捞时的钻压、转速、旋转圈数、打捞情况；捞出落物名称、规格、长度、数量（质量）、作业时间，打捞过程中发生的现象和套管描述等
起打捞管柱	（1）监控起打捞管柱； （2）对起出打捞管柱进行检查，对捞获落鱼情况进行描述	（1）严格按照起钻要求进行灌浆，做好井控坐岗监控； （2）对捞出落鱼进行描述：落鱼名称、规格、长度、数量（质量）；当井下仍有落物时，应有示意图，并注明落物各部分尺寸、规格、长度、鱼顶深度、形状、材质和连接关系等，针对落鱼制订下步打捞方案

（3）钻磨套铣作业。

钻磨套铣作业标准化操作规程如表12-13所示。

表12-13 工程技术主管钻磨套铣作业标准化操作规程

工作内容	工作步骤	工作标准
施工准备	（1）查阅施工设计、前期施工记录，做井况调查； （2）分析井况及落鱼原因，选	（1）钻磨、套铣作业参照《磨铣、套铣作业指导书》执行。 （2）套、磨铣工具应根据井内落物情况进行选择： ①磨铣井下落物选用平底或凹底磨鞋；磨铣井下钻具、套管、

续表

工作内容	工作步骤	工作标准
施工准备	择合适的套、磨铣工具； （3）针对井况及套、磨铣工具参数制定施工作业技术交底（包括钻磨套铣工具、管柱、参数、防卡措施、异常情况处理等），并组织全员进行交底； （4）钻磨套铣前设备检查	油管和套铣筒等选用引子磨鞋；修复鱼顶，磨铣井下钻具、油管、接头等不规则内径和进行侧钻作业选用锥形磨鞋；磨鞋直径小于套管直径5~10mm为合适； ②套铣管的选用：根据井眼尺寸及落鱼外径、状态进行选择；套铣岩屑或软地层时，宜选用带铣齿的铣鞋，在铣齿上堆焊或镶焊硬质合金；修理鱼顶外径时，应选用研磨型铣鞋，铣鞋的底部和内径应镶焊硬质合金；套铣硬地层或铣切稳定器时，应选用底部堆焊内外两侧均镶有保径齿的铣鞋。 （3）针对井况及套、磨铣工具参数制定施工作业技术交底（包括钻磨套铣工具、管柱、参数、防卡措施、异常情况处理等），并组织全员进行交底。 （4）钻磨套铣前，安排人员检查转盘、刹车系统，落实安全措施；传动系统、循环系统、提升系统、动力系统等设备状况良好，安全措施落实到位
下钻磨、套铣管柱	（1）入井工具检查、丈量； （2）监管井口组装钻磨、套铣工具； （3）监管组下钻磨、套铣管柱期间司钻及内外钳工井口安全规范操作	（1）做好入井工具及管柱结构的检查及数据录取（打捞工具名称、型号、规格、长度等），下井工具应绘有结构示意图，打印应有印痕描绘图。 （2）做好入井工具检查： ①入井磨铣工具检查：连接螺纹完好，台肩面平整无损；水眼畅通；套管内使用磨鞋时，其外侧不得堆焊硬质合金；检查转换接头及其辅助工具应完好，检测报告齐全；磨鞋上部均接打捞杯，其打捞杯尺寸根据井眼尺寸进行选择； ②入井套铣工具检查：连接螺纹完好，台肩面平整无损；水眼畅通；套铣管管体及螺纹均应严格探伤、检测合格；管体咬伤深度不大于2mm，长度不大于50mm；套铣管单根长度的平直度误差不大于5mm；管体不圆度小于2mm；检查转换接头及其辅助工具完好，检测报告齐全
钻磨、套铣	钻磨： （1）制定钻磨参数； （2）做好数据记录； （3）监督、监控司钻按照规范要求进行操作	（1）磨铣施工参数： ①平底或凹底磨鞋： a. 磨铣作业前，应调整好钻井液性能； b. 下钻至离鱼顶或者井底5m左右，大排量循环洗井30min； c. 停泵，上提钻具1～2m，等井口不返出钻井液后，慢放钻具，使平底或凹底磨鞋压住落物，开泵循环并磨铣；每磨铣30min左右，再采取停泵，上提、压住、循环和磨铣的措施； d. 磨铣参数：钻压5～50kN，转速40～100r/min，磨铣期间保持大排量循环冲洗； e. 磨铣过程中送钻均匀，若出现严重蹩钻，应停转、上提钻具，经分析并采取相应措施后，方可继续磨铣； f. 磨铣中发现速度变慢时，可上提钻具，使磨鞋离开落物0.2～0.3m，下顿1～2次（顿力不大于30kN）后继续磨铣，直到无铁屑返出或泵压上升，即可起钻； g. 起钻至套管鞋时，应慢起，以防碰刷。 ②引子磨鞋： a. 下钻离鱼顶0.5m左右，大排量循环洗井30min，然后边循环边慢放或与间断转动相配合的方法，使引子部分进入落鱼水眼； b. 磨铣开始时应用轻压慢转的方法，先磨铣掉破损的部分，然后才能正常磨铣；磨铣参数：钻压5～30kN，转速60～100r/min； c. 磨铣中送钻要均匀，若出现蹩钻，应减压或调整转速，待正常后继续磨铣；

下·十二

续表

<table>
<tr><th>工作内容</th><th>工作步骤</th><th>工作标准</th></tr>
<tr><td rowspan="2">钻磨、套铣</td><td></td><td>d. 每磨铣30min左右，可稍上提磨鞋（不得将引子部分提离落鱼水眼），下顿1～2次（顿力不大于20kN）后继续磨铣，直到磨铣完预计长度后起钻；
e. 起钻至套管鞋时，应慢起，以防碰刷；
f .分析起出引子磨鞋，决定下步措施。
③锥形磨鞋：
a. 下钻离鱼顶0.3m左右，大排量循环洗井30min，然后采用边循环边慢放或与间断转动相配合的方法，使锥形磨鞋插入落鱼水眼；
b. 磨铣参数：钻压5～20kN，转速40～50r/min，排量500~600L/min；
c. 磨铣时钻压由小到大，转速由慢到快，正常后送钻均匀，严防蹩钻，直到磨铣至预计长度或磨铣完毕；
d. 起钻至套管鞋时，应慢起，以防碰刷；
e. 分析起出锥形磨鞋，决定下一步措施。
（2）磨铣施工注意事项：
①下钻速度不宜太快，严禁顿钻，下放遇阻不得超过30kN；
②作业中途不得停泵，修井液的上返速度不得低于36m³/h，如达不到，应采用沉砂管或捞砂筒等辅助工具，以防止磨屑卡钻；
③如果出现单点长期无进尺，应分析原因，采取措施，防止磨坏套管；
④在磨铣过程中，为了不损伤套管，应在磨鞋上部加装一定长度的钻铤或在钻具上接扶正器，以保证磨鞋平稳工作；
⑤不能与震击器配合使用；
⑥磨铣作业时，钻具组合要合理，工具不应有技术要求以外的外出刃，同时应考虑钻屑及时排走；
⑦磨铣或钻进时，钻具螺纹要密封，避免刺漏；工具水眼方向应合理，不应直对套管；
⑧磨铣期间，做好防阻卡措施，修井液出口可放置强磁，对磨铣出铁屑进行吸附，进行检测，以便研判井下情况；
⑨磨铣期间，修井液出口必须过振动筛，对返出铁屑进行清理，保证修井液洁净。
（3）各岗位人员按照规范要求进行操作，发现未按规程操作或违章操作，及时制止</td></tr>
<tr><td>套铣：
（1）制定套铣参数；
（2）做好数据记录；
（3）监督、监控司钻按照规范要求进行操作</td><td>（1）套铣施工参数：
①将铣鞋和套铣管逐根连接，按规定扭矩紧扣，连接入井（井口连接套铣工具及转换接头，或转换接头上接下击器、上击器时做好井口防落物）；
②套铣前计算好对扣方入、套铣方入；下套铣管遇阻时，不能划眼，应起出套铣管，下钻头重新通井；
③下钻至鱼顶2~3m时，开泵循环钻井液，再缓慢至距鱼顶0.3~0.5m处，将鱼顶冲洗干净；
④缓慢正转并下放，使铣鞋套进鱼顶，进行套铣，套铣参数如下：
<table>
<tr><th>套铣管外径/mm</th><th>钻压/kN</th><th>排量/（L/s）</th><th>转速/（r/min）</th></tr>
<tr><td>114.3~139.7</td><td>10~40</td><td>10~15</td><td>40~60</td></tr>
<tr><td>168.28~177.8</td><td>20~50</td><td>15~25</td><td>40~60</td></tr>
<tr><td>193.68~228.6</td><td>20~70</td><td>20~40</td><td>40~60</td></tr>
<tr><td>244.48~508</td><td>30~80</td><td>20~50</td><td>40~60</td></tr>
</table></td></tr>
</table>

续表

工作内容	工作步骤	工作标准
钻磨、套铣		⑤套铣期间，控制下放速度，并有专人观察钻井液返出情况； ⑥套铣井段较深时，下套铣管过程中应中途分段循环钻井液； ⑦每套铣3~5m，应上下活动一次套铣管，但不应把铣鞋提出鱼顶；每套铣完一个单根，应上提钻具再向下划一次，循环钻井液保证接单根顺利； ⑧套铣完成后大排量循环洗井，洗井至进出口密度差小于0.02g/cm^3； ⑨套铣完成后起钻(起套铣管时，应控制起钻速度，并向井内灌满钻井液)，起钻后再根据井下落鱼形状选择打捞工具进行打捞。 （2）套铣施工注意事项： ①控制下钻速度，不可强行顿击或划眼； ②若套不进落鱼，不能硬铣，应起钻检查铣头，再采取相应措施； ③套铣要连续作业，不能套铣时，要将套铣筒上提至鱼顶以上50m； ④连续套铣作业，每套铣井段300~400m时，用钻头通井一次，遇到井下异常情况应及时通井； ⑤套铣管每使用80~100h，应对螺纹进行探伤；超过200h，应按报废处理。 （3）各岗位人员按照规范要求进行操作，发现未按规程操作或违章操作，及时制止
起钻磨、套铣管柱	（1）监控钻磨、套铣管柱； （2）对起出工具进行检查	（1）严格按照起钻要求进行灌浆，做好井控坐岗监控； （2）对起出铣管及铣鞋，应认真分析磨损情况，检查套铣痕迹，为制定下一步措施的依据

（4）切割作业。

切割作业标准化操作规程如表12-14所示。

表12-14　工程技术主管切割作业标准化操作规程

工作内容	工作步骤	工作标准
施工准备	（1）查阅施工设计、前期施工记录，做井况及井筒调查； （2）分析井径及落鱼形状，选择合适的切割工具； （3）针对井况及切割工具参数制定切割打捞作业技术交底（包括切割工具、切割管柱、切割参数、切割异常情况处理等），并监控全员组织进行交底； （4）切割前设备检查	（1）切割作业参照《切割作业指导书》执行； （2）切割工具的选择应与井下管柱尺寸相匹配的机械切割工具； （3）制定切割打捞作业安全技术交底（包括切割工具选择、切割管柱结构、切割参数设置、施工操作步骤、切割异常情况处理等），组织全员进行交底； （4）切割作业前，安排人员检查转盘、刹车系统，落实安全措施；传动系统、循环系统、提升系统、动力系统等设备状况良好，安全措施落实到位
下切割打捞管柱	（1）入井切割工具检查、丈量； （2）监控井口组装切割工具； （3）监控组下切割打捞管柱	（1）做好入井工具及管柱结构的检查及数据录取（打捞工具名称、型号、规格尺寸、长度等），丈量并绘草图； （2）工具入井前须仔细检查，保证割刀伸缩自如，刃口锋利，其他部位相对运动件灵活无阻卡现象；

续表

工作内容	工作步骤	工作标准
下切割打捞管柱		（3）切割作业参照《切割作业指导书》执行；作业前应用钻井液或修井液至少循环一周；切割作业前，用通井规通井，保证下井工具畅通无阻
切割操作	（1）制定套铣参数； （2）做好数据记录； （3）监督、监控司钻按照规范要求进行操作	（1）切割施工参数： ①机械式内割刀下到预定深度，切割位置要避开接头或接箍； ②正转3圈，使滑牙片与滑牙套脱开；下放钻具，加压5～10kN，坐稳卡瓦； ③以10～18r/min的慢转速正转切割工具，切割过程压力不宜加大，要避免憋钻，保护刀片； ④每次下放1～2mm，不得超过3mm，当下放钻具总长超过32mm时，切割完成，钻具应该旋转自如，无反扭矩现象，这时可以把转速提高到25～30r/min，并重复加压5kN两次，若扭矩值不再增加，即证明管柱已被切断； ⑤停止转动，缓慢上提，使刀片复位，如无阻力，即可将割刀起出。 （2）切割施工注意事项： ①入井前试验割刀合格； ②起下钻具过程中防止有阻、卡现象，尽量避免中途坐卡； ③恒泵压切割，转速50~60r/min； ④压降2MPa停泵，稍提钻具，旋转收拢刀片，起钻
起打捞管柱	（1）监控起出切割打捞管柱； （2）对起出切割打捞工具进行检查，对捞获落鱼情况进行描述	（1）严格按照起钻要求进行灌浆，做好井控坐岗监控； （2）对捞出落鱼进行描述：落鱼名称、规格、长度、数量（质量）；当井下仍有落物时，应有示意图，并注明落物各部分尺寸、规格、长度、鱼顶深度、形状、材质和连接关系等，针对落鱼制订下一步打捞方案

6）设备拆卸

拆卸设备标准化操作规程如表12-15所示。

表12-15 工程技术主管拆卸设备标准化操作规程

工作内容	工作步骤	工作标准
拆卸设备	（1）协助队长制订设备拆卸进度计划及吊车安排、人员分工，组织召开拆卸设备前安全技术交底； （2）协助队长指挥设备拆卸工作，开展安全风险分析； （3）协助HSSE管理员对现场作业情况进行监控，做好危害分析和安全提示工作；参与召开放井架专项会，检查放井架前各岗位设备本质安全检查核实情况； （4）负责分管设备的拆卸工作； （5）完善单井完井资料并提交	（1）对于需要进厂大修或需要改造的设备，在拆卸后安排及时送往相关厂家；时刻掌握施工进度，与队长进行沟通，做好下一步工作计划； （2）井队与油服车队签订《设备搬迁服务HSSE责任书》，明确各单位、各岗位人员工作职责，负责组织设备拆卸协调会及安全技术交底会，协助队长处理安装作业中的各种关系，监督现场安全作业，组织文明施工，监督吊车司机严格执行起重吊装“十不吊”安全规定，确定吊装指挥人员，明确工作内容、质量要求和安全注意事项的落实情况； （3）对于放井架这样的存在重大风险作业，协助队长组织检查准备工作，一切达到条件后再施工，安排合理，人员分工明确； （4）强调吊装安全和人员安全意识，吊车操作人员及指挥人员必须持证上岗，吊车摆放在合适的位置，千斤板放平垫牢，检查钢丝绳、吊钩良好；吊装作业严禁超负荷，吊车作业时，平稳操作，

续表

工作内容	工作步骤	工作标准
拆卸设备		观察周围有无人员及障碍物，吊物及吊臂下禁止人员停留或通过，人员不得进入吊车操作台旋转半径范围；上岗人员劳保用品穿戴齐全，起吊重物之前，要拴扶正牵引绳，严禁工作人员用手推拉扶正，起吊各种重物时，不准任何人在重物下、受力绳索附近通过或停留，不得进入吊车拔杆下和旋转部位，高处作业时必须系好安全带，严禁任何人随同起吊重物或游动提升系统升降； （5）单井资料（施工记录、管柱数据、油套管记录等数据）录入准确，工作量无错漏、少漏；完井资料按时提交，为下一步结算做保障

7）修井机离场

修井机离场标准化操作规程如表12-16所示。

表12-16　工程技术主管修井机离场标准化操作规程

工作内容	工作步骤	工作标准
修井机出场、设备搬迁	（1）协助队长进行新井场踏勘，组织并编写搬迁组织方案； （2）组织召开搬迁前安全交底会议； （3）设备装车； （4）做好后期钻后治理工作量记录	（1）进行新井场道路踏勘，协助安全员编写搬迁方案和风险评估报告； （2）协助队长制订搬迁计划，制订吊车、搬迁车辆需求及安排计划； （3）搬迁安装领导小组成员，参与搬迁安装期间安全管理； （4）组织参与召开搬迁前安全技术交底，进行风险分析并制定控制措施； （5）设备吊卸前准备好与吊装物相匹配的吊索具，安排持有效司索指挥证的人员负责作业指挥，并佩戴明显标识； （6）搬迁设备按照Q/XN 3001—2018中国石化西南石油工程有限公司企业标准《搬迁运输作业规程》执行； （7）搬迁完成后，油服作业人员进场进行钻后治理，做好工作量记录

第十三章　修井队司钻岗位操作标准

第一节　岗位描述

1. 岗位说明书

修井队司钻岗位说明如表13-1所示。

表13-1　司钻岗位说明

项　目		主要内容
工作概述		全面负责班组的生产组织和管理，包括组织召开班前班后会，操作修井机，负责设备的日常检查、维护和管理，班组的日常建设，参与班组员工绩效考核
上岗条件	教育程度	高中（或同等学力）及以上文化程度
	从业资格	持有有效的井控培训合格证、HSSE管理培训合格证、硫化氢防护技术证、司钻证
	技能等级	具有中级工及以上职业资格证书
	辅助技能	具备必需的井筒异常判断、修井液等相关业务知识，较强的班组管理和协调能力，熟悉修井机的维护要点，能完成维护保养工作
	工作经历	具有3年以上钻完井或井下作业工作经历、1年以上副司钻岗位工作经历
	职业道德	爱岗敬业、勇于奉献、团结协作、遵章守纪
	身体素质	（1）能够屈体、运动或搬运40kg以上的重物； （2）能够在12h值班中站立或行走70%以上的时间； （3）视力正常，听觉敏锐； （4）具有高空作业能力
岗位关系	纵向关系	（1）接受队长、副队长、技术员的直接领导； （2）接受值班干部业务指导； （3）对本班组员工进行管理
	横向关系	与本队各班组具有协作关系
岗位职责	工作职责	（1）负责组织安排本班生产，组织班前班后会，协调安排班组内部岗位分工，对班组员工进行监督、评价和考核； （2）按照巡回检查路线，检查各项点，严格执行交接班制度和巡回检查制度，做好班前检查和日常检查，确保生产正常进行；

续表

项目		主要内容
岗位职责	工作职责	(3)严格执行安全操作规程和施工技术措施，确保施工安全和施工质量； (4)负责管理设备的检查、维护、保养工作； (5)负责本班员工的培训工作，做到“四懂”“三会”(懂设备结构、原理、性能、用途，会使用、保养设备及排除故障)； (6)负责组织应急方案的演练及应急计划的执行； (7)负责当班范围内的清洁、环保工作； (8)完成领导交办的其他工作
	安全职责	(1)履行班组安全生产第一责任人职责，执行国家、集团公司和分公司等相关安全生产的法规、标准和规章制度，坚持生产与安全“五同时”，抓好井控管理、现场标准化和清洁生产，确保HSSE管理目标任务的完成； (2)正确穿戴劳保用品上岗作业，规范、熟练地使用各种安全工器具、防护用品和消防气防器具； (3)定期检查安全设施、设备的安全状况； (4)组织本班员工开展危害因素识别和风险分析，落实管控措施； (5)不违章作业，不违反劳动纪律，不违章指挥； (6)负责组织本班开展井控及硫化氢等应急演练
岗位工作内容		(1)操作责任： ①执行交、接班制度； ②按照巡回检查路线，检查各项点； ③负责刹把、转盘等控制箱的操作，与班组人员配合完成起放井架、起下钻等作业； ④发生溢流、井涌、井喷时负责操作司控台，与其他岗位配合完成关井作业； ⑤掌握管具结构、井下工具性能、泥浆参数等技术状况； ⑥及时掌握绞车、发动机等设备的运行状况； ⑦正确判断井下情况； ⑧严格按照设计施工，发现问题及时汇报； ⑨按程序处置本岗位突发情况，并及时汇报； ⑩审查工程班报表并签字； ⑪审查井控坐岗记录并签字； ⑫填写自检自查记录并签字； ⑬特殊作业时开具“作业许可证”； ⑭完成值班干部临时，安排给本岗位的其他任务。 (2)生产组织责任： ①参加班前会，了解生产状况，接收作业指令； ②严格按照生产作业指令组织本班组生产； ③严格按照安全操作规程组织本班组生产操作； ④协调班组岗位分工； ⑤检查本班组员工巡回检查、交接班、设备维修保养的执行情况； ⑥指导本班组岗位员工对修井设备的使用、保养、维修； ⑦带领本班组员工严格执行各项规章制度； ⑧参加班后会，对本班工作进行总结； ⑨组织班组完成值班干部安排的其他工作。 (3)管理责任： ①抓好班组管理和建设； ②组织班组开展业务技能学习； ③及时掌握本班人员的思想状况，做好思想引导，就相关问题及时和政工干事(政工员)沟通； ④落实新工艺、新技术、新设备的现场应用； ⑤协助做好其他管理工作。 (4)安全责任： ①承担本班组内的机械、设备、人身安全管理责任；

续表

项　目	主要内容
岗位工作内容	②承担班组人员的各项安全操作管理责任； ③检查各岗位QHSE工作情况，资料记录情况，发现不安全因素及时处理，处理不了的采取防范措施，及时上报； ④组织班组参加应急预案演练； ⑤督促本班作业人员正确使用劳动防护用具； ⑥熟练使用和维护安全防护设施、消防气防器具和急救器具； ⑦制止和纠正“三违现象”； ⑧正确处置突发事故（事件），及时汇报，保护现场并详细记录； ⑨参加事故分析，提出防范措施的建议； ⑩组织做好相关作业前的风险分析及对应的控制措施； ⑪组织班组QHSE活动并记录签字； ⑫组织班组严格执行QHSE的各项规定
工作权限	（1）对违章指挥有拒绝权，对违章操作有制止权； （2）对班组人员有工作考核权； （3）对本岗位突发情况有先行处置权
职业生涯发展规划	（1）在本岗位具有良好的工作业绩，达到高一层次任职条件，可以晋升到高一级岗位； （2）可以在公司内部进行相应岗位流动或轮换
考核关系	（1）接受本队的考核； （2）考核本班组人员

2. 工艺流程图

司钻工作工艺流程如图13-1所示。

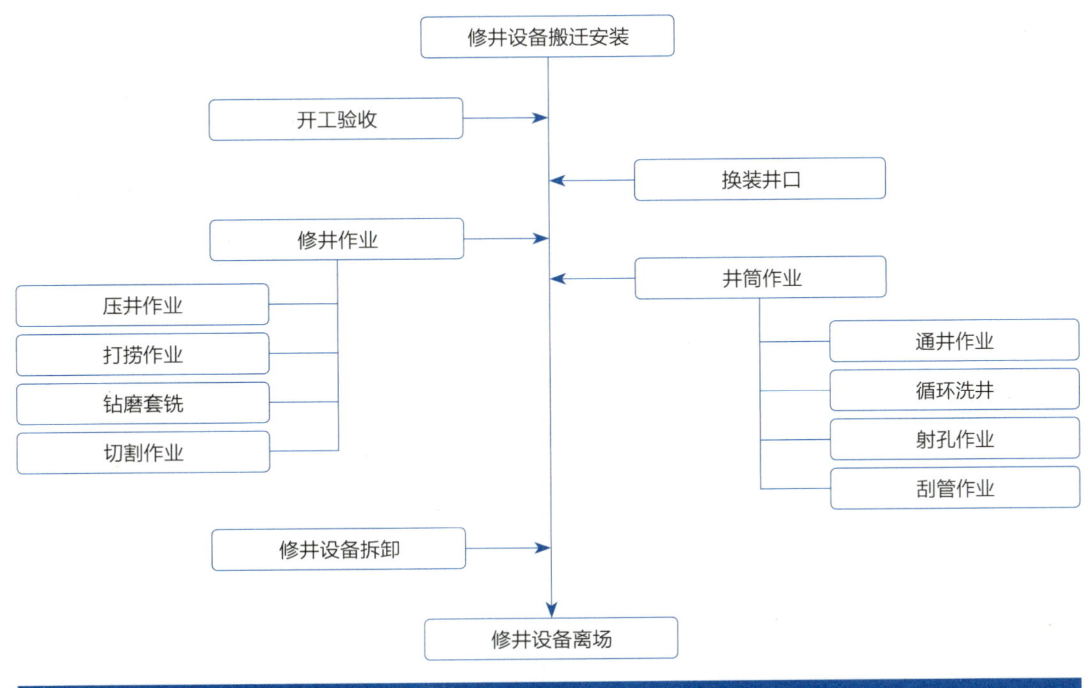

图13-1　司钻工作工艺流程

3. 工作流程图

司钻工作流程如图13-2所示。

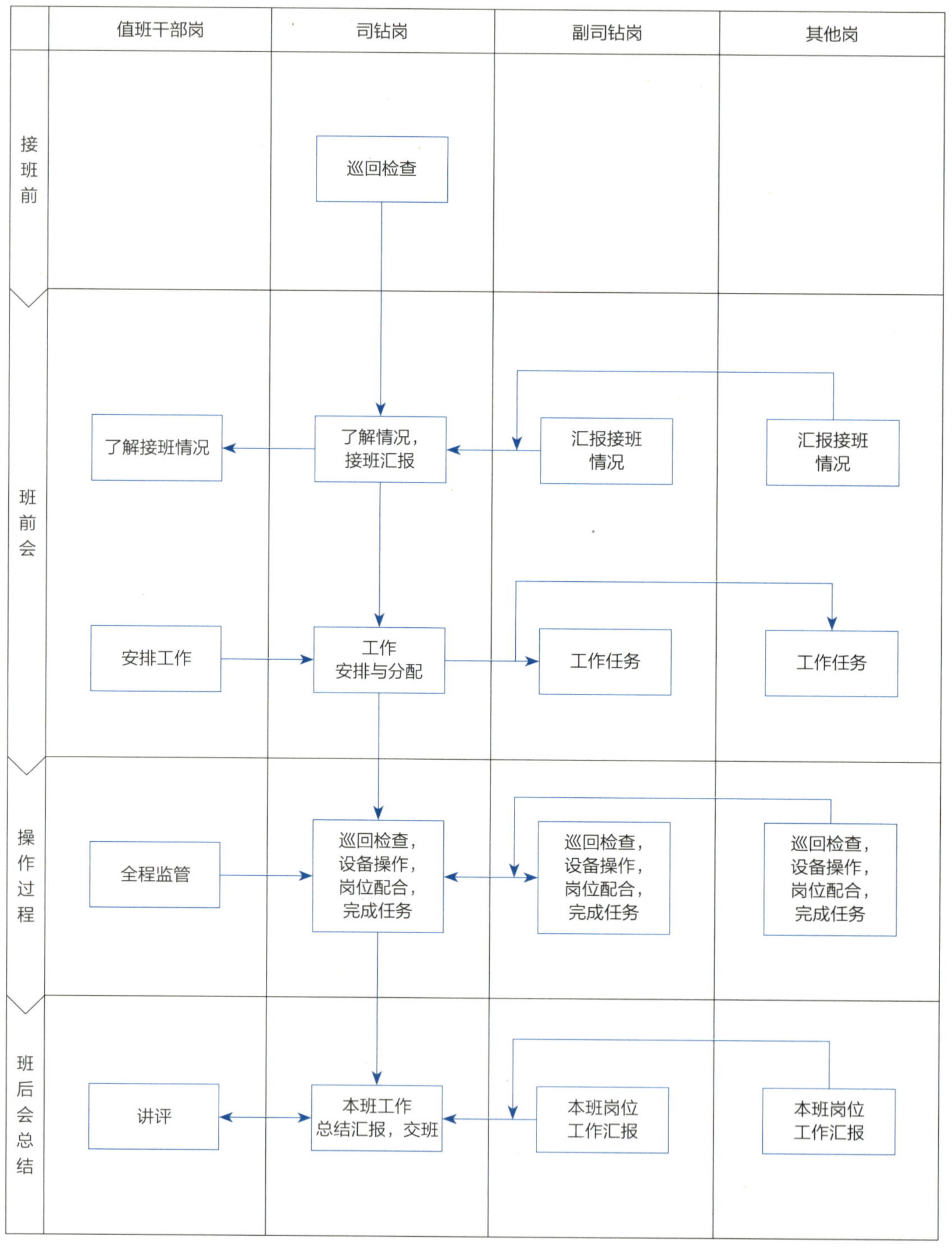

图13-2　司钻工作流程

第二节 岗位标准化操作规程

1. 交接班标准化操作规程

1）接班

接班标准化操作规程如表13-2所示。

表13-2 司钻接班标准化操作规程

工作内容	工作步骤	工作标准	风险提示
班前检查	（1）穿戴劳保用品； （2）按接班要求进行班前检查； （3）发现的问题反馈给交班司钻； （4）询问、了解设备及井下情况	（1）劳保用品穿戴齐全、规范； （2）设备、工具检查率100%； （3）问题反馈率100%； （4）掌握当前施工、设备、井下情况	（1）劳保用品穿戴不规范，容易发生人身伤害事故； （2）设备检查遗漏，有问题不能及时发现，可能导致使用过程中发生故障，耽误生产； （3）发现的问题未反馈，交班不能及时整改，设备带病工作，易发生事故； （4）施工情况了解不清，可能会造成设备损坏或井下复杂情况
班前会	（1）检查完组织召开班前会； （2）汇总各岗检查情况； （3）接收值班干部当班作业指令及注意事项，安排本班具体施工任务及分工	（1）参加率100%； （2）汇总率100%； （3）工作分配必须具体、明确，记录齐全准确	（1）不参加班前会，将不了解工作情况，容易导致发生事故或人员伤害； （2）汇总不全，无法统筹安排本班工作，易发生事故； （3）分配不具体，会导致怠工、误工的发生，记录不齐全，不符合资料存档规范
接班	与交班司钻进行岗位交接	接班及时到位，对井下情况、设备全面交接	不能及时到位，造成超时工作，疲劳工作易发生事故；设备交接不全面，导致设备发生故障，耽误生产

2）交班

交班标准化操作规程如表13-3所示。

表13-3 司钻交班标准化操作规程

工作内容	工作步骤	工作标准	风险提示
交班	（1）交清本班设备运转情况及当前施工情况； （2）对接班司钻提出的问题进行整改	（1）施工情况、设备、工具状况交接清楚率100%； （2）职责、能力范围以内的问题整改率100%	（1）设备交接有遗漏、交接不清，易发生故障，耽误生产； （2）问题整改不全，遗留隐患，易导致误工或事故发生
班后会	组织班后会，具体总结、分析本班工作情况	总结内容具体、全面	不参加班后会，本班工作无人讲评，问题、经验不能及时总结

2. 巡回检查标准化操作规程

巡回检查路线如图13-3所示。

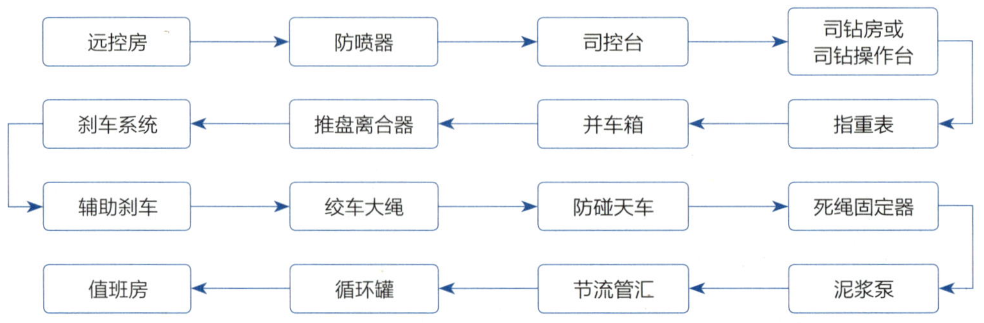

图13-3　司钻巡回检查路线

巡回检查标准化操作规程如表13-4所示。

表13-4　司钻巡回检查标准化操作规程

检查路线及项点	工作标准	风险提示	风险规避措施
远控房	（1）远控房设备运转正常，各压力表符合要求，维护良好，氮气压力、液压油高度、电源线及控制开关满足要求，摆放位置、距井口距离等符合井控要求； （2）液压管线连接规范、不渗漏	（1）远控房设备运转不正常，不能保证井控设备的正常运行，特别是井口防喷器组，易造成井控复杂情况； （2）液压管线渗漏，导致环境污染事故，同时影响井控设备正常工作，造成井控复杂情况	（1）每班检查，确保远控房设备运转正常； （2）每班检查，确保管线密封良好，管线老化及时更换
防喷器	不低于设计要求配备，安装牢靠、标识清楚，固定螺栓齐全无松动，连接法兰紧密，无渗漏；套管头不刺不漏，试压合格；采用Φ16mm钢丝绳正反丝杆固定	井口防喷器组连接松动，施工中发生溢流关井不能有效封闭环空，易造成复杂情况；固定不牢靠易摩擦碰撞钻具	紧固、紧平防喷器固定螺栓，按要求试压；防喷器组四角固定，防止晃动，井口找正，安装防磨套管
司控台	（1）安装连接满足要求，气源压力达标（0.65~0.8MPa）； （2）防误操作有措施	（1）气源压力不足导致不能正常操作； （2）误操作造成井筒事故	（1）安装连接规范，供气充足； （2）防误操作手柄锁定
司钻房或司钻操作台： （1）仪表； （2）气源； （3）控制阀及手柄； （4）连接管缆； （5）周边环境； （6）视频辅助系统	（1）仪表齐全、完好； （2）气源压力符合（0.65~0.8MPa）； （3）气阀手柄齐全，复位良好（有锁紧装置）； （4）管缆连接正确，无漏气； （5）无障碍物操作方便； （6）视频辅助系统清晰有效	（1）仪表损坏，读数不准，易造成判断错误，影响使用； （2）气源压力不足易导致不能正常操作； （3）气控阀存有问题容易导致操作失灵； （4）管缆漏气，容易导致压力显示错误，影响正常操作；	（1）定期送检，确保完好； （2）保证供气压力符合要求，管路畅通，压力准确； （3）检查气控阀各部位状态； （4）管缆放置位置避免有尖锐物件或重物挤压； （5）如有障碍物应及时清理；

续表

检查路线及项点	工作标准	风险提示	风险规避措施
司钻房或司钻操作台： （1）仪表； （2）气源； （3）控制阀及手柄； （4）连接管缆； （5）周边环境； （6）视频辅助系统		（5）周边有障碍物，影响正常操控； （6）视频系统损坏或无效，易导致与井架及钻台部位配合失误，造成事故	（6）维护保养视频系统，确保其运行正常
指重表： （1）表盘，压力传感器，精确度； （2）指重表有效期； （3）防护悬重记录仪	（1）表盘清洁，指针灵敏，准确，压力传感器完好，无渗漏； （2）必须在有效期内使用； （3）冬季采取防冻保温； （4）走时均匀，满弦运行时间大于24h，误差小于5min/d	（1）表盘不清洁、指针不灵敏、压力传感器渗漏、管线损坏，造成无法正常使用； （2）超过有效期造成示值不准确； （3）冬季不防护易造成管路冻结，仪表损坏； （4）误差过大，运行时间过小，易造成记录不准确、不完整	（1）定期清洁表盘，调校指重表； （2）指重表定期检验； （3）冬季施工做好保温措施； （4）调整维护记录仪器
并车箱	并车箱运转正常，无漏油	运转不正常影响生产	定期保养检查
推盘离合器： （1）固定； （2）导气龙头，管线； （3）气囊； （4）摩擦片	（1）各紧固螺栓齐全，紧固； （2）导气龙头管线不漏气； （3）气囊完好无破损； （4）摩擦片无偏磨，损坏，缺失	（1）固定螺栓缺失或松动易造成该部件位移或早期损坏； （2）相关部位漏气，易造成气囊气压低，摩擦部位打滑，失灵； （3）气囊损坏直接导致高低速失灵； （4）摩擦片存有问题，重载动力不足，无法正常运转	（1）固定部位应逐点检查，避免遗漏； （2）导气龙头及管线要挂合检查，定期保养，存在问题及时更换； （3）气囊要挂合检查，存在问题及时更换； （4）摩擦片应在气囊未挂合时仔细检查，如有问题及时更换
刹车系统： （1）刹把； （2）刹车鼓，刹车块； （3）刹车冷却系统紧急制动	（1）刹把应灵活可靠，刹把有防滑链； （2）刹车毂，刹带磨损正常，润滑良好，刹带螺栓紧固，轴承灵活完好； （3）冷却电机完好，运行正常； （4）紧急制动完好	（1）刹把调节杆断裂导致刹把失灵； （2）防滑链断裂不利于刹把操作； （3）刹车毂、刹车块磨损间隙过大，螺栓紧固不到位，易导致刹车滞后或失灵	在绞车滚筒静止状态下，仔细检查，确保刹把调节杆完好，刹车鼓、刹车块各处间隙值，磨损情况等不超标准，如有不符应及时调整或更换
辅助刹车： （1）固定； （2）运转； （3）润滑、冷却	（1）各固定螺栓固定牢靠，转子轴与滚筒轴同心； （2）运转正常，滑键摘挂灵活； （3）冷却、润滑良好	（1）固定不牢，重载刹车时可能造成中心错位，发生事故； （2）运转不平稳，易导致花键损坏、设备失效等故障； （3）冷却、润滑不良，易造成设备失灵或损毁	（1）固定部位应逐点检查，保证不遗漏； （2）检查运转应注意有无异常，连接应可靠； （3）水冷设备应保持水量充足，循环畅通，散热良好，润滑油充足，未超保

续表

检查路线及项点	工作标准	风险提示	风险规避措施
绞车大绳： （1）活绳头； （2）绳体； （3）大绳排列	（1）各螺栓双螺母紧固，防滑短节牢靠，余量长度不小于20cm； （2）钢丝绳无断丝、电弧烧灼、锈蚀等现象； （3）大绳排列整齐、不打扭	（1）固定螺栓缺少螺母，易造成活绳头卡固不牢，防滑短节检查不仔细，存在的隐患不能及时发现，进而酿成事故； （2）绳体有缺陷不能发现，重载时容易发生断裂； （3）排列不齐、相互挤压，易造成过早损坏	（1）缺少螺母应及时补加，确保防滑短节与卡固点距离无变化，卡子无松动； （2）绳体存有缺陷，应及时组织更换； （3）遇有排列不齐，应立即整改
防碰天车： （1）重锤式： ①开关、气路； ②钢丝绳； ③连接。 （2）过卷阀式： ①开关、位置； ②长度； ③气路。 （3）电子防碰： ①电源及电路； ②传感器； ③设置	（1）重锤式： ①气开关灵活好用、气路畅通，不漏气； ②钢丝绳松紧合适、无打扭及缠挂井架现象，防碰天车挡绳为25.4～28.6mm，吊绳为9.5mm； ③必须使用开口销连接。 （2）过卷阀式： 过卷阀式开、关灵活好用，定位及长度合适，气路畅通，不漏气。 （3）电子防碰： 电子防碰装置及传感器完好，电路连接完好，电磁阀工作正常，报警提示及刹车高度设定正确	（1）重锤式： 重锤式防碰天车开关失灵，气路不畅，管线漏气或破损；钢丝绳损坏、打扭或缠绕、开口销连接不符合标准，容易导致防碰失效。 （2）过卷阀式： 过卷阀式防碰天车开关失灵，位置、指针长度不合适，气路不畅，管线漏气或破损容易导致过卷阀失效。 （3）电子防碰： 电子数码式防碰天车，装置损坏，电路连接存有问题，电磁阀等电路元件出现故障，报警及刹车高度设置不合理，容易造成本装置失去作用	（1）重锤式： 重锤式防碰天车钢丝绳连接等符合要求，各部件完好，检查时必须进行测试，并做好记录，确保灵活好用。 （2）过卷阀式： 过卷阀式防碰天车开关位置合理，指针长度合适，其他元件完好；检查时必须测试，并做好记录，确保灵活好用。 （3）电子防碰： 电子数码式防碰天车必须保证电路正常，元件完好，设置数据必须进行确认、测试，并做好记录，确保灵活好用
死绳固定器： （1）固定； （2）挡绳杆； （3）排列； （4）压板及螺栓； （5）传感器； （6）管线； （7）工具	（1）各固定螺栓齐全、紧固、无余螺纹，背帽齐全； （2）钢丝绳排列整齐，按固定绳槽排满，挡绳杆齐全； （3）压板螺栓紧固，余绳无位移； （4）压力传感器、传压管线连接牢固、无渗漏； （5）止回阀、手压泵灵活、好用	（1）螺栓松动、背帽缺失，造成死绳卡固定不牢； （2）钢丝绳排列不齐、跳槽、挡绳杆缺失造成大绳损坏； （3）压板螺栓松动，易导致死绳余绳滑脱固定器，造成大绳抽空，游车下砸事故； （4）传感器损坏、间隙不符合要求、管路有渗漏造成指重表显示数据不准； （5）止回阀损坏造成液压油漏失，手压泵无法工作导致无法校正指重表	（1）逐个检查固定螺栓；确保背帽齐全、紧固； （2）大绳必须按绳槽排列整齐，挡绳杆齐全可靠； （3）定期检查紧固压板螺栓，检查余绳是否位移； （4）传感器及时校正，管线及连接部位发现问题及时整改； （5）止回阀做好防护措施，防止意外损坏，手压泵定期检查保养
泥浆泵： （1）固定； （2）柴油机； （3）润滑；	（1）各固定螺栓齐全、紧固； （2）柴油机运转平稳、冷却风机运转良好、风量符合要求； （3）润滑油充足、油质符合要	（1）固定不标准、连接不牢，开泵时抖动幅度过大，易造成设备损坏； （2）冷却风机工作不正常，	（1）固定、连接部位应逐点检查，防止松动和刺漏； （2）冷却风机工作异常应

续表

检查路线及项点	工作标准	风险提示	风险规避措施
(4)喷淋泵; (5)闸门及上水管线; (6)保险凡尔及泄压管线; (7)皮带轮及护罩; (8)氮气包气压; (9)清洁卫生	求、油压正常; (4)喷淋泵运转平稳、上水良好、排量符合要求,喷嘴无堵塞; (5)闸门位置正确、保养及时、开关灵活,上水管线连接牢固、无渗漏; (6)保险凡尔齐全,压力值设定准确,润滑良好,泄压管线安装牢固,通径符合要求,泄压方向正确; (7)皮带轮运转平稳无抖动,皮带槽无缺陷,护罩齐全、安装牢固; (8)氮气包预充气压符合现场工作要求; (9)泥浆泵体清洁无油污、杂物	易造成柴油机温度过高、不能正常工作或损毁; (3)油量不足或油质不符合要求,易导致过早损坏; (4)喷淋系统出现问题,导致泥浆泵缸套、活塞润滑、散热不良,温度过高而加速磨损; (5)闸门位置不正确,导致开泵时憋泵,造成设备损坏、人身伤害; (6)保险凡尔工作不正常,压力值设定不准,易导致超压造成事故; (7)皮带轮抖动、有缺陷,易造成带轮损坏、皮带断裂; (8)氮气包预充压力不足,易导致开泵时抖动幅度过大,造成设备损坏; (9)泥浆泵不清洁,容易产生锈蚀	及时检修,确保柴油机散热良好; (3)保证润滑油油量充足、油质符合标准、油压正常; (4)定时检查喷淋系统,如有问题及时整改,保证缸套及活塞的润滑、冷却良好; (5)开泵时必须保证闸门位置正确; (6)保险凡尔应定期检修、保养,压力值设定准确; (7)皮带轮有缺陷,应及时维修、更换; (8)氮气包预充压力必须符合要求,定期检查; (9)保持泥浆泵清洁
节流管汇	各闸门灵活好用、标识清楚,处于工作位置,连接法兰螺栓齐全、牢固,无松动;压力表灵敏	管汇闸门不灵活,不利于关井、节流等操作;工作位置错误,易产生误操作,造成井控复杂情况	定期检查保养,确保各闸门灵活好用,处于工作位置,标识清楚
循环罐: (1)泥浆液量; (2)搅拌器; (3)液面报警器及坐岗记录; (4)固控设备; (5)加重系统和材料储备; (6)各罐梯子、栏杆; (7)集污罐; (8)卫生	(1)泥浆量满足设计要求,各罐连接管线牢固紧密、无刺漏,闸门开关灵活、关闭有效,进出口畅通; (2)搅拌器运转正常,接地规范,护罩齐全; (3)液面报警器定位准确($1m^3$),反应灵敏,报警声响洪亮,坐岗记录填写及时、准确、规范; (4)固控设备固定牢靠,运转正常,接地规范; (5)加重漏斗完好,下料畅通,加重材料数量及质量符合设计要求; (6)各罐梯子栏杆固定牢靠,过道畅通; (7)集污罐空余空间满足生产需要; (8)各罐卫生清洁、各电路线路接地规范	(1)泥浆量不足,管线连接渗漏、堵死,导致生产停待; (2)搅拌器损坏,不能搅拌泥浆,影响泥浆性能,护罩不全造成机械伤人; (3)报警器设置不准确,坐岗监测不到位,不能及时发现溢流、井漏复杂情况,易导致井内事故,报警声响不洪亮不能起到报警作用; (4)固控设备运转不正常,影响泥浆性能,延误生产; (5)加重装置损坏,泥浆加重无法进行,影响生产; (6)梯子栏杆固定不牢靠,易造成人身伤害; (7)集污罐过满导致污染事故; (8)卫生清洁不到位易导致设备锈蚀,接地不规范易造成设备异常损坏	(1)每班检查,出现问题及时整改; (2)仔细观察搅拌机运转情况,损坏后及时更换; (3)调校维护保养好液面报警器,严格按照要求做好液面监测工作并填写好记录; (4)每班检查,加强维护保养,及时更换损坏件,确保固控设备运转正常; (5)每班检查,加强维护保养; (6)每班检查,固定松动及时紧固; (7)每班观察,根据施工情况及时拉运; (8)加强设备清洁卫生,每班检查接地情况,定期检测接地电阻

续表

检查路线及项点	工作标准	风险提示	风险规避措施
值班房： 工程班报表，交接班记录，井控装置记录，设备运转、保养记录，班组作业任务书等	资料齐全，填写准确、整洁、及时，无漏填内容	检查资料不齐全，易导致对当前施工情况了解不清，易发生井下事故	检查资料要逐本进行，认真仔细，无遗漏

3. 施工作业标准化操作规程

1）搬迁安装

搬迁安标准化操作规程如表13-5所示。

表13-5 司钻搬迁安装标准化操作规程

工作内容	操作步骤及标准	风险提示	风险规避措施
设备搬迁	（1）组织本班人员参加搬迁部署会，参与制订搬迁计划； （2）对本班人员进行分工，组织离场所需物资、器材； （3）负责设备吊装、捆绑、摆放（货物捆绑，挂专用绳套，指挥人员要与吊车司机保持良好的沟通）； （4）过程视频监控	（1）未组织参与搬迁会，对搬迁风险认识不到位； （2）分工不明确，物资器材料准备不充分，影响时效； （3）配合吊装不规范，捆绑位置不对称，或者捆绑不牢固易导致货物滑落、货物尖锐部位割断吊带吊索，货物失控，导致设备损坏、伤人； （4）无视频监控无法确保过程是否有违章	（1）参与搬迁部署会，一起进行风险分析，严格按制定的风险控制措施执行； （2）按分工执行搬迁，物资器材准备到位； （3）规范吊装，捆绑牢靠，对称捆绑，或者使用专用吊具，在货物尖锐的部位加衬垫保护，两根钢丝绳的夹角应小于60°；专人指挥吊车时，吊装配合好，人员站位安全合理，检查吊钩防脱钩装置处于正常状态，系好足够长的牵引绳到合适部位，牵引绳另一端不能打结； （4）视频系统正常运行，摆放位置合适
设备安装： （1）底座安装； （2）井架组装； （3）起井架前检查； （4）起井架操作刹把检查； （5）机泵组、循环系统安装； （6）流程安装； （7）远控房安装	（1）办理作业许可证； （2）安排班组员工准备好工具、防护用品； （3）接受值班干部任务安排，将本班人员合理分工，分配任务； （4）监督本班人员穿戴齐全劳保用品；岗位协作时，做好配合； （5）修井机及钻台底座安装，底座基础平整坚固，无裂纹，底座各部件连接牢靠；	（1）未按规范要求安装底座，易导致设备损坏；底座基础不平整，导致设备不稳定，易损伤设备；底座基础裂纹，承重不合格，导致垮塌，机毁人亡；底座连接不牢，导致移位，设备及人身伤害； （2）未按要求及标准安装井架，易导致井架变形、损坏设备； （3）未按要求进行检查，无法起升井架及井架倾覆，易	（1）底座按规范要求安装，用水平仪检查底座基础是否平整，若不符合要求，需要铺垫或整改达标；底座基础承重满足设备及施工要求； （2）井架组装按说明书标准执行，连接牢靠，安全销齐全，井架无变形； （3）起井架前，按起井架标准要求检查确认无误后执行，绞车滚筒用钢丝绳应符合标准规定应无打扭、

续表

工作内容	操作步骤及标准	风险提示	风险规避措施
设备安装： （1）底座安装； （2）井架组装； （3）起井架前检查； （4）起井架操作刹把检查； （5）机泵组、循环系统安装； （6）流程安装； （7）远控房安装	（6）井架组装：安排班组人员按井架要求及标准组装井架（井架连接牢靠，安全销齐全，井架无变形）； （7）起井架前检查：组织班组员工分工检查确认各起升部件满足要求，如起塔大绳是否有断丝、打结、扭曲、变形；天车、游车是否有变形、裂纹，是否在检测周期内；大钩是否有裂纹等； （8）起井架时负责刹把操作； （9）机泵组、循环系统安装：机泵组、循环系统基础平整、承重满足要求；机械转动部位护罩齐全；安全阀设置合理，检验合格，在有效期内，泄压管线连接固定牢固；各罐连接牢靠，管线密封良好无刺漏，管线阀门通畅无堵塞，阀门开关灵活，阀门关闭良好无渗漏，各罐独立分开无窜漏；搅拌器、液位标尺性能良好，灌浆装置工作正常； （10）流程安装：组织班组员工按设计及标准要求安装连接地面流程，放喷、压井、回浆管线连接紧密，安装平直，转弯处宜采用不小于90°的弯头；管汇台、分离器、转弯的弯头两端、放喷口及平直段小于15m，用水泥基墩地脚螺栓和钢质压板固定，压板与管线之间用胶垫垫好，上紧压板螺丝； （11）远控房安装：远控房距井口大于25m；	造成设备损坏及安全事故； （4）起升井架、刹把操作不当，导致起井架失败； （5）机泵组、循环系统基础不平整造成设备损伤、影响效率；机械转动无护罩造成机械伤人；安全阀无效造成超压伤人；管线固定不牢造成伤人；罐体及管线连接不牢易漏造成环境污染；管线堵塞、各罐不独立影响施工时效；搅拌器损坏影响搅拌，灌浆装置工作不正常易引起井控问题； （6）流程安装、固定不规范造成安全问题； （7）远控房安装不规范、不满足安全要求，影响时效	接头、电弧烧伤、挤压扁等缺陷；服从指挥人员指挥； （4）起井架操作刹把平稳，按起井架相关参数执行； （5）机泵组、循环系统基础平整、承重符合要求；机械转动部位护罩齐全；安全阀有效，检验合格，泄压管线连接固定牢固；各罐连接牢靠，管线密封良好无刺漏，管线阀门通畅无堵塞，阀门开关灵活，阀门关闭良好无渗漏，各罐独立分开无窜漏；搅拌器、液位标尺性能良好，灌浆装置工作正常； （6）严格按设计及标准安装、固定地面流程； （7）远控房严格按标准要求安装连接，远控房距井口大于25m；远控房压力表齐全、灵敏，在有效期内；蓄能器氮气压力7±0.7MPa；液压油箱有效容积应大于蓄能器组可用液量，有足够大的通气孔，液压油无变质现象；手柄完好，开关位置正确；液压管线连接牢靠，无松动，排列整齐，无损坏、无泄漏，不被挤压，液压管线采用管线盒或管线排；远控房2m范围内无障碍物

续表

工作内容	操作步骤及标准	风险提示	风险规避措施
设备安装： （1）底座安装； （2）井架组装； （3）起井架前检查； （4）起井架操作刹把检查； （5）机泵组、循环系统安装； （6）流程安装； （7）远控房安装	远控房压力表齐全、灵敏，在有效期内；蓄能器氮气压力7±0.7MPa；液压油箱有效容积应大于蓄能器组可用液量，有足够大的通气孔，液压油无变质现象；手柄完好，开关位置正确；液压管线连接牢靠，无松动，排列整齐，无损坏、无泄漏，不被挤压，液压管线采用管线盒或管线排；远控房2m范围内无障碍物		
修井设备调试	（1）带领班组人员进行设备调试，整机连续试运转90min，各部件工作正常，保证可靠； （2）按要求调试三点一线，如井口、游动滑车、天车三点一线	（1）整机调试不合格影响施工进度； （2）井口、游动滑车、天车三点一线；无法作业，影响施工时效	按要求调试合格设备
信息化设备安装调试	安排人员配合信息化设备安装调试		

2）开工验收

开工验收标准化操作规程如表13-6所示。

表13-6　司钻开工验收标准化操作规程

工作内容	操作步骤及标准	风险提示	风险规避措施
开工验收	组织本班人员整改问题并反馈	整改过程中的各种安全风险	针对安全风险制定相应的规避措施并严格执行

3）换装井口

换装井口标准化操作规程如表13-7所示。

表13-7　司钻换装井口标准化操作规程

工作内容	操作步骤及标准	风险提示	风险规避措施
拆采气树	（1）办理拆换井口许可证；	（1）未办理拆换井口许可，违反	（1）许可票证齐全，监控到位；

续表

工作内容	操作步骤及标准	风险提示	风险规避措施
拆采气树	(2)组织本班人员进行分工及拆换井口JSA分析; (3)泄压、隔离相应阀门; (4)拆卸螺栓，戴好护目镜，扳手系有安全绳; (5)吊出采气树至安全位置，严格按吊装要求操作，绳套满足要求，专人指挥吊装，吊装时各岗位人员做好配合，拴好尾绳，严防碰撞	安全规定; (2)人员未分工、责任不清、JSA分析不到位易造成安全问题; (3)未泄压，易造成高压伤人; (4)敲击扳手时未戴好护目镜造成打出的铁渣打伤眼睛，扳手未系安全绳造成打击伤人; (5)吊装不规范，易造成设备损伤、人身伤害	(2)针对安全风险制定相应的规避措施并严格执行; (3)泄压归零后确认; (4)拆卸螺栓戴好护目镜，扳手系有安全绳; (5)严格按吊装要求操作，绳套满足要求，专人指挥吊装，吊装时各岗位人员做好配合，拴好尾绳，严防碰撞
安装防喷器	(1)办理安装防喷器许可证; (2)组织本班人员进行分工及安装防喷器JSA分析; (3)吊装防喷器：严格按吊装要求操作，绳套满足要求，专人指挥吊装，吊装时各岗位人员做好配合，拴好尾绳，严防碰撞; (4)紧固螺栓，戴好护目镜，扳手系有安全绳; (5)连接液压管线，各液压控制件连接正确，管线密封无刺漏; (6)防喷器调试、试压合格	(1)未办理安装防喷器许可，违反安全规定; (2)人员未分工、责任不清、JSA分析不到位易造成安全问题; (3)吊装不规范，易造成设备损伤、人身伤害; (4)敲击扳手时未戴好护目镜造成打出的铁渣打伤眼睛，扳手未系安全绳造成打击伤人; (5)液压管线连接错误、造成开关错误和井控问题，管线刺漏造成液压油泄漏、环境污染及井控问题; (6)防喷器调试、试压不合格影响进度	(1)许可票证齐全，监控到位; (2)针对安全风险制定相应的规避措施并严格执行; (3)严格按吊装要求操作，绳套满足要求，专人指挥吊装，吊装时各岗位人员做好配合，拴好尾绳，严防碰撞; (4)紧固螺栓，戴好护目镜，扳手系有安全绳; (5)液压控制件连接正确，管线密封无刺漏; (6)防喷器调试、试压合格
拆防喷器	(1)办理拆防喷器许可证; (2)组织本班人员进行分工及拆防喷器JSA分析; (3)泄压、隔离相应阀门; (4)拆卸螺栓，戴好护目镜，扳手系有安全绳; (5)吊出防喷器至安全位置，防喷器下垫上盖，严格按吊装要求操作，绳套满足要求，专人指挥吊装，吊装时各岗位人员做好配合，拴好尾绳，严防碰撞	(1)未办理拆防喷器许可，违反安全规定; (2)人员未分工、责任不清、JSA分析不到位易造成安全问题; (3)未泄压易造成高压伤人; (4)敲击扳手时未戴好护目镜造成打出的铁渣打伤眼睛，扳手未系安全绳造成打击伤人; (5)吊装不规范，易造成设备损伤、人身伤害	(1)许可票证齐全，监控到位; (2)针对安全风险制定相应的规避措施并严格执行; (3)泄压归零后确认; (4)拆卸螺栓，戴好护目镜，扳手系有安全绳; (5)严格按吊装要求操作，绳套满足要求，专人指挥吊装，吊装时各岗位人员做好配合，拴好尾绳，严防碰撞
安装采气树	(1)办理换装井口许可证; (2)组织本班人员进行分工及安装采气树JSA分析; (3)吊装采气树严格按吊装要求操作，绳套满足要求，专人指挥吊装，吊装时各岗位人员做好配合，拴好尾绳，严防碰撞; (4)紧固螺栓，戴好护目镜，扳手系有安全绳	(1)未办理换装井口许可，违反安全规定; (2)人员未分工、责任不清、JSA分析不到位易造成安全问题; (3)吊装不规范，易造成设备损伤、人身伤害; (4)敲击扳手时未戴好护目镜造成打出的铁渣打伤眼睛，扳手未系安全绳造成打击伤人	(1)许可票证齐全，监控到位; (2)针对安全风险制定相应的规避措施并严格执行; (3)严格按吊装要求操作，绳套满足要求，专人指挥吊装，吊装时各岗位人员做好配合，拴好尾绳，严防碰撞; (4)紧固螺栓，戴好护目镜，扳手系有安全绳

4）井筒作业

（1）通井作业。

下通井管柱标准化操作规程如表13-8所示。

表13-8 司钻下通井管柱标准化操作规程

工作内容	操作步骤及标准	风险提示	风险规避措施
参加技术交底	参与安全技术交底		
鼠洞组立柱	（1）待钻台人员将管柱单根吊入小鼠洞内并摘掉提升护丝后，操作大钩将吊卡前倾扣合鼠洞内钻具； （2）待钻台人员检查吊卡扣合无误后，司钻操作大钩上提钻具出鼠洞； （3）钻台人员吊第二根钻具入鼠洞，司钻操作大钩至鼠洞上方，下放使第一根钻具与第二根对扣； （4）待钻台人员液气大钳紧扣后，上提钻具出鼠洞； （5）内外钳工将钻具推入钻杆盒内； （6）司钻缓慢下放钻具，使吊卡与钻具母接头脱离； （7）井架工将钻具拉入至二层台指梁，司钻下放大钩； （8）重复上述操作，直至配完所需钻具	（1）操作大钩将吊卡前倾扣合鼠洞内钻具时操作过猛，容易顶坏钻具或吊卡； （2）扣合吊卡不仔细检查、吊卡保险插销不到位，使用时造成吊卡意外打开造成事故； （3）对扣时下放钻具过猛，易造成钻具损坏及人身伤害； （4）司钻与内外钳、井架工配合失误易造成管柱丝扣损坏或人身伤害	（1）操作大钩将吊卡前倾扣合鼠洞内钻具时，必须平稳操作，力度合适； （2）钻台人员检查吊卡扣合必须仔细，吊卡保险必须到位； （3）对扣时操作平稳； （4）司钻与内外钳、井架工配合必须一步完成后再进行下一步操作，每一步操作都必须平稳、精心
井内组立柱	（1）司钻将挂有吊卡的大钩下放至钻台合适位置停住； （2）钻台将场地已通径单根拉至钻台面离吊卡合适位置； （3）内外钳工合力将打开的吊卡前倾挂入单根并合扣好吊卡； （4）内外钳工将单根绳套解开； （5）司钻上提大钩直至将单根提至钻台，上提过程中内外钳扶住掌控单根并将护丝拆卸； （6）内外钳工扶正单根，居中引导放入井内，司钻平稳匀速下放单根至钻台； （7）内外钳工摘吊环脱离吊卡，将吊环挂入另一只吊卡，插好插销； （8）司钻上提吊卡到合适位置停住； （9）钻台将另一单根拉到钻台，内外钳合力将打开的吊卡前倾挂入单根并合扣好吊卡，司钻上提单根到钻台面（上提过程扶正拆护丝），外钳工涂抹丝扣油，内钳工推上部单根与井内单根接扣，内钳工操作液压钳按标准扭矩上好扣；	（1）前倾吊卡扣合单根配合不到位易伤人； （2）扣合吊卡不仔细检查、吊卡保险插销不到位，使用时造成吊卡意外打开造成事故； （3）对扣时下放钻具过猛，易造成钻具损坏及人身伤害； （4）司钻与内外钳、井架工配合失误易造成管柱丝扣损坏或人身伤害	（1）操作吊卡前倾扣合单根配合到位，必须平稳操作，力度合适； （2）钻台人员检查吊卡扣合必须仔细，吊卡保险必须到位； （3）对扣时操作平稳； （4）司钻与内外钳、井架工配合必须一步完成后再进行下一步操作，每一步操作都必须平稳、仔细

续表

工作内容	操作步骤及标准	风险提示	风险规避措施
井内组立柱	(10)司钻上提大钩将立柱提至二层台合适位置停住，井架工兜兜绳；内外钳将立柱推到钻杆盒，井架工摘吊卡将立柱拉入二层台指梁司钻下放大钩； (11)重复上述操作，直至配完所需钻具		
下通井规	(1)连接通井规按标准上扣扭矩值上扣； (2)与井口工配合吊起油管短节及通井规，挂合低速缓慢起车，当完全提起后，目视指重表，井口工扶正通井规与司钻配合顺利将通井下入井内，下入过程无挂卡	(1)连接通井规未按标准扭矩上扣造成工具落井； (2)司钻与井口工配合失误造成工具下入过程挂卡，造成入井复杂情况	(1)上扣扭矩按标准扭矩上扣； (2)司钻与井口工配合良好，过井口无阻卡
下通井管柱	待空吊卡上升到二层台位置刹车，井架工将油管扣入吊卡后，挂合低速缓慢起车，外螺纹端距转盘面0.3m刹车，与内外钳工配合按油管标准上扣扭矩，上提油管，井口人员摘除吊卡，司钻目视指重表，下放油管立柱入井	扣合吊卡不仔细检查、吊卡保险不到位，使用时造成吊卡意外打开造成事故	司钻平稳操作
探人工井底	(1)套管完成井通至人工井底，裸眼、筛管完成井通至套管鞋以上10~15m，裸眼、筛管部分用油管通至井底； (2)通井时应平稳操作，管柱下放速度控制为小于或等于20m/min，下到距离设计位置100m时，下放速度小于或等于10m/min； (3)当遇到人工井底悬重下降10~20kN时，重复两次，使探得人工井底深度误差小于或等于0.5m； (4)通井时，若中途遇阻，悬重下降控制不超过30kN，并平稳活动管柱、循环冲洗，对遇阻井段应分析情况或实测打印证实遇阻原因，并经修整后再进行通井作业	(1)下钻过快，通井规阻卡，导致卡钻； (2)起下管柱出现误操作，导致管串落井	(1)操作平稳，控制下放速度，遇阻不能强下； (2)组下通井管串期间，做好防落物措施，按规定扭矩值连接油管
循环洗井	(1)安排人员检查循环通道是否通畅； (2)缓慢开启循环泵，待出口返液正常后再按设计排量参数进行洗井，洗井至进出口液体性能一致（密度差小于0.02g/cm^3）	(1)循环通道不畅通可能造成憋压，高压伤人或压漏地层； (2)返液不正常可能存在井漏，洗井液体进出口性能不一致造成循环洗井不充分造成井内沉淀，影响进度及质量	(1)检查通道，必须确保通道畅通才能开泵； (2)返液正常后才能按设计排量参数进行洗井，检查进出口液体性能一致达标
起通井管柱	(1)试提前检查油管头的顶丝及悬重系统；	(1)顶丝未退出，易提断顶丝，损坏井口装置；	(1)试提前检查顶丝完全退出；

续表

工作内容	操作步骤及标准	风险提示	风险规避措施
起通井管柱	(2)试提管柱操作标准：井内遇卡，在设备提升能力及管柱强度安全范围内上下活动管柱，直至悬重正常无卡阻现象，再继续缓慢提升管柱；油管挂提出井口后，停止提升，卸下油管挂并清洗干净，摆放在固定位置，目视井口，缓慢下放游车合适高度，配合井口人员挂好吊环，挂合低速上提钻具（“一带二紧三起车”），起钻目视悬重表，侧视井口，通过监视器观察滚筒大绳排列、位置和游动滑车高度，左手不离绞车低速气开关手柄，右手不离刹车手柄，待第二根单根接头出转盘面时，试放气一次，第二根单根接头出转盘面0.3m时，摘开绞车低速气开关，平稳刹车；待井口人员扣好吊卡，缓慢下放钻具坐吊卡，放松大钩负荷刹车；待井口卸螺纹完毕，上提油管配合井口人员将立柱拉进钻杆盒，井架工绕好兜绳后，操作刹车手柄缓慢下放立柱；待立柱接触钻杆盒后，继续下放吊卡刹车，配合打开吊卡，接到下放信号后，下放游车；待空吊卡下放距离转盘面3m时，操作刹车手柄，配合内、外钳工拉空吊卡平稳坐于转盘上，刹车，摘挂吊环； (3)重复操作，完成起油管作业	(2)试提过快，遇卡易卡死，未检查、调试防碰天车，易发生事故； (3)冬季操作时不按时对气瓶排水、放气，易发生冻结，导致控制失灵，发生事故； (4)起钻中，司钻手离开离合器、刹把，遇突发情况反应不及时，易发生事故；未观察好悬重系统，硬起硬拔导致卡钻、提断油管、设备损坏；大绳排列不齐、相互挤压，造成过早损坏、防碰天车失灵； (5)挂负荷吊卡时，上提过猛、配合不当，易造成单吊环伤人事故； (6)油管入油管盒时配合不当，大钩易压弯油管弹伤	(2)上提控制提速，缓慢上提； (3)每班操作前必须检查、调试防碰天车，确保装置灵敏可靠，做好冬防保温，按时对气瓶排水； (4)起钻过程中，严禁手离开离合器、刹把，观察好悬重表，发现异常及时处理，大绳按规定排列整齐； (5)挂负荷吊卡时，相互配合、平稳操作，防止单吊环； (6)油管入油管盒时观察好游车位置，及时刹车
拆卸通井规	起至最后一根时带出通井规，平稳操作，控制好起钻速度，井口工扶正通井规	通井规起至井口及平台时易刮碰	平稳操作，井口工配合扶正

（2）射孔作业。

下射孔管柱标准化操作规程如表13-9所示。

表13-9　司钻下射孔管柱标准化操作规程

工作内容	操作步骤及标准	风险提示	风险规避措施
参加技术交底	参与安全技术交底		
配合下射孔枪	与井口工、射孔队员工配合吊起射孔枪，挂合低速缓慢起车，当完全提起后，目视指重表，与井口工配合下放射孔枪入井	射孔枪入井口时易刮碰造成误射孔	司钻平稳操作

续表

工作内容	操作步骤及标准	风险提示	风险规避措施
下油管短节	与井口工配合吊起油管短节，挂合低速缓慢起车，外螺纹端距转盘面0.3m刹车，与内外钳工配合对螺纹并按上扣扭矩紧螺纹完毕后，上提油管，井口人员摘除吊卡，目视指重表，下放油管短节入井	（1）与井口人员配合不当，易伤人； （2）未按标准扭矩上扣易造成射孔管柱落井	（1）加强配合，防止人身伤害，多人配合时严格执行安全操作规程，操作中严格执行操作规程； （2）上扣扭矩按标准扭矩上扣
下射孔管柱	待空吊卡上升到二层台位置刹车，井架工将油管扣入吊卡后，挂合低速缓慢起车，外螺纹端距转盘面0.3m刹车，与内外钳工配合对螺纹并上扣扭矩紧螺纹完毕后，上提油管，井口人员摘除吊卡，目视指重表，下放油管立柱入井	（1）不检查、试验防碰天车，易发生事故，冬季各开关不按时试放气、发生冻结，导致控制失灵，发生事故； （2）下钻中，司钻手离气开关、刹把，遇突发情况反应不及时，易发生事故，起车过猛，造成摆动幅度大，易碰伤井口人员； （3）与井口人员配合不当，易伤人，井架工未发出起车信号就起车，易发生伤害事故； （4）未按标准扭矩上扣易造成射孔管串落井； （5）下钻不平稳，易遇阻、误射孔	（1）每班操作前必须检查、试验防碰天车，确保装置灵敏可靠，冬季做好冬防保温、各气开关按时试放气； （2）下钻过程中，严禁手离气开关、刹把，绞车操作平稳； （3）上扣扭矩按标准扭矩上扣； （4）加强配合，防止人身伤害，多人配合时严格执行安全操作规程，操作中严格执行操作规程； （5）操作平稳，严禁墩钻、猛提、猛放
配合测井定位	配合射孔队员工挂好天滑轮与地滑轮	滑轮未挂好，地滑轮固定不牢，造成电缆跳槽影响测井定位进度	按射孔队要求挂好天滑轮、地滑轮，地滑轮固定牢靠
配合调整射孔管柱	（1）按试油队提供的管柱数据表调整管柱； （2）操作步骤同起下射孔管柱	若不同起下射孔管柱，将影响后续操作	同起下射孔管柱
配合射孔起爆（关防喷器射孔）	（1）射孔前关闭防喷器半封闸板，将远程控制台半封闸板手柄放置关位后，回到中间位置； （2）在半封闸板手柄处挂“关”标志牌； （3）配合试气队、射孔队员工打压启爆射孔枪，射孔前刹牢刹把，修井机主车熄火	（1）关错闸板造成管柱挤弯、断等，造成施工事故； （2）未刹牢刹把，造成管柱下滑，射孔井段不满足设计要求； （3）修井机主车未熄火影响射孔监测	（1）标明开关手柄状态，防止误操作； （2）刹牢刹把，确保射孔井段满足射孔设计要求； （3）修井机主车熄火
配合射孔起爆（安装采气树的射孔）	（1）座悬挂器； （2）换装井口，拆防喷器，安装采气树，该工序按拆换井口操作程序执行； （3）配合试气队、射孔队员工打压启爆射孔枪，射孔前刹牢刹把，修井机主车熄火	（1）未扶正悬挂器造成刮碰井口，损伤悬挂器密封； （2）换装井口风险参照换装井口的风险； （3）未刹牢刹把，造成管柱下滑，射孔井段不满足设计要求； （4）修井机主车未熄火影响射孔监测	（1）扶正悬挂器防止其刮碰井口； （2）换装井口风险措施按换装井口风险控制措施执行； （3）刹牢刹把，确保射孔井段满足射孔设计要求； （4）修井机主车熄火

续表

工作内容	操作步骤及标准	风险提示	风险规避措施
观察、循环压井液	（1）射孔后按设计进行坐岗观察，若有返液按主体方要求进行下步作业； （2）安排人员检查循环通道；通道通畅； （3）缓慢开启循环泵，待出口返液正常后再按设计排量参数进行洗井，洗井至进出口液体性能一致（密度差小于0.02g/cm^3）	（1）观察时间不足或观察不到位造成井控问题； （2）循环通道不畅通可能造成憋压，高压伤人或压漏地层； （3）返液不正常可能存在井漏，洗井液体进出口性能不一致造成循环洗井不充分造成井内沉淀，影响进度及质量	（1）严格按设计要求进行坐岗观察； （2）检查通道，必须确保通道畅通才能开泵； （3）返液正常后才能按设计排量参数进行洗井，检查进出口液体性能一致达标
起射孔管柱	（1）试提前检查油管头的顶丝及悬重系统； （2）试提管柱操作标准：井内遇卡，在设备提升能力及管柱强度安全范围内上下活动管柱，直至悬重正常无卡阻现象，再继续缓慢提升管柱；油管挂提出井口后，停止提升，卸下油管挂并清洗干净，摆放在固定位置，目视井口，缓慢下放游车合适高度，配合井口人员挂好吊环，挂合低速上提钻具（“一带二紧三起车”），起钻目视悬重表，侧视井口，通过监视器观察滚筒大绳排列、位置和游动滑车高度，左手不离绞车低速气开关手柄，右手不离刹车手柄，待第二根单根接头出转盘面时，试放气一次，第二根钻杆接头出转盘面0.3m时，摘开绞车低速气开关，平稳刹车；待井口人员扣好吊卡，缓慢下放钻具坐吊卡，放松大钩负荷刹车；待井口卸螺纹完毕，上提油管配合井口人员将立柱拉进钻杆盒，井架工绕好兜绳后，操作刹车手柄缓慢下放立柱；待立柱接触钻杆盒后，继续下放吊卡刹车，配合打开吊卡，接到下放信号后，下放游车；待空吊卡下放距离转盘面3m时，操作刹车手柄，配合内、外钳工拉空吊卡平稳坐于转盘上，刹车，摘挂吊环； （3）重复操作，完成起油管作业	（1）顶丝未退出，易提断顶丝，损坏井口装置； （2）试提过快，遇卡易卡死；未检查、调试防碰天车，易发生事故； （3）冬季操作时不按时对气瓶排水、放气，易发生冻结，导致控制失灵，发生事故； （4）起钻中，司钻手离开离合器、刹把，遇突发情况反应不及时，易发生事故；未观察好悬重系统，硬起硬拔导致卡钻、提断油管、设备损坏；大绳排列不齐、相互挤压，造成过早损坏、防碰天车失灵； （5）挂负荷吊卡时，上提过猛、配合不当，易造成单吊环伤人事故； （6）油管入油管盒时配合不当，大钩易压弯油管弹伤	（1）试提前检查顶丝完全退出； （2）上提控制提速，缓慢上提； （3）每班操作前必须检查、调试防碰天车，确保装置灵敏可靠，做好冬防保温，按时对气瓶排水； （4）起钻过程中，严禁手离开离合器、刹把，观察好悬重表，发现异常及时处理，大绳按规定排列整齐； （5）挂负荷吊卡时，相互配合、平稳操作，防止单吊环； （6）油管入油管盒时观察好游车位置，及时刹车

续表

工作内容	操作步骤及标准	风险提示	风险规避措施
起射孔枪	起射孔枪时，与井口工、射孔队配合将射孔枪起出井口，平稳操作，控制好起钻速度	（1）射孔枪起至井口及平台时易刮碰； （2）存在未起爆的射孔弹，受外力易起爆伤人	平稳操作，井口工配合扶正，防止刮碰
拆卸射孔枪	按射孔队要求冷却射孔枪，井口操作由射孔队员工执行，钻台其他人员撤离钻台，远离井口	射孔枪未按射孔队要求冷却，人员未撤离到安全区域造成射孔枪在井口启爆，易造成人身伤害	射孔枪若未启爆，起射孔枪至井口时按射孔队要求冷却射孔枪，井口操作由射孔队员工执行，钻台其他人员撤离钻台，远离井口

（3）刮管作业。

下刮管管柱标准化操作规程如表13-10所示。

表13-10 司钻下刮管管柱标准化操作规程

工作内容	操作步骤及标准	风险提示	风险规避措施
参加技术交底	参与安全技术交底		
下刮管器	（1）连接刮管器按标准上扣扭矩值上扣； （2）与井口工配合吊起油管短节及刮管器，挂合低速缓慢起车，当完全提起后，目视指重表，井口工扶正刮管器与司钻配合顺利将刮管器下入井内，下入过程无刮碰	（1）连接刮管器未按标准扭矩上扣造成工具落井； （2）刮管器入井口时易刮碰	（1）按标准扭矩上扣； （2）司钻平稳操作，与井口工配合良好，过井口无刮碰
下刮管管柱	待空吊卡上升到二层台位置刹车，井架工将油管扣入吊卡后，挂合低速缓慢起车，外螺纹端距转盘面0.3m刹车，与内外钳工配合对螺纹并按上扣扭矩值紧螺纹完毕后，上提油管，井口人员摘除吊卡，目视指重表，下放油管立柱入井	（1）扣合吊卡不仔细检查、吊卡保险不到位，使用时造成吊卡意外打开造成事故； （2）不检查、试验防碰天车，易发生事故，冬季各开关不按时试放气、发生冻结，导致控制失灵，发生事故； （3）下钻中，司钻手离气开关、刹把，遇突发情况反应不及时，易发生事故，起车过猛，造成摆动幅度大，易碰伤井口人员； （4）与井口人员配合不当，易伤人，井架工未发出起车信号就起车，易发生伤害事故	（1）司钻平稳操作； （2）每班操作前必须检查、试验防碰天车，确保装置灵敏可靠，冬季做好冬防保温、各气开关按时试放气； （3）下钻过程中，严禁手离气开关、刹把，绞车操作平稳； （4）加强配合，防止人身伤害，多人配合时严格执行安全操作规程，操作中严格执行操作规程
刮管	（1）下管柱时应平稳操作，管柱下放速度控制为小于或等于30m/min，下到距离设计要求刮削井	起下管串出现误操作，导致管串落井；下钻速度过快过猛，造成工具阻卡；未按规范操	按下管柱遇阻时上下活动，加压不能超过20kN，时间不得超过1min；若

续表

工作内容	操作步骤及标准	风险提示	风险规避措施
刮管	段前50m左右，下放速度控制为小于或等于10m/min； （2）接近刮削井段并开泵循环正常后，然后上提管柱反复多次刮削，直到下放悬重恢复正常为止，若中途遇阻，当悬重下降20~30kN时，应停止下管柱，接洗井管汇开泵循环，反复刮削直到管柱悬重恢复正常为止，再继续下管柱	作，导致卡钻	上下活动无效，要起出管柱检查，下通井管柱期间，做好防落物保护措施
循环洗井	（1）安排人员检查循环通道是否通畅； （2）缓慢开启循环泵，待出口返液正常后再按设计排量参数进行洗井，洗井至进出口液体性能一致（密度差小于0.02g/cm^3）	（1）循环通道不畅通可能造成憋压，高压伤人或压漏地层； （2）返液不正常可能存在井漏，洗井液体进出口性能不一致造成循环洗井不充分造成井内沉淀，影响进度及质量	（1）检查通道，必须确保通道畅通才能开泵； （2）返液正常后才能按设计排量参数进行洗井，检查进出口液体性能一致达标
起刮管管柱	（1）试提管柱操作标准：井内遇卡，在设备提升能力及管柱强度安全范围内上下活动管柱，直至悬重正常无卡阻现象，再继续缓慢提升管柱；油管挂提出井口后，停止提升，卸下油管挂并清洗干净，摆放在固定位置，目视井口，缓慢下放游车合适高度，配合井口人员挂好吊环，挂合低速上提钻具（“一带二紧三起车”），起钻目视悬重表，侧视井口，通过监视器观察滚筒大绳排列、位置和游动滑车高度，左手不离绞车低速气开关手柄，右手不离刹车手柄，待第二根钻杆接头出转盘面时，试放气一次，第二根钻杆接头出转盘面0.3m时，摘开绞车低速气开关，平稳刹车；待井口人员扣好吊卡，缓慢下放钻具坐吊卡，放松大钩负荷刹车；待井口卸螺纹完毕，上提油管配合井口人员将立柱拉进钻杆盒，井架工绕好兜绳后，操作刹车手柄缓慢下放立柱；待立柱接触钻杆盒后，继续下放吊卡刹车，配合打开吊卡，接到下放信号后，下放游车；待空吊卡下放距离转盘面3m时，操作刹车手柄，配合内、外钳工拉空吊卡平稳坐于转盘上，刹车，摘挂吊环； （2）重复操作，完成起油管作业	（1）试提过快，遇卡易卡死；未检查、调试防碰天车，发生事故； （2）冬季操作时不按时对气瓶排水、放气，发生冻结，导致控制失灵，发生事故； （3）起钻中，司钻手离开离合器、刹把，遇突发情况反应不及时，易发生事故；未观察好悬重系统，硬起硬拔导致卡钻、提断油管、设备损坏；大绳排列不齐、相互挤压，造成过早损坏、防碰天车失灵； （4）挂负荷吊卡时，上提过猛、配合不当，易造成单吊环伤人事故； （5）油管入油管盒时配合不当，大钩易压弯油管弹伤	（1）上提控制提速，缓慢上提； （2）每班操作前必须检查、调试防碰天车，确保装置灵敏可靠，做好冬防保温、按时对气瓶排水； （3）起钻过程中，严禁手离开离合器、刹把，观察好悬重表，发现异常及时处理，大绳按规定排列整齐； （4）挂负荷吊卡时，相互配合、平稳操作，防止单吊环； （5）油管入油管盒时观察好游车位置，及时刹车

续表

工作内容	操作步骤及标准	风险提示	风险规避措施
起刮管器	起至最后一根时带出刮管器，平稳操作，控制好起下速度	刮管器起至井口及平台时易刮碰	平稳操作，井口工配合扶正
甩单根作业	（1）起空游车、配合井架工扣好吊卡，上提立柱出钻杆盒，至合适高度刹车； （2）配合井口人员将立柱下放入小鼠洞，当第一根单根接头连接处至液压大钳卸螺纹高度时，刹车； （3）井口人员卸螺纹并收回液压大钳后，上提至合适高度（提离下单根母接头0.2~0.5m刹车）； （4）小鼠洞内单根甩出； （5）用小绞车将套好的单根平稳绷至地面滑道； （6）将剩余单根放入小鼠洞内，打开吊卡，起空游车至二层台（此期间钻台人员将鼠洞单根甩至场地）； （7）重复上述操作直至钻杆全部甩完	（1）不检查、试验防碰天车，易发生事故； （2）冬季操作时各开关不按时试放气、发生冻结，导致控制失灵，发生事故； （3）绞车起放过程中，操作过猛，游车、钻柱摆动幅度过大，易造成设备损坏、人身伤害； （4）下放过猛，导致大钩倒挂、压坏钻杆母接头； （5）提升速度过猛、大绳排乱、起车不稳导致游车大绳挂井架支梁或刹车不及时顶天车； （6）绷单根到地面放得过猛导致碰伤单根、砸伤地面员工	（1）每班操作前必须检查、试验防碰天车，确保装置灵敏可靠； （2）做好冬防保温、各气开关按时试放气； （3）绞车操作平稳，加强配合，标准化操作； （4）管柱入鼠洞时应注意观察接头位置，及时刹车，防止压坏钻杆、游车倒挂发生事故； （5）起空游车过程中平稳操作，排好大绳，时刻注意游车高度变化，及时刹车； （6）绷单根时平稳操作

5）修井作业

（1）压井作业。

压井作业标准化操作规程如表13-11所示。

表13-11 司钻压井作业标准化操作规程

工作内容	操作步骤及标准	风险提示	风险规避措施
安全技术交底	组织班组员工参与压井安全技术交底会，参与压井作业环节JSA分析		
压井前准备	（1）组织员工有控制泄压：泄压前检查泄压通道是否畅通，放喷口点火装置状况良好，提前点好长明火，采用针阀或油嘴有控制地安全泄压； （2）压井液准备：压井液数量为井筒容积1.5~2倍，压井液密度为地层压力系数附加0.07~0.15g/cm^3，压井液性能良好； （3）压井设备及供浆准备：泥浆泵或泵车状况良好，供浆设备良好，满足供浆要求，供浆管线无刺漏； （4）压井前做好班组人员分工，明确岗位，备好对讲机，保持信息畅通，指令执行到位	（1）泄压前未检查泄压通道畅通情况造成憋压，造成超压伤人；放喷口未及时点火导致大量气体聚集引起爆炸或环境污染；放喷过猛造成噪声污染； （2）压井液数量不足导致压井失败，压井液密度不满足要求导致压不稳井； （3）压井设备及供浆设备差，造成压井不连续，压井失败； （4）分工不明确、信息不畅导致误操作影响压井	（1）泄压通道畅通，放喷口点火装置状况良好，提前点好长明火，采用针阀或油嘴有控制地安全泄压； （2）压井液数量、密度、性能满足压井技术要求； （3）提前维护保养好压井设备及供浆设备，确保其状况良好； （4）分工明确、信息畅通，指令执行到位

续表

工作内容	操作步骤及标准	风险提示	风险规避措施
压井	（1）按压井技术方案连接安装压井管线（正反循环均能满足），试压合格； （2）按压井曲线组织压井，司钻控制好泥浆泵（或泵车操作工控制好泵车），管汇人员根据技术员要求做好控回压，各岗位人员协同做好配合工作（如供浆、计量、放喷口观察等）	（1）管线连接、试压不符合压井技术要求影响压井施工； （2）不按压井曲线组织施工导致压井失败。	（1）按压井技术方案连接安装压井管线（正反循环均能满足），试压合格； （2）按压井曲线组织施工
压井后观察	压井后观察一个换装井口及起下钻周期时间，该时间内无溢无漏	观察时间不够导致井控问题	严格观察一个换装井口及起下钻周期时间，该周期内无溢无漏，压井成功

（2）打捞作业。

打捞作业标准化操作规程如表13-12所示。

表13-12　司钻打捞作业标准化操作规程

工作内容	操作步骤及标准	风险提示	风险规避措施
安全技术交底	组织班组员工参与打捞安全技术交底会，参与打捞作业环节JSA分析		
连接打捞工具	（1）连接打捞工具按标准上扣扭矩值上扣，连接时做好井口防落物掉井（井口小工具）； （2）与井口工配合吊起打捞工具，挂合低速缓慢起车，当完全提起后，目视指重表，井口工扶正打捞工具与司钻配合顺利将打捞工具下入井内，下入过程无刮碰	（1）连接打捞工具未按标准扭矩上扣造成打捞工具落井，井口落物掉井造成卡钻，引起井下事故； （2）打捞工具入井口时易刮碰	（1）按标准扭矩上扣，做好防落物措施（如井口遮垫全封闭、井口工具远离井口、工具系牢等）； （2）司钻平稳操作，与井口工配合良好，过井口无刮碰
下打捞管柱	（1）待空吊卡上升到二层台位置刹车，井架工将立柱扣入吊卡后，挂合低速缓慢起车，外螺纹端距转盘面0.3m刹车，与内外钳工配合对螺纹并按上扣扭矩值紧螺纹完毕后，上提管柱，井口人员摘除吊卡，目视指重表，下放立柱入井； （2）下放打捞管柱速度按设计或打捞技术措施执行； （3）下钻过程中遇阻不超过30kN，严禁溜钻、顿钻	（1）扣合吊卡不仔细检查、吊卡保险不到位，使用时造成吊卡意外打开造成事故； （2）不检查、试验防碰天车，易发生事故，冬季各开关不按时试放气、发生冻结，导致控制失灵，发生事故； （3）下钻中，司钻手离气开关、刹把，遇突发情况反应不及时，易发生事故，起车过猛，造成摆动幅度大，易碰伤井口人员； （4）与井口人员配合不当，易伤人，井架工未发出起车信号就起车，易发生伤害事故；	（1）司钻平稳操作； （2）每班操作前必须检查、试验防碰天车，确保装置灵敏可靠，冬季做好冬防保温、各气开关按时试放气； （3）下钻过程中，严禁手离气开关、刹把，绞车操作平稳； （4）加强配合，防止人身伤害，多人配合时严格执行安全操作规程，操作中严格执行操作规程； （5）严格按照设计参数下

续表

工作内容	操作步骤及标准	风险提示	风险规避措施
下打捞管柱		(5)下钻遇阻超30kN易操作工具及卡钻造成井下复杂事故；溜钻、顿钻造成井下复杂情况	钻，遇阻不超过30kN，严禁溜钻、顿钻
打捞作业： (1)强提活动打捞； (2)倒扣打捞	(1)强提活动打捞：在管柱、工具、修井机额定强度三者允许最小值范围内强提活动，强提前检查大绳、死绳头；安排专人检查绷绳；强提前对吊卡吊环采用不小于15mm钢丝绳捆绑牢靠； (2)倒扣打捞：检查转盘及转盘刹车确保其状况良好；对吊卡吊环采用不小于15mm钢丝绳捆绑牢靠；小方瓦采用钢丝绳捆绑防飞出；按倒扣打捞技术参数上提打捞吨位；平稳操作转盘，按倒扣圈数进行倒扣，控制好转盘刹车，倒扣时员工远离转盘面；释放扭矩时缓慢有控制地进行	(1)超管柱、工具、修井机额定强度，强提活动可能造成管柱断裂、工具损伤，管柱落井的复杂事故；强提前未检查大绳、死绳头可能造成大绳断裂、死绳头移位，造成砸钻台、人身伤害；未对吊环吊卡捆绑，造成吊卡弹开，吊卡飞出砸伤设备及人员，管柱落井造成复杂事故； (2)转盘状况差造成倒扣不成功影响施工质量；转盘刹车刹不住造成倒扣扭矩传递困难影响施工质量；未对吊环、吊卡、方瓦捆绑，造成吊卡弹开，吊卡、方瓦飞出砸伤设备及人员，管柱落井造成复杂事故，倒扣扭矩释放过猛造成管柱脱落	(1)按打捞技术参数执行打捞，严禁超管柱、工具、修井机额定强度；强提前、强提过程中均要对大绳、死绳头、绷绳检查；强提前对吊卡吊环采用不小于15mm钢丝绳捆绑牢靠； (2)严格按倒扣技术措施执行；转盘及转盘刹车状况良好；吊卡、吊环、小方瓦捆绑符合要求；控制倒扣扭矩的释放速度
起打捞管柱	(1)按技术参数起打捞管柱； (2)司钻与井架工、井口工做好起打捞管柱工作	(1)超速起管造成遇卡或井控问题； (2)配合失误造成井内复杂情况	(1)按技术参数起打捞管柱； (2)司钻与井架工、井口工做好起打捞管柱工作
拆打捞工具	(1)严格按照要求做好拆打捞工具； (2)拆打捞工具时做好井口防掉物	拆打捞工具时井口掉物，可能导致事故	井口做好防掉物措施，小物件远离井口

（3）钻磨套铣作业。

磨套铣作业标准化操作规程如图13-13所示。

表13-13 司钻磨套铣作业标准化操作规程

工作内容	操作步骤及标准	风险提示	风险规避措施
安全技术交底	组织班组员工参与钻磨套铣安全技术交底会，参与打捞作业环节JSA分析		
接钻磨套铣工具	(1)连接钻磨套铣工具，按标准上扣扭矩值上扣，连接时做好井口防落物掉井（井口小工具）； (2)与井口工配合吊起打捞工	(1)连接钻磨套铣未按标准扭矩上扣造成打捞工具落井，井口落物掉井造成卡钻，引起井下事故； (2)打捞工具入井口时易刮碰	(1)按标准扭矩上扣，做好防落物措施（如井口遮垫全封闭、井口工具远离井口、工具系牢等）；

续表

工作内容	操作步骤及标准	风险提示	风险规避措施
接钻磨套铣工具	具，挂合低速缓慢起车，当完全提起后，目视指重表，井口工扶正打捞工具与司钻配合顺利将打捞工具下入井内，下入过程无刮碰		(2)司钻平稳操作，与井口工配合良好，过井口无刮碰
下钻磨套铣管柱	(1)待空吊卡上升到二层台位置刹车，井架工将立柱扣入吊卡后，挂合低速缓慢起车，外螺纹端距转盘面0.3m刹车，与内外钳工配合对螺纹并按上扣扭矩值紧螺纹完毕后，上提管柱，井口人员摘除吊卡，目视指重表，下放立柱入井； (2)下放打捞管柱速度按设计或打捞技术措施执行； (3)下钻过程中遇阻不超过30kN，严禁溜钻、顿钻	(1)扣合吊卡不仔细检查、吊卡保险不到位，使用时造成吊卡意外打开造成事故； (2)不检查、试验防碰天车，易发生事故，冬季各开关不按时试放气、发生冻结，导致控制失灵，发生事故； (3)下钻中，司钻手离气开关、刹把，遇突发情况反应不及时，易发生事故，起车过猛，造成摆动幅度大，易碰伤井口人员； (4)与井口人员配合不当，易伤人，井架工未发出起车信号就起车，易发生伤害事故； (5)下钻遇阻超30kN易损坏工具及卡钻，造成井下复杂事故，溜钻、顿钻造成井下复杂情况	(1)司钻平稳操作； (2)每班操作前必须检查、试验防碰天车，确保装置灵敏可靠，冬季做好冬防保温、各气开关按时试放气； (3)下钻过程中，严禁手离气开关、刹把，绞车操作平稳； (4)加强配合，防止人身伤害，多人配合时严格执行安全操作规程，操作中严格执行操作规程； (5)严格按照设计参数下钻，遇阻不超过30kN，严禁溜钻、顿钻
钻磨套铣作业	(1)严格按钻磨套铣技术措施的参数执行钻磨套铣作业； (2)钻磨套铣安排员工注意观察返屑情况； (3)钻磨套铣做好防卡（加双捞杯）； (4)钻磨套铣做好防蹩跳	(1)返屑少易卡钻； (2)控制好转盘，有蹩跳及时刹车； (3)井眼不清洁易卡钻	(1)严格执行钻磨套铣技术参数； (2)钻磨套铣一根单根要充分循环将碎屑循环出井； (3)根据钻磨套铣情况做好井眼清洁工作； (4)钻磨套铣管柱加双捞杯； (5)钻磨套铣做好监测
起钻磨套铣管柱	(1)按技术参数起钻磨套铣管柱； (2)司钻与井架工、井口工做好起钻磨套铣管柱工作	(1)超速起管造成遇卡或井控问题； (2)配合失误造成井内复杂情况	(1)按技术参数起钻磨套铣管柱； (2)司钻与井架工、井口工做好起钻磨套铣管柱工作
拆钻磨套铣工具	(1)严格按照要求做好拆钻磨套铣工具； (2)拆钻磨套铣工具时做好井口防掉物	拆钻磨套铣工具时井口掉物，可能导致事故	井口做好防掉物措施，小物件远离井口

（4）切割作业。

切割作业标准化操作规程如表13-14所示。

表13-14 司钻切割作业标准化操作规程

工作内容	操作步骤及标准	风险提示	风险规避措施
安全技术交底	组织班组员工参与切割安全技术交底会，参与切割作业环节JSA分析		
接切割工具	（1）连接切割工具，按标准上扣扭矩值上扣，连接时做好井口防落物掉井（井口小工具）； （2）与井口工配合吊起打捞工具，挂合低速缓慢起车，当完全提起后，目视指重表，井口工扶正打捞工具与司钻配合顺利将打捞工具下入井内，下入过程无刮碰	（1）连接打捞工具未按标准扭矩上扣造成切割工具落井，井口落物掉井造成卡钻，引起井下事故； （2）打捞工具入井口时易刮碰	（1）按标准扭矩上扣，做好防落物措施（如井口遮垫全封闭、井口工具远离井口、工具系牢等）； （2）司钻平稳操作，与井口工配合良好，过井口无刮碰
下切割管柱	（1）待空吊卡上升到二层台位置刹车，井架工将立柱扣入吊卡后，挂合低速缓慢起车，外螺纹端距转盘面0.3m刹车，与内外钳工配合对螺纹并按上扣扭矩值紧螺纹完毕后，上提管柱，井口人员摘除吊卡，目视指重表，下放立柱入井； （2）下放切割管柱速度按设计或打捞技术措施执行； （3）下钻过程中遇阻不超过30kN，严禁溜钻、顿钻	（1）扣合吊卡不仔细检查、吊卡保险不到位，使用时造成吊卡意外打开造成事故； （2）不检查、试验防碰天车，易发生事故，冬季各开关不按时试放气、发生冻结，导致控制失灵，发生事故； （3）下钻中，司钻手离气开关、刹把，遇突发情况反应不及时，易发生事故，起车过猛，造成摆动幅度大，易碰伤井口人员； （4）与井口人员配合不当，易伤人，井架工未发出起车信号就起车，易发生伤害事故； （5）下钻遇阻超30kN易损伤工具及卡钻造成井下复杂事故，溜钻、顿钻造成井下复杂情况	（1）司钻平稳操作； （2）每班操作前必须检查、试验防碰天车，确保装置灵敏可靠，冬季做好冬防保温、各气开关按时试放气； （3）下钻过程中，严禁手离气开关、刹把，绞车操作平稳； （4）加强配合，防止人身伤害，多人配合时严格执行安全操作规程，操作中严格执行操作规程； （5）严格按照设计参数下钻，遇阻不超过30kN，严禁溜钻、顿钻
切割作业	（1）严格按切割技术参数执行切割； （2）平稳操作转盘，根据钻压及扭矩判断是否割断； （3）切割时注意憋钻	（1）切割未按技术参数执行造成割不断或切割效率低下，影响进度； （2）切割判断错误影响进度或造成井内复杂情况； （3）切割憋钻易卡死或引起其他复杂情况	（1）严格执行切割技术参数； （2）平稳操作转盘，准确判断切割情况； （3）及时刹车处理憋钻
起切割管柱	（1）按技术参数起切割管柱； （2）司钻与井架工、井口工做好起切割管柱工作	（1）超速起管造成遇卡或井控问题； （2）配合失误造成井内复杂情况	（1）按技术参数起切割管柱； （2）司钻与井架工、井口工做好起切割管柱工作
拆切割工具	（1）严格按照要求做好拆切割工具； （2）拆切割工具时做好井口防掉物	拆切割工具时井口掉物造成井内复杂情况	井口做好防掉物措施，小物件远离井口

6）设备拆卸

设备拆卸标准化操作规程如表13-15所示。

表13-15 司钻设备拆卸标准化操作规程			
工作内容	操作步骤及标准	风险提示	风险规避措施
组织班组员工参加交底会，参与风险分析	（1）组织参加拆卸设备技术交底及班前会议，组织班组人员参与JSA分析； （2）根据本班任务，对作业人员进行分工，清楚工作内容及操作过程中的注意事项； （3）开具放井架作业许可证	（1）未进行JSA分析，易造成安全隐患； （2）人员分工不清楚，未开具作业许可证易导致施工混乱，影响施工时效	（1）全员参与安全技术交底，做好JSA分析，并签字； （2）开具作业许可证，合理安排作业人员，明确分工
辅助设备拆卸	安排班组员工准备好工具、防护用品，做好拆卸前准备，具体作业内容服从值班干部安排，合理分工、分配人员，配合作业时，做好配合，做到“三不伤害”“十不吊”	高处坠落，工具使用不当，造成伤害	高处作业佩戴好保险带，严格执行安全操作规程
检查，放井架	（1）组织班组员工按放井架检查标准逐项，确认（如检查液压系统管线有无变形、破损、渗漏，井架上有无绷绳牵挂）； （2）配合井架工进行液压缸排空气作业，负责多路阀操作； （3）在各项检查无误后，负责放井架，操作平稳，悬重正常，各液路正常	（1）未逐项进行检查、恶劣天气、多路阀操作不当，导致井架倾覆坍塌； （2）放井架过猛导致井架失控，设备及人员伤害	（1）按照要求进行逐项检查，无误后方能执行放井架作业，遇有五级以上大风、雷电或暴雨、雾、雪、沙暴等能见度小于30m时，应停止作业； （2）放井架平稳，操作精心，危险区域人员不得停留
拆除主体设备	钢丝绳套拴挂牢固，人员站位正确，使用推拉杆或牵引绳	使用不标准绳套，导致绳套断裂或摔坏设备，绳套未拴挂牢靠，起吊时脱落易造成人员被绳套弹打，手扶位置不当易造成人员被绳套挤伤	钢丝绳套应无打扭、接头、电弧烧伤、退火、挤压扁等缺陷，严禁交叉作业，危险区域人员不得停留

7）设备离场

设备离场标准化操作规程如表13-16所示。

表13-16 司钻设备离场标准化操作规程			
工作内容	操作步骤及标准	风险提示	风险规避措施
设备离场	（1）组织本班人员参加设备离场部署会，参与制订离场计划； （2）对本班人员进行分工，组织离场所需物资、器材；	（1）未组织参与离场部署会，对搬迁风险认识不到位； （2）分工不明确，物资器材料准备不充分，影响时效； （3）配合吊装不规范，捆绑位置不对称，或者捆绑不牢	（1）参与离场部署会，一起进行分析，严格按制定的风险控制措施执行； （2）按分工执行搬迁，物资器材准备到位； （3）规范吊装，捆绑牢靠，对称捆绑、或

续表

工作内容	操作步骤及标准	风险提示	风险规避措施
设备离场	（3）负责设备吊装、捆绑、摆放（货物捆绑，挂专用绳套，指挥人员要与吊车司机保持良好的沟通）； （4）过程视频监控	固，易造成货物滑落、货物尖锐部位割断吊带吊索，货物失控，导致设备损坏、伤人； （4）无视频监控无法确保过程是否有违章	者使用专用吊具，在货物尖锐的部位加衬垫保护，两根钢丝绳的夹角应小于60°，专人指挥吊车时，吊装配合好，人员站位安全合理、检查吊钩防脱钩装置处于正常状态，系好足够长的牵引绳到合适部位，牵引绳另一端不能有打结； （4）视频系统正常运行，摆放位置合适

第十四章　修井队井口工主（副）岗岗位操作标准

第一节　岗位描述

1. 岗位说明书

修井队井口工主（副）岗岗位说明如表14-1所示。

表14-1　井口工主（副）岗岗位说明

项　目		主要内容
工作概述		负责本班组的修井机起下管柱作业井口及地面操作，包括参加班前班后会，起下管柱井口操作，负责本岗设备的日常检查、维护和管理，参与班组建设
上岗条件	教育程度	高中及以上文化程度
	从业资格	持有有效的井控培训合格证、HSSE管理培训合格证、硫化氢防护技术证
	技能等级	初级工及以上职业资格证书
	辅助技能	具备日常工序相关业务知识，熟知“三吊一卡”的日常维护保养知识
	工作经历	具有两年及以上井下工作经验、经历
	职业道德	爱岗敬业、勇于奉献、团结协作、遵章守纪
	身体素质	（1）能够屈体、运动或搬运40kg以上的重物； （2）能够在12h值班中站立或行走70%以上的时间； （3）视力正常，听觉敏锐； （4）具有高空作业能力
岗位关系	纵向关系	（1）接受队长、书记、技术员的直接领导； （2）接受值班干部业务指导
	横向关系	与司钻、副司钻、作业司机等配合岗位具有协作关系

续表

<table>
<tr><th colspan="2">项 目</th><th>主要内容</th></tr>
<tr><td rowspan="2">岗位职责</td><td>工作职责</td><td>（1）贯彻执行国家方针、政策、法律、法规、行业标准、规程规范和上级的各项制度；
（2）做好井口工具的配套和出队施工前的准备工作；
（3）做好井口设备的维护、保养工作，确保现场施工中设备的正常运行；
（4）现场施工坚守工作岗位，认真执行安全操作规程；
（5）负责井口、井下工具的操作和维护保养工作；
（6）负责施工本岗区域的清洁卫生、环保工作；
（7）负责本岗区域灭火器材使用；
（8）负责本岗位巡回路线检查；
（9）接受值班干部及班组长安排其他临时性任务</td></tr>
<tr><td>安全职责</td><td>（1）贯彻执行国家、行业相关的法律、法规和公司安全工作规程、安全技术操作规程；
（2）对本岗位的HSSE工作负直接责任；
（3）正确穿戴劳保用品上岗作业，规范、熟练地使用各种安全工器具、防护用品和消防器材；
（4）遵守操作规程，操作前进行危害辨识和风险分析，落实风险削减措施；
（5）不违章作业、不违反劳动纪律，自觉抵制违章指挥，纠正违章行为；
（6）了解施工作业程序、要求及注意事项，在司钻的指导下，做好设备、工具、仪器、仪表的维护、保养和安装使用工作，确保设备设施本质安全</td></tr>
<tr><td colspan="2">岗位工作内容</td><td>（1）操作责任：
①执行交、接班制度；
②按照巡回检查路线对设备各部位详细检查；
③负责井口及地面操作，配合司钻完成起放井架、组甩单根、起下钻等作业；
④发生溢流、井涌、井喷时负责井口工具操作，配合司钻完成关井作业；
⑤先行解决本岗位突发情况，并及时汇报；
⑥完成值班干部及司钻临时安排给本岗位的其他任务。
（2）生产组织责任：
①参加班前会，了解生产状况，接收司钻作业指令；
②按照生产作业指令执行生产运行；
③按照安全操作规程执行操作；
④执行巡回检查、交接班、设备维修保养；
⑤配合司钻完成设备拆、装、安，以及起下管柱等作业；
⑥遵守上级及本队各项规章制度；
⑦完成司钻安排的其他工作；
⑧参加班后会，对本岗工作总结。
（3）管理责任：
①参与本班班组管理和建设；
②参与班组业务学习；
③学习新工艺、新技术、新设备的应用。
（4）安全责任：
①参加班组QHSE活动；
②执行QHSE班组的各项规定；
③完成本岗位QHSE工作，资料记录齐全，发现不安全因素及时处理，处理不了的采取防范措施，并及时上报；
④参加各项应急演练；
⑤正确使用劳动防护用具；
⑥熟练使用和维护安全防护设施、消防器材和急救器具；
⑦参与相关作业前的风险分析及防范措施</td></tr>
<tr><td colspan="2">工作权限</td><td>（1）对违章指挥有拒绝权，对违章操作有制止权；
（2）对本岗位突发情况有先行处置权</td></tr>
</table>

续表

项　目	主要内容
职业生涯发展规划	(1)在本岗位具有良好的工作业绩，达到高一层次任职条件，可以晋升到高一级岗位； (2)可以在公司内部进行相应岗位流动或轮换
考核关系	接受本队的工作考核

2. 工艺流程图

井口工主（副）岗工作工艺流程如图14-1所示。

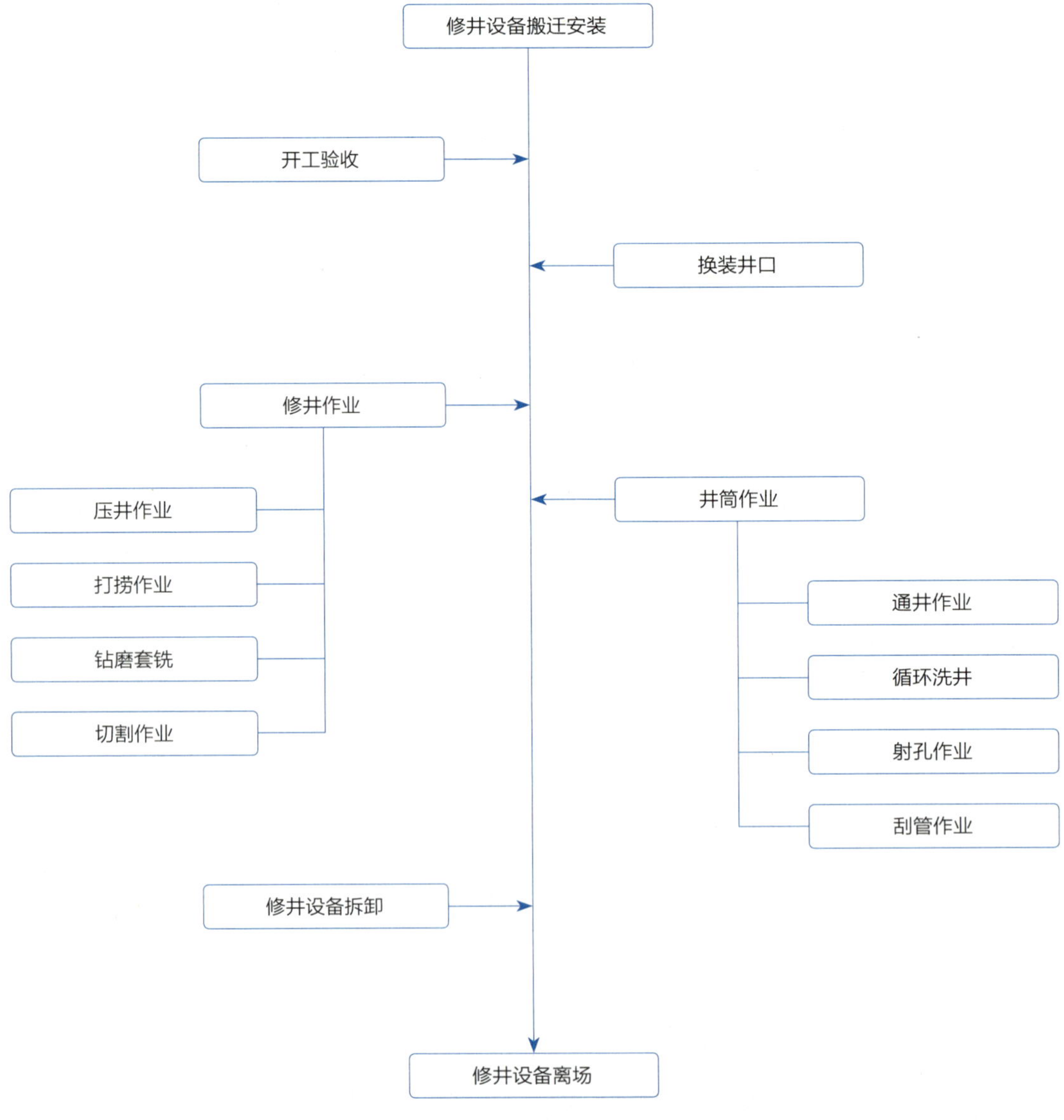

图14-1　井口工主（副）岗工作工艺流程

3. 工作流程图

井口工主（副）岗工作流程如图14-2所示。

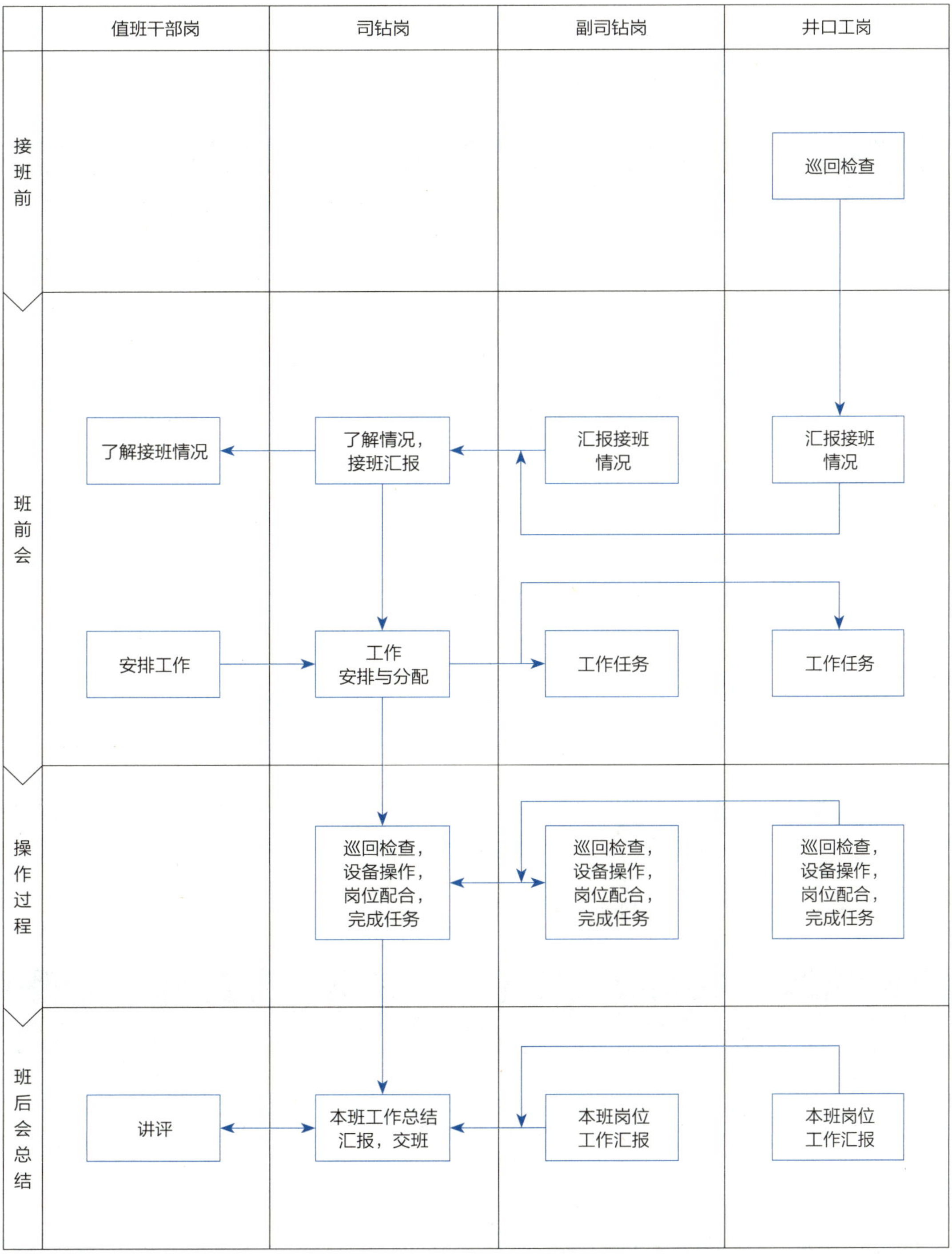

	值班干部岗	司钻岗	副司钻岗	井口工岗
接班前				巡回检查
班前会	了解接班情况	了解情况，接班汇报	汇报接班情况	汇报接班情况
	安排工作	工作安排与分配	工作任务	工作任务
操作过程		巡回检查，设备操作，岗位配合，完成任务	巡回检查，设备操作，岗位配合，完成任务	巡回检查，设备操作，岗位配合，完成任务
班后会总结	讲评	本班工作总结汇报，交班	本班岗位工作汇报	本班岗位工作汇报

图14-2 井口工主（副）岗工作流程

第二节　岗位标准化操作规程

1. 交接班标准化操作规程

1）接班

接班标准化操作规程如表14–2所示。

表14–2　井口工主（副）岗接班标准化操作规程

工作内容	工作步骤	工作标准	风险提示
班前检查	（1）穿戴劳保用品； （2）按接班要求进行接班前的检查； （3）发现的问题反馈给交班井口工； （4）询问、了解设备及安全生产情况	（1）劳保用品穿戴齐全、规范； （2）设备、工具检查率100%； （3）问题反馈率100%； （4）了解当前设备、安全生产情况，做到心中有数	（1）劳保用品穿戴不齐，容易发生人身伤害事故； （2）设备检查遗漏，有问题不能及时发现，可能导致使用过程中发生故障，耽误生产； （3）发现的问题未反馈，交班不能及时整改，设备带病工作，易发生事故； （4）施工情况了解不清，可能会造成设备损坏或井下复杂
班前会	（1）按岗位巡检，参加班前会； （2）接收司钻当班作业指令及注意事项，对本岗作业内容进行危害分析	（1）参加率100%； （2）危害分析全面，工作具体、明确	（1）不参加班前会，将不了解工作情况，容易导致发生事故或人员伤害； （2）不进行危害分析，易导致安全事故的发生，本岗作业不具体，会导致怠工、误工的发生
接班	在井口，进行岗位交接	及时到位，对井口情况、设备全面交接	不能及时到位，造成超时工作，疲劳工作易发生事故；交接不全面，可能导致设备使用过程中发生故障，耽误生产

2）交班

交班标准化操作规程如表14–3所示。

表14–3　井口工主（副）岗交班标准化操作规程

工作内容	工作步骤	工作标准	风险提示
交班	（1）交清井口设备运转情况； （2）对接班井口工提出的问题进行整改	（1）设备状况交接清楚率100%； （2）职责、能力范围以内的问题整改率100%	（1）设备交接有遗漏、交接不清，易发生故障，耽误生产； （2）问题整改不全，易导致误工或事故发生
班后会	交班后，参加班后会，具体总结、分析本班本岗工作情况	总结内容具体、全面	不参加班后会，本班本岗工作无人讲评，问题、经验不能及时总结

2. 巡回检查操作规程

巡回检查路线如图14–3所示。

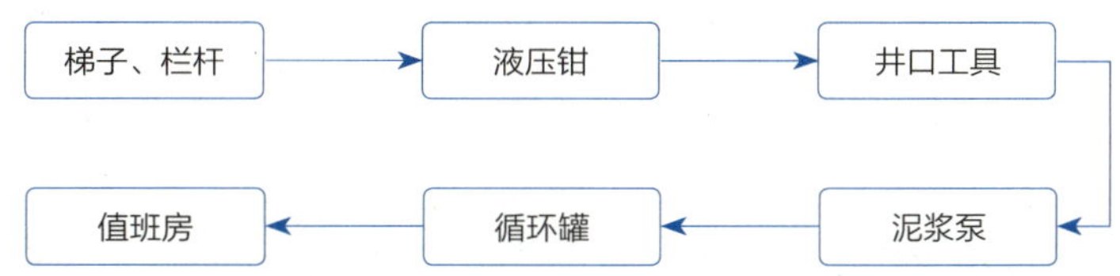

图14–3 井口工主（副）岗巡回检查路线

巡回检查标准化操作规程如表14–4所示。

表14–4 井口工主（副）岗巡回检查标准化操作规程

检查路线及项点	工作标准	风险提示	风险规避措施
梯子、栏杆： （1）齐全、完好； （2）保险绳	（1）设备护栏、梯子齐全、固定牢靠、完好； （2）钻台梯子与钻台间系好保险绳，坡度合适	（1）护栏不完好、固定不牢靠，易发生坠落，人员伤害； （2）钻台梯子与钻台连接部位锈蚀或断裂，导致设备垮塌，造成人员伤害、设备受损	（1）必须保证现场全部设备护栏、梯子齐全固定牢靠、完好； （2）钻台梯子与钻台连接处系好保险绳，每班对保险绳完好度进行检查
液压钳： （1）固定； （2）管线连接及密封； （3）钳头、钳牙； （4）压力表； （5）摩擦片	（1）吊绳、采用Φ9.5~15.9mm钢丝绳，尾绳采用不小于16mm的钢绳，每端各用3个绳卡卡好，卡距为钢丝绳直径的6~8倍，安全锁销齐全完好； （2）管线连接牢固，密封完好，无渗漏； （3）根据井内管材情况，使用合适的钳头、钳牙，钳头钳牙完好； （4）液压钳扭矩压力表在有效期内； （5）摩擦片清洁，弹簧齐全，固定螺栓松紧合适	（1）固定部位不紧固，设备下滑，造成人员伤害、设备受损； （2）管路连接不牢，有渗漏，导致液压钳工作压力降低，造成井下事故； （3）钳头、钳牙与井内管材型号不匹配，管材受损，造成井下事故； （4）压力表过期，上扣扭矩不清，导致设备受损或管材脱漏，造成井下事故； （5）加剧磨损，造成设备受损	（1）固定部位应逐点检查，保证不遗漏，选择合适钢丝绳直径； （2）管线检查要在额定系统压力下，自液压站一端查向工作部件，不得有遗漏（注意查看压力表，静态压力值是否下降）； （3）切断动力源检查钳头、钳牙与管材型号是否匹配； （4）定期校验； （5）使用前检查
井口工具： （1）吊环； （2）吊卡； （3）卡瓦； （4）刮泥器	（1）吊环等长、无变形，应定期探伤，无磨损； （2）应使用防跳吊卡销子并拴有保险绳，手柄（活门）操作灵活，吊卡销与吊卡规格应匹配，并定期检测；	（1）吊环不等长，工作时折断井内管材，造成井下事故；操作不当，单吊环进行起钻，造成人员伤害，工程事故；未探伤工作时断裂，造成人员伤害、设备受损；	（1）每班检查吊环，定期组织进行探伤；操作时与司钻做好沟通，避免但吊环起钻； （2）使用防跳销并持有保险绳；吊卡定期检测； （3）严禁用大锤敲击手把和

续表

检查路线及项点	工作标准	风险提示	风险规避措施
井口工具： （1）吊环； （2）吊卡； （3）卡瓦； （4）刮泥器	（3）卡瓦、手把和背锥面无裂缝，完好，卡瓦牙压板固定牢固，卡瓦体连接销完好，卡瓦牙完好； （4）刮泥器与井内管材规格型号一致	（2）未使用防跳销，作业时吊环与吊卡脱落，导致井内重力下砸钻台，造成设备受损、人员伤害、井下事故；吊卡未检测作业时断裂，导致管材脱落，造成井下事故、人员伤害； （3）存在裂缝，不能有效工作，导致延误工期或大直径工具脱落，造成井下事故；未固定牢固，落物入井造成井下事故；卡牙损坏或新旧卡瓦牙组合使用，造成压板、卡瓦体或大直径工具损坏，延误工期； （4）刮泥器破损不能有效的刮净出井管材壁上泥浆，导致钻台泥浆较多，人员跌倒、摔倒；井口工具掉落，造成井下事故；下钻时检查不仔细造成落井	卡瓦背锥面，或将卡瓦从高处摔下，以免将手把和背锥面碰坏；使用前应检查各销轴是否转动灵活，无卡阻现象；检查卡瓦牙压板固定螺栓是否松动，防止卡瓦牙落井；检查卡瓦体连接销磨损情况；卡瓦牙磨损后，应及时全部更换； （4）每班检查发现问题及时更换
泥浆泵： （1）基础； （2）固定； （3）润滑； （4）喷淋泵； （5）闸门及上水管线； （6）保险凡尔及泄压管线； （7）皮带轮及护罩； （8）清洁卫生	（1）基础平整、承重满足要求； （2）各固定螺栓齐全、紧固； （3）润滑油充足，油质符合要求，油压正常； （4）喷淋泵运转平稳，上水良好，排量符合要求，喷嘴无堵塞； （5）闸门位置正确、保养及时、开关灵活，上水管线连接牢固、无渗漏； （6）保险凡尔齐全、压力值设定准确、润滑良好，泄压管线安装牢固、通径符合要求、泄压方向正确； （7）皮带轮运转平稳无抖动、皮带槽无缺陷，护罩齐全、安装牢固； （8）泥浆泵体清洁无油污、杂物	（1）基础不平整造成设备损伤、影响效率； （2）固定不标准、连接不牢，开泵时抖动幅度过大，易造成设备损坏； （3）油量不足或油质不符合要求，导致过早损坏； （4）喷淋系统出现问题，导致泥浆泵缸套、活塞润滑、散热不良，温度过高而加速磨损； （5）闸门位置不正确，导致开泵时憋泵，造成设备损坏、人身伤害； （6）保险凡尔工作不正常，压力值设定不准，易导致超压造成事故； （7）皮带轮抖动、有缺陷，易造成带轮损坏、皮带断裂； （8）泥浆泵不清洁，容易产生锈蚀	（1）基础平整、承重符合要求； （2）固定、连接部位应逐点检查，防止松动和刺漏； （3）保证润滑油油量充足，油质符合标准，油压正常； （4）定时检查喷淋系统，如有问题及时整改，保证缸套及活塞的润滑、冷却良好； （5）开泵时必须保证闸门位置正确； （6）保险凡尔应定期检修、保养，压力值设定准确； （7）皮带轮有缺陷，及时维修、更换； （8）保持泥浆泵清洁

续表

检查路线及项点	工作标准	风险提示	风险规避措施
循环罐： （1）泥浆数量； （2）搅拌器； （3）液面报警器及坐岗记录； （4）固控设备； （5）各罐梯子、栏杆； （6）集污罐； （7）卫生	（1）泥浆量满足设计要求，各罐连接管线牢固紧密、无刺漏，闸门开关灵活、关闭有效，进出口畅通； （2）搅拌器运转正常，接地规范，护罩齐全； （3）液面报警器定位准确（$1m^3$报警），反应灵敏，报警声响洪亮，坐岗记录填写及时、准确、规范； （4）固控设备固定牢靠，运转正常，接地规范； （5）各罐梯子、栏杆固定牢靠，过道畅通，楼梯拴好保险绳； （6）集污罐空余空间满足生产需要； （7）各罐卫生清洁、各电路线路接地规范	（1）泥浆量不足，管线连接渗漏、堵死导致生产停待； （2）搅拌器损坏，不能搅拌泥浆，影响泥浆性能，护罩不全造成机械伤人； （3）报警器设置不准确，坐岗监测不到位，不能及时发现溢流、井漏复杂情况，易导致井内事故，报警声响不洪亮不能起到报警作用； （4）固控设备运转不正常，影响泥浆性能，延误生产； （5）梯子栏杆固定不牢靠，未拴保险绳易造成人身伤害； （6）集污罐过满导致污染事故； （7）卫生清洁不到位易导致设备锈蚀，接地不规范易造成设备异常损坏	（1）每班检查，出现问题及时整改； （2）仔细观察搅拌机运转情况，损坏后及时更换； （3）调校维护保养好液面报警器，严格按照要求做好液面监测工作并填写好记录； （4）每班检查、加强维护保养，及时更换损坏件，确保固控设备运转正常； （5）每班检查，梯子、栏杆一旦松动及时紧固，每班对保险绳完好度进行检查； （6）每班观察，根据施工情况及时拉运集污罐； （7）加强设备清洁卫生，每班检查接地情况、定期检测接地电阻
值班房： 工程班报表，交接班记录，井控装置记录，设备运转、保养记录，班组作业任务书等	资料齐全，填写准确、整洁、及时，无漏填内容	检查资料不齐全，易导致对当前施工情况了解不清，易发生井下事故	检查资料要逐本进行，认真仔细，无遗漏

3. 施工作业标准化操作规程

1）搬迁安装

搬迁安装标准化操作规程如表14–5所示。

表14–5 井口工主（副）岗搬迁安装标准化操作规程

工作内容	操作步骤及标准	风险提示	风险规避措施
设备搬迁	（1）参加搬迁部署会； （2）组织搬迁所需物资、器材； （3）负责设备吊装、捆绑、摆放（货物捆绑，挂专用绳套，指挥人员要与吊车司机保持良好的沟通）；	（1）未参与搬迁会，对搬迁风险认识不到位； （2）配合吊装不规范，捆绑位置不对称，或者捆绑不牢固，容易造成货物滑落、货物尖锐部位	（1）参与搬迁部署会，一起进行分析，严格按制定的风险控制措施执行； （2）按分工执行搬迁，物资器材准备到位；

续表

工作内容	操作步骤及标准	风险提示	风险规避措施
设备搬迁	（4）过程视频监控	割断吊带吊索，货物失控，导致设备损坏、伤人； （3）无视频监控无法确保过程是否有违章	（3）规范吊装，捆绑牢靠，对称捆绑或者使用专用吊具，在货物尖锐的部位加衬垫保护，两根钢丝绳的夹角应小于60°，人员指挥吊车时需配合好，人员需站到安全位置，检查吊钩防脱钩装置处于正常状态，系好足够长的牵引绳到合适部位，牵引绳另一端不能有打结； （4）视频系统正常运行，摆放位置合适
设备安装： （1）底座安装； （2）井架组装； （3）起井架前检查； （4）机泵组、循环系统安装； （5）流程安装； （6）远控房安装	（1）准备好施工机具、防护用品； （2）接受值班干部及司钻任务安排； （3）岗位协作时，做好配合； （4）修井机及钻台底座安装，底座基础平整坚固，无裂纹，底座各部件连接牢靠； （5）井架组装：按井架要求及标准组装井架（井架连接牢靠，安全销齐全，井架无变形）； （6）起井架前检查：按分工检查确认各起升部件满足要求，如起塔大绳是否有断丝、打结、扭曲、变形；天车、游车是否有变形、裂纹，是否在检测周期内；大钩是否有裂纹等； （7）机泵组、循环系统安装：机泵组、循环系统基础平整、承重满足要求；机械转动部位护罩齐全；安全阀设置合理，检验合格，在有效期内，泄压管线连接固定牢固；各罐连接牢靠，管线密封良好无刺漏，管线阀门通畅无堵塞，阀门开关灵活，阀门关闭良好无渗漏，各罐独立分开无窜漏；搅拌器、液位标尺性能良好，灌浆装置工作正常； （8）流程安装：按设计及标准要求安装连接地面流程，放喷、压井、回浆管线连接紧密，安装	（1）未按规范要求安装底座，易导致设备损坏。底座基础不平整、导致设备不稳定损伤设备，底座基础裂纹，承重不合格，导致垮塌，机毁人亡；底座连接不牢，导致移位，设备及人身伤害； （2）未按要求及标准安装井架，易导致井架变形、损坏设备； （3）未按要求进行检查，无法起升井架及井架倾覆，易造成设备损坏及安全事故； （4）起升井架，人员操作不当，导致起升架失败； （5）机泵组、循环系统基础不平整造成设备损伤、影响效率；机械转动无护罩造成机械伤人；安全阀无效造成超压伤人；管线固定不牢造成伤人；罐体及管线连接不牢易漏造成环境污染；管线堵塞、各罐不独立影响施工时效。搅拌器损坏影响搅拌，灌浆装置工作不正常易引	（1）底座按规范要求安装，用水平仪检查底座基础是否平整，若不符合需要铺垫或整改达标；底座基础承重满足设备及施工要求； （2）井架组装按说明书标准执行，连接牢靠，安全销齐全，井架无变形； （3）按起井架相关参数执行； （4）机泵组、循环系统基础平整、承重符合要求；机械转动部位护罩齐全；安全阀有效，检验合格，泄压管线连接牢固；各罐连接牢靠，管线密封良好无刺漏，管线阀门通畅无堵塞，阀门开关灵活，阀门关闭良好无渗漏，各罐独立分开无窜漏；搅拌器、液位标尺性能良好，灌浆装置工作正常； （5）严格按设计及标准安装、固定地面流程； （6）远控房严格按标准要求安装连接，远控房

续表

工作内容	操作步骤及标准	风险提示	风险规避措施
设备安装： （1）底座安装； （2）井架组装； （3）起井架前检查； （4）机泵组、循环系统安装； （5）流程安装； （6）远控房安装	平直，转弯处宜采用不小于90°的弯头；管汇台、分离器、转弯的弯头两端、放喷口及平直段小于15m，用水泥基墩地脚螺栓和钢质压板固定，压板与管线之间用胶垫垫好，上紧压板螺丝； （9）远控房安装：远控房距井口大于25m；远控房压力表齐全、灵敏，在有效期内；蓄能器氮气压力7±0.7MPa；液压油箱有效容积应大于蓄能器组可用液量，有足够大的通气孔，液压油无变质现象；手柄完好，开关位置正确；液压管线连接牢靠，无松动，排列整齐，无损坏、无泄漏，不被挤压，液压管线采用管线盒或管线排；远控房2m范围内无障碍物	起井控问题； （6）流程安装固定不规范造成安全问题； （7）远控房安装不规范不满足安全要求，影响时效	距井口大于25m；远控房压力表齐全、灵敏，在有效期内；液压油无变质现象；手柄完好，开关位置正确；液压管线连接牢靠，无松动，排列整齐，无损坏、无泄漏，不被挤压，液压管线采用管线盒或管线排；远控房2m范围内无障碍物
修井设备调试	（1）进行设备调试，各部件工作正常，保证可靠； （2）井口工具准备到位	（1）整机调试不合格影响施工进度； （2）井口工具准备不到位，影响施工进度；	（1）按要求调试合格设备； （2）按要求准备好井口常用工具
信息化设备安装调试	配合信息化设备安装调试		

2）开工验收

开工验收标准化操作规程如表14-6所示。

表14-6 井口工主（副）岗开工验收标准化操作规程

工作内容	操作步骤及标准	风险提示	风险规避措施
开工验收	整改开工验收问题	整改过程中的各种安全风险	针对安全风险制定相应的规避措施并严格执行

3）换装井口

换装井口标准化操作规程如表14-7所示。

表14-7 井口工主（副）岗换装井口标准化操作规程

工作内容	操作步骤及标准	风险提示	风险规避措施
拆采气树	（1）参与拆换井口JSA分析； （2）泄压、隔离相应阀门； （3）拆卸螺栓，戴好护目镜，扳手系有安全绳； （4）吊出采气树至安全位置，严格按吊装要求操作，绳套满足要求，专人指挥吊装，吊装时各岗位人员做好配合，拴好尾绳，严防碰撞	（1）JSA分析不到位易造成安全问题； （2）未泄压，易造成高压伤人； （3）敲击扳手时，未戴好护目镜造成打出的铁渣打伤眼睛，扳手未系安全绳造成打击伤人； （4）吊装不规范，易造成设备损伤、人身伤害	（1）针对安全风险制定相应的规避措施并严格执行； （2）泄压归零后确认； （3）拆卸螺栓，戴好护目镜，扳手系有安全绳； （4）严格按吊装要求操作，绳套满足要求，专人指挥吊装，吊装时做好配合，拴好尾绳，严防碰撞
安装防喷器	（1）参与安装防喷器进行JSA分析； （2）吊装防喷器时，严格按吊装要求操作，绳套满足要求，专人指挥吊装，吊装时各岗位人员做好配合，拴好尾绳，严防碰撞； （3）紧固螺栓，戴好护目镜，扳手系有安全绳； （4）连接液压管线，各液压控制件连接正确，管线密封无刺漏； （5）防喷器调试 、试压合格	（1）JSA分析不到位易造成安全问题； （2）吊装不规范，易造成设备损伤、人身伤害； （3）敲击扳手时，未戴好护目镜造成打出的铁渣打伤眼睛，扳手未系安全绳造成打击伤人； （4）液压管线连接错误，造成开关错误和井控问题，管线刺漏造成液压油泄漏，环境污染及井控问题； （5）防喷器调试、试压不合格影响进度	（1）针对安全风险制定相应的规避措施并严格执行； （2）严格按吊装要求操作，绳套满足要求，专人指挥吊装，吊装时各岗位人员做好配合，拴好尾绳，严防碰撞； （3）紧固螺栓，戴好护目镜，扳手系有安全绳； （4）液压控制件连接正确，管线密封无刺漏； （5）防喷器调试 、试压合格
拆防喷器	（1）参与拆防喷器JSA分析； （2）泄压、隔离相应阀门； （3）拆卸螺栓，戴好护目镜，扳手系有安全绳； （4）吊出防喷器至安全位置，防喷器下垫上盖，严格按吊装要求操作，绳套满足要求，专人指挥吊装，吊装时做好配合，拴好尾绳，严防碰撞	（1）JSA分析不到位易造成安全问题； （2）未泄压，易造成高压伤人； （3）敲击扳手时，未戴好护目镜造成打出的铁渣打伤眼睛，扳手未系安全绳造成打击伤人； （4）吊装不规范，易造成设备损伤、人身伤害	（1）针对安全风险制定相应的规避措施并严格执行； （2）泄压归零后确认； （3）拆卸螺栓，戴好护目镜，扳手系有安全绳； （4）严格按吊装要求操作，绳套满足要求，专人指挥吊装，吊装时做好配合，拴好尾绳，严防碰撞
安装采气树	（1）参与安装采气树JSA分析； （2）吊装采气树时，严格按吊装要求操作，绳套满足要求，专人指挥吊装，吊装时做好配合，拴好尾绳，严防碰撞； （3）紧固螺栓，戴好护目镜，扳手系有安全绳	（1）JSA分析不到位易造成安全问题； （2）吊装不规范，易造成设备损伤、人身伤害； （3）敲击扳手时，未戴好护目镜造成打出的铁渣打伤眼睛，扳手未系安全绳造成打击伤人	（1）针对安全风险制定相应的规避措施并严格执行； （2）严格按吊装要求操作，绳套满足要求，专人指挥吊装，吊装时做好配合，拴好尾绳，严防碰撞； （3）紧固螺栓，戴好护目镜，扳手系有安全绳

4）井筒作业

（1）通井作业。

通井作业标准化操作规程如表14-8所示。

表14-8 井口工主（副）岗通井作业标准化操作规程

工作内容	操作步骤及标准	风险提示	风险规避措施
参加技术交底	参与安全技术交底		
鼠洞组立柱	（1）吊卡扣合到位； （2）管材按规定扭矩上紧丝扣； （3）按要求均匀涂抹丝扣油	（1）丝扣不按规定扭矩上紧，以造成管柱落井，造成工程事故； （2）丝扣油涂抹不均，易造成丝扣损伤； （3）与司钻配合不佳导致人员受伤	（1）吊卡每次扣合后，检查确认； （2）管柱丝扣按规定上紧扭矩； （3）按规定涂抹丝扣油； （4）与司钻做好配合，避免操作不当伤人
井内组立柱	（1）吊卡扣合到位； （2）管材按规定扭矩上紧丝扣； （3）按要求均匀涂抹丝扣油	（1）丝扣不按规定扭矩上紧，以造成管柱落井，造成工程事故； （2）丝扣油涂抹不均，易造成丝扣损伤； （3）与司钻配合不佳导致人员受伤	（1）吊卡每次扣合后，检查确认； （2）管柱丝扣按规定上紧扭矩； （3）按规定涂抹丝扣油； （4）与司钻做好配合，避免操作不当伤人
下通井规	（1）连接通井规； （2）配合吊起油管短节及通井规	（1）丝扣不按规定扭矩上紧，以造成管柱落井，造成工程事故； （2）丝扣油涂抹不均，易造成丝扣损伤； （3）与司钻配合不佳导致人员受伤	（1）吊卡每次扣合后，检查确认； （2）管柱丝扣按规定上紧扭矩； （3）按规定涂抹丝扣油； （4）与司钻做好配合，避免操作不当伤人
下通井管柱	（1）吊卡扣合到位； （2）管具按规定扭矩上紧丝扣； （3）按要求均匀涂抹丝扣油	（1）扣合吊卡不仔细检查、吊卡保险不到位，使用时造成吊卡意外打开造成事故； （2）丝扣油涂抹不均，易造成丝扣损伤，丝扣不按规定扭矩上紧，以造成管柱落井，造成工程事故； （3）液压钳检查不仔细，易造成设备损坏，尾绳未拴牢，易造成人员受伤	（1）吊卡每次扣合后，检查确认； （2）下通井管柱期间，做好防落物措施，管柱丝扣按规定上紧扭矩，按规定涂抹丝扣油； （3）提前维护保养好液压钳，拴好尾绳
循环洗井	做好洗井液倒换、液体过滤	倒换不及时或过滤不佳，易造成洗井失败	施工前储备液体，检查过滤设备是否满足要求
起通井管柱	（1）试提前检查油管头的顶丝； （2）重复拆卸管柱，完成起油管作业	（1）顶丝未退出，易提断顶丝，损坏井口装置； （2）挂负荷吊卡时，上提过猛、配合不当，易造成单吊环伤人事故； （3）油管入油管盒时配合不当，大钩易压弯油管，造成人员被弹伤； （4）液压钳检查不仔细，易造成设备损坏，尾绳未拴牢，易造成人员受伤	（1）试提前检查顶丝完全退出； （2）挂负荷吊卡时，相互配合、平稳操作，防止单吊环； （3）油管入油管盒时扶稳油管； （4）提前维护保养好液压钳，拴好尾绳
拆卸通井规	起至最后一根时带出通井规，平稳操作，控制好起钻速度，井口工扶正通井规	通井规起至井口及平台时易刮碰	平稳操作，井口工配合扶正

（2）射孔作业。

射孔作业标准化操作规程如表14-9所示。

表14-9 井口工主（副）岗射孔作业标准化操作规程

工作内容	操作步骤及标准	风险提示	风险规避措施
参加技术交底及JSA分析	参与安全技术交底，做好JSA分析并签字	（1）未进行安全技术交底，未做好JSA分析，不清楚施工作业要求及注意事项，导致人身伤害及设备损坏； （2）人员分工不清楚，导致施工混乱，影响施工时效	（1）参与安全技术交底，做好JSA分析，并签字； （2）明确分工，清楚岗位职责
下射孔枪	（1）司钻将空吊卡下放至转盘面时，扣吊卡； （2）配合司钻起吊并扶正管柱让射孔枪进入井口	射孔枪入井口时易刮碰造成误射孔	平稳操作
下短节	（1）与司钻配合吊起油管短节； （2）与司钻配合对螺纹，上扣； （3）取吊卡； （4）司钻将吊卡下放至转盘面，取吊环	（1）上提摆动过大，管材碰撞、伤人；钻台杂物较多，易使人员绊倒；直接采用液压大钳上扣，错扣，管材损坏，更换钳头未切断动力源，夹伤； （2）管材未刹稳，管材下砸吊卡，造成人身伤害；脚蹬吊卡使吊卡与管材分开，导致管材落井，造成井下事故； （3）取吊环配合不当，站位不对，易造成人员受伤	（1）侧身扶住管材防止其摆动范围过大，始终使脚远离钻杆底部，手指不要放在立柱的里面清理钻台多余工具；先采用管钳手动引扣，后采用液压大钳上扣； （2）待吊具刹稳后取吊卡；严禁脚蹬吊卡，按规范标准操作； （3）注意人员间的配合、站位
下立柱	（1）摘取吊卡； （2）司钻将吊卡下放至转盘面，取吊环	（1）上提摆动过大，管材碰撞、伤人；钻台杂物较多，易使人员绊倒；直接采用液压大钳上扣，错扣，管材损坏，更换钳头未切断动力源，易夹伤人员； （2）管材未刹稳，管材下砸吊卡，造成人身伤害；脚蹬吊卡使吊卡与管材分开，导致管材落井，造成井下事故； （3）取吊环配合不当，站位不对，易造成人员受伤	（1）侧身扶住管材防止其摆动范围过大，始终使脚远离钻杆底部，手指不要放在立柱的里面清理钻台多余工具；先采用管钳手动引扣，后采用液压大钳上扣； （2）待吊具刹稳后取吊卡；严禁脚蹬吊卡，按规范标准操作； （3）注意人员间的配合、站位
调整射孔管柱	（1）按试油队提供的管柱数据表调整管柱； （2）操作步骤同起下射孔管柱	若不同起下射孔管柱，易影响向后期施工	同起下射孔管柱
起立柱	（1）摘取吊卡； （2）司钻将吊卡下放置转盘面，取吊环	（1）取吊环配合不当，站位不对，易造成人员受伤； （2）挂单吊卡，导致折断吊环、井内管材，造成井下事故、人身伤害； （3）管材未刹稳，管材下砸吊卡，造成人身伤害，吊卡扣合不严，造成井下事故、人身伤害； （4）液压大钳卸扣未系钳尾绳站位不正确，易碰伤人员；更换钳头未切断	（1）注意人员间的配合、站位； （2）挂好吊环后，插好吊卡安全销； （3）待吊具刹稳后取吊卡，并检查扣合情况； （4）系好尾绳正确站位，切断动力源； （5）侧面扶住管材防止其摆动范围过大，始终使脚远离钻杆

续表

工作内容	操作步骤及标准	风险提示	风险规避措施
起立柱		动力源，易夹伤人员； （5）摆动过大，管材碰撞伤人；钻台杂物较多，易造成人员绊倒； （6）脚蹬吊卡使吊卡与管材分开，导致管材落井，造成井下事故	底部，手指不要放在立柱的外面清理钻台多余工具； （6）严禁脚蹬吊卡，按规范标准操作
起射孔枪	射孔枪起出井口时，将射孔枪拉到一边，平放至钻台	（1）射孔枪起出井口时易刮碰井口； （2）未起爆射孔枪出井，造成人员伤亡、设备损坏	（1）人员配合扶正； （2）发现有未起爆射孔枪，立即配合司钻将未起爆射孔枪下入井内，人员撤场由射孔队到场处理

（3）刮管作业。

刮管作业标准化操作规程如表14–10所示。

表14–10 井口工主（副）岗刮管作业标准化操作规程

工作内容	操作步骤及标准	风险提示	风险规避措施
参加技术交底及JSA分析	参与安全技术交底，做好JSA分析并签字	（1）未进行安全技术交底，未做好JSA分析，不清楚施工作业要求及注意事项，导致人身伤害及设备损坏； （2）人员分工不清楚，导致施工混乱，影响施工时效	（1）参与安全技术交底，做好JSA分析，并签字； （2）明确分工，清楚岗位职责
下刮管器	（1）连接油管短节与刮管器； （2）摘扣吊卡； （3）扶正管柱让通井规进入井口	（1）未按规定扭矩连接，导致工具落井，造成井下事故； （2）刮管器入井口时易刮碰	（1）按规定扭矩连接； （2）将管柱扶正
下立柱	（1）配合将管具从钻杆盒提出对接，上扣； （2）摘取吊卡	（1）上提摆动过大，管材碰撞、伤人；钻台杂物较多，易使人员绊倒；直接采用液压大钳上扣，错扣，管材损坏，更换钳头未切断动力源，易夹伤人员； （2）管材未刹稳，管材下砸吊卡，造成人身伤害；脚蹬吊卡使吊卡与管材分开，导致管材落井，造成井下事故； （3）取吊环配合不当，站位不对，易砸伤人员	（1）侧身扶住管材防止其摆动范围过大，始终使脚远离钻杆底部，手指不要放在立柱的里面清理钻台多余工具；先采用管钳手动引扣，后采用液压大钳上扣； （2）待吊具刹稳后取吊卡；严禁脚蹬吊卡，按规范标准操作； （3）注意人员间的配合、站位
起立柱	（1）摘取吊卡； （2）卸扣； （3）配合将管材推入钻杆盒	（1）取吊环配合不当，站位不对，易砸伤人员； （2）挂单吊卡，导致折断吊环、井内管材，造成井下事故、人身伤害； （3）管材未刹稳，管材下砸吊卡，造成人身伤害，吊卡扣合不严，造成井下事故、人身伤害；	（1）注意人员间的配合、站位； （2）挂好吊环后，插好吊卡安全销，示意司钻缓慢上提； （3）待吊具刹稳后取吊卡，并检查扣合情况； （4）系好尾绳正确站位，切断动力源；

下·十四

续表

工作内容	操作步骤及标准	风险提示	风险规避措施
起立柱		(4)液压大钳卸扣时未系钳尾绳或站位不正确，易碰伤人员；更换钳头未切断动力源，易夹伤人员； (5)摆动过大，管材碰撞伤人；钻台杂物较多，易使人员绊倒； (6)脚蹬吊卡使吊卡与管材分开，导致管材落井，造成井下事故	(5)侧面扶住管材防止其摆动范围过大，始终使脚远离钻杆底部，手指不要放在立柱的外面清理钻台多余工具； (6)严禁脚蹬吊卡，按规范标准操作
起刮管器	刮管器起出井口时，将刮管器拉到一边，待放平后卸扣	刮管器起出井口时易刮碰井口	人员配合扶正
甩钻具作业	(1)摘取吊卡； (2)配合戴好护丝再推至坡道上； (3)下放气动绞车，将钻杆放至平滑板上，场地工将钻杆拉至管架上	(1)配合不当易造成伤害事故； (2)钻具上提摆动幅度大，未使用工具易发生伤害事故； (3)液气大钳操作不平稳，易发生伤害事故，使用完后各开关未回复零位存有隐患； (4)提升护丝未戴紧，钻具转动严重时将螺纹倒开，导致钻具坠落伤人或损坏钻具； (5)配合不当易造成伤害事故	(1)密切配合，标准化操作，遵守操作规程； (2)司钻上提钻具要平稳，使用专用工具拉钻具，防止伤害事故； (3)平稳操作，使用完后逐项开关恢复零位； (4)提升护丝必须戴紧，吊钻具时应保持钻具稳定不转动，防止提升护丝倒开脱落； (5)密切配合，标准化操作，遵守操作规程

5）修井作业

（1）压井作业。

压井作业标准化操作规程如表14-11所示。

表14-11　井口工主（副）岗压井作业标准化操作规程

工作内容	操作步骤及标准	风险提示	风险规避措施
安全技术交底	参与压井安全技术交底会，参与压井作业环节JSA分析	(1)未进行安全技术交底，未做好JSA分析，不清楚施工作业要求及注意事项，导致人身伤害及设备损坏； (2)人员分工不清楚，导致施工混乱，影响施工时效	(1)参与安全技术交底，做好JSA分析，并签字； (2)明确分工，清楚岗位职责
压井前准备	(1)有控制泄压，泄压前检查泄压通道是否畅通，放喷口点火装置状况良好，提前点好长明火，采用针阀或油嘴有控制地安全泄压； (2)压井液准备压井液数量为井筒容积1.5~2倍，压井液密度	(1)泄压前未检查泄压通道畅通情况造成憋压，造成超压伤人；放喷口未及时点火导致大量气体聚集引起爆炸或环境污染；放喷过猛造成噪声污染； (2)压井液数量不足导致压井	(1)泄压通道畅通，放喷口点火装置状况良好，提前点好长明火，采用针阀或油嘴有控制地安全泄压； (2)压井液数量、密度、性能满足压井技术要求；

续表

工作内容	操作步骤及标准	风险提示	风险规避措施
压井前准备	为地层压力系数附加0.07~0.15g/cm^3,压井液性能良好； （3）压井设备及供浆准备，泥浆泵或泵车状况良好，供浆设备良好，满足供浆要求，供浆管线无刺漏； （4）明确岗位，备好对讲机，保持信息畅通，指令执行到位	失败，压井液密度不满足要求导致压不稳井； （3）压井设备及供浆设备差，造成压井不连续，压井失败； （4）分工不明确、信息不畅导致误操作影响压井	（3）提前维护保养好压井设备及供浆设备，确保其状况良好； （4）分工明确、信息畅通，指令执行到位
压井	（1）按压井技术方案连接安装压井管线（正反循环均能满足），试压合格； （2）按压井曲线实施压井，根据技术员要求做好控回压，各岗位人员协同做好配合工作（如供浆、计量、放喷口观察等）	（1）管线连接、试压不符合压井技术要求影响压井施工； （2）不按压井曲线组织施工导致压井失败	（1）按压井技术方案连接安装压井管线（正反循环均能满足），试压合格； （2）按压井曲线组织施工
压井后观察	压井后观察一个换装井口及起下钻周期时间，该时间内无溢无漏	观察时间不够导致井控问题	严格观察一个换装井口及起下钻周期时间，该周期内无溢无漏，压井成功

（2）打捞作业。

打捞作业标准化操作规程如表14-12所示。

表14-12 井口工主（副）岗打捞作业标准化操作规程

工作内容	操作步骤及标准	风险提示	风险规避措施
安全技术交底	参与安全技术交底，做好JSA分析并签字	（1）未进行安全技术交底，未做好JSA分析，不清楚施工作业要求及注意事项，导致人身伤害及设备损坏； （2）人员分工不清楚，导致施工混乱，影响施工时效	（1）参与安全技术交底，做好JSA分析，并签字； （2）明确分工，清楚岗位职责
连接打捞工具	（1）连接打捞工具按标准上扣扭矩值上扣，连接时做好井口防落物掉井； （2）扶正打捞工具，与司钻配合顺利将打捞工具下入井内，下入过程无刮碰	（1）连接打捞工具未按标准扭矩上扣造成打捞工具落井，井口落物掉井造成卡钻，引起井下事故； （2）打捞工具入井口时易刮碰	（1）按标准扭矩上扣，做好防落物措施（如井口遮垫全封闭、井口工具远离井口、小工具系保险绳等）； （2）配合良好，过井口无刮碰
下立柱	（1）配合将管具从钻杆盒提出对接，上扣； （2）摘取吊卡	（1）上提摆动过大，管材碰撞、伤人；钻台杂物较多人员绊倒；直接采用液压大钳上扣、错扣，管材损坏，更换钳头未切断动力源，易夹伤人员；	（1）侧身扶住管材防止其摆动范围过大，始终使脚远离钻杆底部，手指不要放在立柱的里面清理钻台多余工具；先采用管钳手动引扣，后采用液压大钳上扣；

续表

工作内容	操作步骤及标准	风险提示	风险规避措施
下立柱		（2）管材未刹稳，管材下砸吊卡，造成人身伤害；脚蹬吊卡使吊卡与管材分开，导致管材落井，造成井下事故； （3）取吊环配合不当，站位不对，易砸伤人员	（2）待吊具刹稳后取吊卡；严禁脚蹬吊卡，按规范标准操作； （3）注意人员间的配合、站位
打捞作业： （1）强提； （2）倒扣打捞	对提升系统、悬吊系统、承重系统、循环系统、井控系统进行检查	（1）提升系统、悬吊系统、承重系统、循环系统、井控系统检查不仔细出现问题，造成人员受伤，设备损坏； （2）扭矩未完全释放，井口操作，易造成人员受伤	（1）打捞前，对提升系统、悬吊系统、承重系统、循环系统、井控系统仔细检查，确保设备处于正常运转状态； （2）扭矩完全释放后，方可在井口操作
起立柱	（1）配合将管具从钻杆盒提出对接，上扣； （2）摘取吊卡	（1）上提摆动过大，管材碰撞、伤人；钻台杂物较多，易使人员绊倒；直接采用液压大钳上扣、错扣，管材损坏，更换钳头未切断动力源，易夹伤人员； （2）管材未刹稳，管材下砸吊卡，造成人身伤害；脚蹬吊卡使吊卡与管材分开，导致管材落井，造成井下事故； （3）取吊环配合不当，站位不对，易砸伤人员	（1）侧身扶住管材防止其摆动范围过大，始终使脚远离钻杆底部，手指不要放在立柱的里面清理钻台多余工具；先采用管钳手动引扣，后采用液压大钳上扣； （2）待吊具刹稳后取吊卡；严禁脚蹬吊卡，按规范标准操作； （3）注意人员间的配合、站位

（3）钻磨套铣作业。

钻磨套铣作业标准化操作规程如表14-13所示。

表14-13　井口工主（副）岗钻磨套铣作业标准化操作规程

工作内容	操作步骤及标准	风险提示	风险规避措施
安全技术交底	参与安全技术交底，做好JSA分析并签字	（1）未进行安全技术交底，未做好JSA分析，不清楚施工作业要求及注意事项，导致人身伤害及设备损坏； （2）人员分工不清楚，导致施工混乱，影响施工时效	（1）参与安全技术交底，做好JSA分析，并签字； （2）明确分工，清楚岗位职责
接钻磨套铣工具	（1）连接钻磨套铣工具按标准上扣扭矩值上扣，连接时做好井口防落物掉井（井口小工具）；	（1）连接钻磨套铣未按标准扭矩上扣造成打捞工具落井，井口落物掉井造成卡钻，引起井下事故； （2）打捞工具入井口时易刮碰	（1）按标准扭矩上扣，做好防落物措施（如井口遮垫全封闭、井口工具远离井口、工具系保险绳等）； （2）配合良好，过井口无刮碰

续表

工作内容	操作步骤及标准	风险提示	风险规避措施
接钻磨套铣工具	（2）配合吊起工具，扶正钻磨套铣工具将工具下入井内，下入过程无刮碰		
下立柱	（1）配合将管具从钻杆盒提出对接，上扣； （2）摘取吊卡	（1）上提摆动过大，管材碰撞、伤人；钻台杂物较多，易使人员绊倒；直接采用液压大钳上扣、错扣，管材损坏，更换钳头未切断动力源，易夹伤人员； （2）管材未刹稳，管材下砸吊卡，造成人身伤害；脚蹬吊卡使吊卡与管材分开，导致管材落井，造成井下事故； （3）取吊环配合不当，站位不对，易砸伤人员	（1）侧身扶住管材防止其摆动范围过大，始终使脚远离钻杆底部，手指不要放在立柱的里面清理钻台多余工具；先采用管钳手动引扣，后采用液压大钳上扣； （2）待吊具刹稳后取吊卡；严禁脚蹬吊卡，按规范标准操作； （3）注意人员间的配合、站位
钻磨套铣作业	出口返屑情况监测	监测不到位，造成司钻井下井况判断不清	加强责任心，仔细监测，发现异常立即汇报司钻
起立柱	（1）配合将管具从钻杆盒提出对接，上扣； （2）摘取吊卡	（1）上提摆动过大，管材碰撞、伤人；钻台杂物较多，易使人员绊倒；直接采用液压大钳上扣、错扣，管材损坏，更换钳头未切断动力源，易夹伤人员； （2）管材未刹稳，管材下砸吊卡，造成人身伤害；脚蹬吊卡使吊卡与管材分开，导致管材落井，造成井下事故； （3）取吊环配合不当，站位不对，易砸伤人员	（1）侧身扶住管材防止其摆动范围过大，始终使脚远离钻杆底部，手指不要放在立柱的里面清理钻台多余工具；先采用管钳手动引扣，后采用液压大钳上扣； （2）待吊具刹稳后取吊卡；严禁脚蹬吊卡，按规范标准操作； （3）注意人员间的配合、站位
拆钻磨套铣工具	同接钻磨套铣工具	同接钻磨套铣工具	同接钻磨套铣工具

（4）切割作业。

切割作业标准化操作规程如表14-14所示。

表14-14 井口工主（副）岗切割作业标准化操作规程

工作内容	操作步骤及标准	风险提示	风险规避措施
安全技术交底	参与安全技术交底，做好JSA分析并签字	（1）未进行安全技术交底，未做好JSA分析，不清楚施工作业要求及注意事项，导致人身伤害及设备损坏； （2）人员分工不清楚，导致施工混乱，影响施工时效	（1）参与安全技术交底，做好JSA分析，并签字； （2）明确分工，清楚岗位职责

续表

工作内容	操作步骤及标准	风险提示	风险规避措施
接切割工具	（1）连接切割工具按标准上扣扭矩值上扣，连接时做好井口防落物掉井（井口小工具）； （2）配合吊起工具，扶正切割工具将工具下入井内，下入过程无刮碰	（1）连接切割工具未按标准扭矩上扣造成工具落井，井口落物掉井造成卡钻，引起井下事故； （2）打捞工具入井口时易刮碰	（1）按标准扭矩上扣，做好防落物措施（如井口遮垫全封闭、井口工具远离井口、工具系保险绳等）； （2）配合良好，过井口无刮碰
下立柱	（1）配合将管具从钻杆盒提出对接，上扣； （2）摘取吊卡	（1）上提摆动过大，管材碰撞、伤人；钻台杂物较多，易使人员绊倒；直接采用液压大钳上扣、错扣，管材损坏，更换钳头未切断动力源，易夹伤人员； （2）管材未刹稳，管材下砸吊卡，造成人身伤害；脚蹬吊卡使吊卡与管材分开，导致管材落井，造成井下事故； （3）取吊环配合不当，站位不对，易砸伤人员	（1）侧身扶住管材防止其摆动范围过大，始终使脚远离钻杆底部，手指不要放在立柱的里面清理钻台多余工具；先采用管钳手动引扣，后采用液压大钳上扣； （2）待吊具刹稳后取吊卡；严禁脚蹬吊卡，按规范标准操作； （3）注意人员间的配合、站位
切割作业	出口返屑情况监测	监测不仔细，造成司钻井下井况判断不清	加强责任心，仔细监测，发现异常立即汇报司钻
起立柱	（1）配合将管具从钻杆盒提出对接，上扣； （2）摘取吊卡	（1）上提摆动过大，管材碰撞、伤人；钻台杂物较多，易使人员绊倒；直接采用液压大钳上扣、错扣，管材损坏，更换钳头未切断动力源，易夹伤人员； （2）管材未刹稳，管材下砸吊卡，造成人身伤害；脚蹬吊卡使吊卡与管材分开，导致管材落井，造成井下事故； （3）取吊环配合不当，站位不对，易砸伤人员	（1）侧身扶住管材防止其摆动范围过大，始终使脚远离钻杆底部，手指不要放在立柱的里面，清理钻台多余工具；先采用管钳手动引扣，后采用液压大钳上扣； （2）待吊具刹稳后取吊卡；严禁脚蹬吊卡，按规范标准操作； （3）注意人员间的配合、站位
拆切割工具	同接切割工具	同接切割工具	同接切割工具

6）设备拆卸

设备拆卸作业标准化操作规程如表14–15所示。

表14–15　井口工主（副）岗设备拆卸作业标准化操作规程

工作内容	操作步骤及标准	风险提示	风险规避措施
参加技术交底及JSA分析	参与安全技术交底，做好JSA分析并签字	（1）未进行安全技术交底，未做好JSA分析，不清楚施工作业要求	（1）参与安全技术交底，做好JSA分析，并签字；

续表

工作内容	操作步骤及标准	风险提示	风险规避措施
参加技术交底及JSA分析		及注意事项，导致人身伤害及设备损坏； （2）人员分工不清楚，导致施工混乱，影响施工时效	（2）明确分工，清楚岗位职责
辅助设备拆卸、放井架、更换大绳、拆井架	（1）准备好工具、防护用品，做好拆卸前准备； （2）吊装作业执行好相关吊装作业安全操作规程； （3）底座及井架拆卸执行好相关标准制定，岗位配合作业时，做好配合，做到“三不”伤害	（1）具使用不当，造成伤害； （2）放井架时，如遇恶劣天气、刹把操作不当或刹车失灵大绳被拉断等易导致井架倒塌； （3）绳套拴挂不牢，绳径小导致构件坠落；更换大绳时，启动过快，人员未闪开；使用不标准绳套，绳套严重变形、断丝、锈蚀，导致绳套断裂伤员或摔坏设备； （4）绳套未拴挂牢靠起吊时脱落人员被绳套弹打，手扶位置不当被绳套挤伤；高处作业正下方及其附近危险区域不应有人作业、停留和通过	（1）正确使用气具； （2）岗位之间加强配合，做到“三不”伤害； （3）更换大绳时，人员站位正确；遇有五级以上大风、雷电或暴雨、雾、雪、沙暴等能见度小于30m时，应停止高处作业；钢丝绳套拴挂牢固，人员站位正确，使用推拉杆或牵引绳； （4）井架拆卸结束后，合理放置在井架支座上，并固定牢固，以免在运输过程中损坏井架；执行好相关标准规定，严禁交叉作业，危险区域内人员不得停留

7）设备离场

设备离场标准化操作规程如表14-16所示。

表14-16 井口工主（副）岗设备离场标准化操作规程

工作内容	操作步骤及标准	风险提示	风险规避措施
参加技术交底及JSA分析	参与安全技术交底，做好JSA分析并签字	（1）未进行安全技术交底，未做好JSA分析，不清楚施工作业要求及注意事项，导致人身伤害及设备损坏； （2）人员分工不清楚，导致施工混乱，影响施工时效	（1）参与安全技术交底，做好JSA分析，并签字； （2）明确分工，清楚岗位职责
搬迁	（1）准备好工具、推拉杆、牵引绳等用品，做好搬迁前准备； （2）具体搬迁作业程序服从上级安排； （3）作业时穿戴齐全劳保用品，岗位配合作业时，做好配合，做到“三不伤害”； （4）吊装作业执行好相关吊装作业安全操作规程	（1）工具使用不当，造成伤害； （2）绳套拴挂不牢，绳径小导致构件坠落； （3）使用不标准绳套，钢丝绳严重变形、断丝、锈蚀，导致钢丝绳断裂伤人或摔坏设备； （4）起吊时脱落，人员被钢丝绳弹打，手扶位置不当被绳套挤伤； （5）人员站位不正确，在吊物下走动、停留等易造成人身伤害	（1）正确使用工具，各岗位之间加强配合，严格执行安全操作规程； （2）钢丝绳套拴挂牢固，根据被吊物选择合适绳套； （3）钢丝绳应无打扭、接头、电弧烧伤、退火、挤压扁等缺陷； （4）人员站位正确，使用推拉杆或牵引绳； （5）执行好相关标准规定，严禁交叉作业，危险区域内人员不得停留

第十五章　修井队井架工岗位操作标准

第一节　岗位描述

下·十五

1. 岗位说明书

修井队井架工岗位说明如表15-1所示。

表15-1　井架工岗位说明

项　目		主要内容
工作概述		负责本班组修井机起下油管作业二层台操作，包括参加班前班后会，本岗位设备的日常检查、维护和管理，参与班组的日常建设
上岗条件	教育程度	高中（同等学力）及以上文化程度
	从业资格	持有有效的井控培训合格证、HSSE管理培训合格证、硫化氢防护技术证、高空作业证
	技能等级	中级工及以上职业资格证书
	辅助技能	具备必需的井下作业及石油开采等相关业务知识
	工作经历	具有3年以上井下作业工作经历
	职业道德	爱岗敬业、勇于奉献、团结协作、遵章守纪
	身体素质	（1）能够屈体、运动或搬运40kg以上的重物； （2）能够在12h值班中站立或行走70%以上的时间； （3）视力正常，听觉敏锐； （4）具有高空作业能力
岗位关系	纵向关系	接受司钻、副司钻的直接领导，值班干部业务指导；
	横向关系	与司钻、井口工、场地工等具有协作关系
岗位职责	工作职责	（1）完成起下钻二层平台的安全操作，作业过程中做好与司钻、井口工、场地之间的配合； （2）井控演练时，迅速到节流管汇进行操作； （3）在上、下井架时正确使用安全带、防坠器，高处作业使用的工具、用具应拴好保险绳或放在工具袋内，并经常检查井架附件、紧固件，二层台逃生装置、护栏确保其牢固完好； （4）认真执行班组岗位练兵及学习计划，参与本班组人员政治、文化、业务学习，开展岗位练兵； （5）参与节能减排工作

续表

项目		主要内容
岗位职责	安全职责	(1)对本岗位的HSSE工作负直接责任; (2)贯彻执行国家、行业HSSE相关的法律、法规和公司安全工作规程、安全技术操作规程; (3)正确穿戴劳保用品上岗作业，规范、熟练地使用各种安全工器具、防护用品和消防器材; (4)做好班前本岗位安全提示，工作中穿戴好劳保用品，采取安全措施，定期检查安全带、防坠器，高处作业使用的工具应拴好保险绳或放在工具袋内，并经常检查井架附件、紧固件，检查二层台逃生器、护栏确保其牢固完好，能熟练操作消防器材，确保岗位安全; (5)遵守操作规程，操作前认真进行危害辨识和风险分析，落实必要的风险削减措施; (6)无违章作业、无违反劳动纪律，自觉抵制违章指挥，纠正违章行为
岗位工作内容		(1)操作责任: ①执行交、接班制度; ②按照巡回检查路线、项点进行检查; ③负责二层台操作，与班组人员配合完成修井机搬迁安装、起放井架、换装井口、组单根、起下钻、放井架等作业; ④发生溢流、井涌、井喷时负责配合副司钻操作节流管汇与其他岗位完成关井作业; ⑤了解管柱结构、井下工具性能、泥浆参数等技术状况; ⑥及时掌握井内管柱结构、深度，并按要求将管柱依次排列; ⑦正确判断井下管柱与吊卡的匹配是否正确，发现问题及时汇报; ⑧严格按照井下作业施工设计施工，发现问题及时汇报; ⑨先行解决本岗位突发情况，并及时汇报; ⑩填写工程班报表并签字; ⑪未在二层台作业时填写井控坐岗记录并签字; ⑫完成值班干部及班组长临时安排给本岗位的其他任务。 (2)生产组织责任: ①参加班前会，了解生产状况，接收作业指令; ②按照生产作业指令完成本岗位操作; ③按照安全操作规程完成本岗位操作; ④与班组各岗位搞好分工与配合; ⑤完成本岗位巡回检查、交接班、设备维修保养; ⑥执行上级及本队各项规章制度; ⑦完成值班干部安排的其他工作; ⑧参加班后会，对本岗位工作进行总结。 (3)管理责任: ①参与班组管理和建设; ②参与班组业务学习; ③推广新工艺、新技术; ④协助班组长做好其他管理工作。 (4)安全责任: ①参与班组QHSE活动并记录; ②执行QHSE的各项规定; ③履行本岗位QHSE工作时，发现不安全因素及时处理，不能处理则采取防范措施并及时上报; ④参加班组应急演练; ⑤正确使用劳动防护用具; ⑥熟练使用和维护安全防护设施、消防器材和急救器具; ⑦制止和纠正“三违现象”; ⑧参与抢救突发事件，正确处置，及时汇报，保护现场并详细记录; ⑨做好相关作业前的风险分析及防范措施; ⑩承担本岗位内的机械、设备、人身安全责任

续表

项　目	主要内容
工作权限	(1)对违章指挥有拒绝权，对违章操作有制止权； (2)服从班组长对本岗位的工作考核； (3)突发情况服从班长管理
职业生涯发展规划	(1)在本岗位具有良好的工作业绩，达到高一层次任职条件，可以晋升到高一级岗位； (2)可以在公司内部进行相应岗位流动或轮换
考核关系	接受本班组人员的业绩考核

2. 工艺流程图

井架工工作工艺流程如图15-1所示。

图15-1　井架工工作工艺流程

3. 工作流程图

井架工工作流程如图15-2所示。

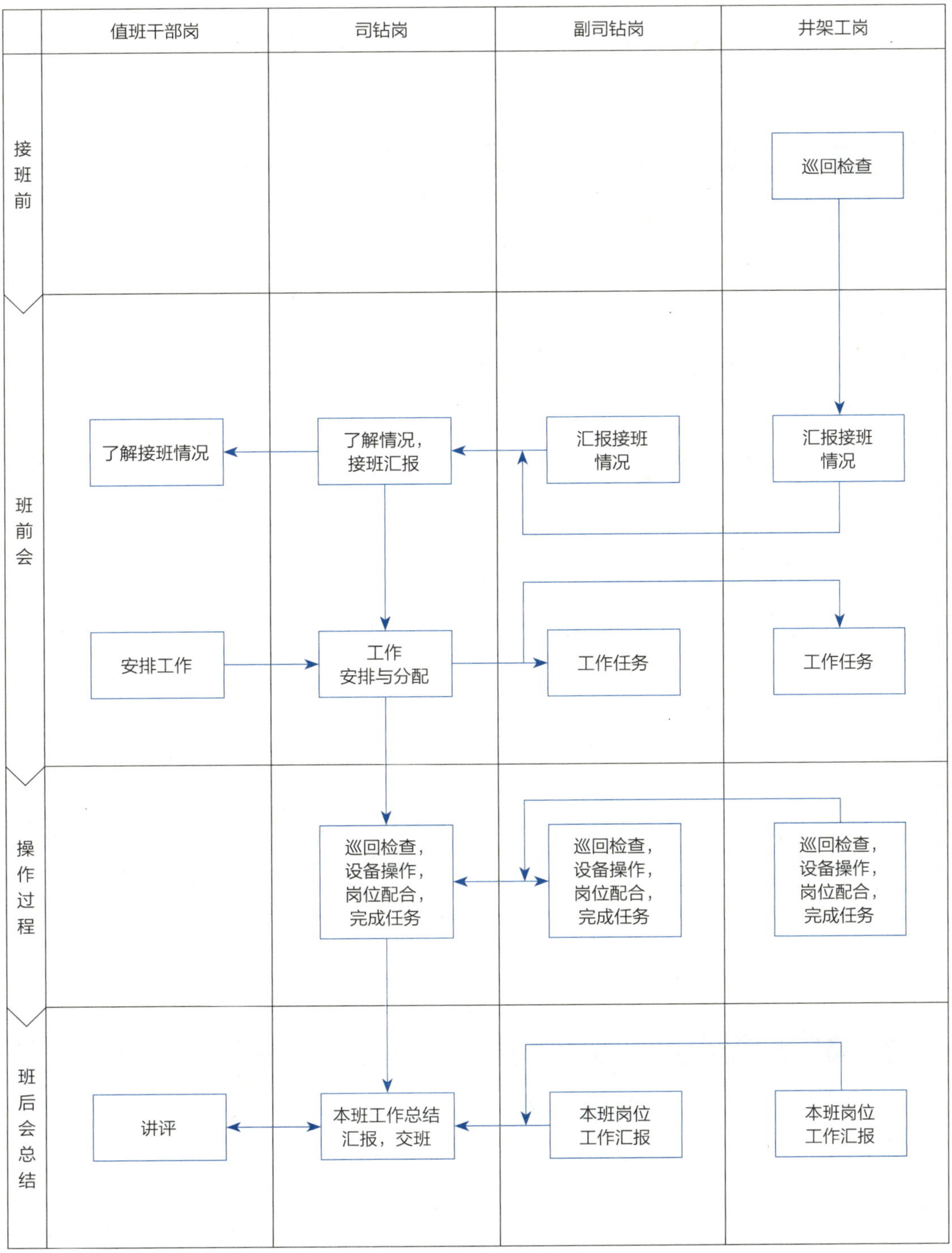

	值班干部岗	司钻岗	副司钻岗	井架工岗
接班前				巡回检查
班前会	了解接班情况	了解情况，接班汇报	汇报接班情况	汇报接班情况
	安排工作	工作安排与分配	工作任务	工作任务
操作过程		巡回检查，设备操作，岗位配合，完成任务	巡回检查，设备操作，岗位配合，完成任务	巡回检查，设备操作，岗位配合，完成任务
班后会总结	讲评	本班工作总结汇报，交班	本班岗位工作汇报	本班岗位工作汇报

图15-2 井架工工作流程

第二节　岗位标准化操作规程

1. 交接班标准化操作规程

1）接班

接班标准化操作规程如表15-2所示。

表15-2　井架工接班标准化操作规程

工作内容	工作步骤	工作标准	风险提示
班前检查	(1)穿戴劳保用品； (2)按接班要求进行接班前的检查； (3)发现的问题反馈给交班司钻； (4)询问、了解设备及安全生产情况	(1)劳保用品穿戴齐全、规范； (2)设备、工具检查率100%； (3)问题反馈率100%； (4)了解当前设备、安全生产情况，做到心中有数	(1)劳保用品穿戴不齐，容易发生人身伤害事故； (2)设备检查遗漏，有问题不能及时发现，导致设备故障，耽误生产； (3)发现的问题未反馈，交班不能及时整改，设备带病工作，易发生事故； (4)施工情况了解不清，可能会造成设备损坏或井下复杂
班前会	(1)按岗位巡检后，参加班前会； (2)接受班长当班作业指令，对本岗位作业内容进行危害分析并提交班长	(1)参加率100%； (2)危害分析全面，工作分配必须具体、明确，记录齐全准确	(1)不参加班前会，将不了解工作情况，容易导致发生事故或人员伤害； (2)不进行危害分析，易导致安全事故的发生，分配不具体，会导致怠工、误工的发生，记录不齐全，不符合资料存档规范
作业	(1)进行岗位交接； (2)完成本岗位生产施工	(1)及时到位，对井下情况、油管组合、设备熟悉了解； (2)生产作业要兼顾安全	(1)不能及时到位，造成超长工作，疲劳工作易发生事故，交接不全面，可能导致作业过程中发生故障，耽误生产； (2)生产作业忽视安全，造成人员安全意识淡薄，发生伤害事故

2）交班

交班标准化操作规程如表15-3所示。

表15-3　井架工交班标准化操作规程

工作内容	工作步骤	工作标准	风险提示
交班	(1)交清本岗位当前施工情况； (2)对接班井架工提出的问题进行整改	(1)施工情况、井内油管组合、设备、工具状况交接清楚率100%； (2)职责、能力范围以内的问题整改率100%	(1)交接有遗漏、交接不清，易发生故障，耽误生产； (2)问题整改不全，遗留隐患，易导致误工或事故发生

续表

工作内容	工作步骤	工作标准	风险提示
班后会	交班后，参加班后会，具体总结、分析本班工作情况	总结内容具体、全面	不参加班后会，本岗位工作无人汇报，问题、经验不能及时总结

2. 巡回检查标准化操作规程

巡回检查路线如图15-3所示。

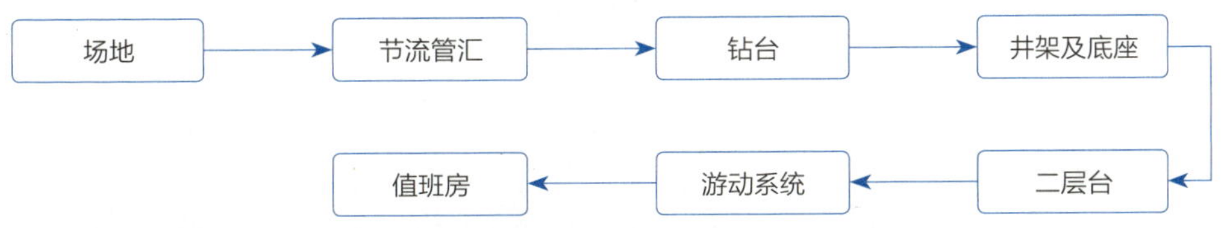

图15-3 井架工巡回检查路线

巡回检查标准化操作规程如表15-4所示。

表15-4 井架工巡回检查标准化操作规程

检查路线及项点	工作标准	风险提示	风险规避措施
场地： （1）管汇台； （2）二层台逃生装置； （3）循环罐； （4）管具及工具	（1）详细了解节流压井管汇的工作情况、压井液参数及性能； （2）地面检查钢丝绳，要求无断丝、锈蚀、折痕等硬伤，检查缓冲垫摆放位置是否合理； （3）罐体无破损、刺漏； （4）了解管具数量及工具	（1）若不了解节流压井管汇的工作情况、压井液参数及性能； （2）地面检查钢丝绳要求无断丝、锈蚀、折痕等硬伤；检查缓冲垫摆放位置是否合理； （3）罐体无破损、刺漏； （4）管具数量及工具了解不清，造成数据错误，影响施工质量	（1）详细了解节流、压井管汇工况、压井液参数及性能、工具结构等； （2）定期检查固定情况，发现松动或缺失立即紧固或补缺，出现硬伤立即更换； （3）罐体保证完好； （4）仔细检查核对管材数量，了解工具下入深度做到心中有数
节流管汇	各闸门灵活好用、标识清楚，处于工作位置，连接法兰螺栓齐全、牢固，无松动；压力表灵敏可靠处于校验器	管汇闸门不灵活，不利于关井、节流等操作；工作位置错误，易产生误操作，造成井控复杂情况，压力表超期使用，观测压力数值不准，影响判断	定期检查保养，确保各闸门灵活好用，处于工作位置，标识清楚；压力表选用合适，处于校验器内
钻台： （1）管具管材； （2）助爬器、防坠器； （3）立管压力表表盘、密封； （4）防护	（1）熟悉钻台上管具规格型号及数量，以及编号顺序； （2）检查助爬器、防坠器与井架固定是否牢固； （3）防振压力表量程符合要求，表盘清洁，指示灵敏、准确，密封完好；	（1）螺栓松动、背帽缺失，造成死绳卡固不牢； （2）助爬器、防坠器与井架固定不牢固，造成作业人员人身伤害； （3）压力表量程不符合要求、表盘不清洁、指针阻卡、密封损坏，造成无法正	（1）逐个检查固定螺栓，确保背帽齐全、紧固； （2）对助爬器、防坠器挂钩进行详细检查； （3）定期清洁表盘，防止磕碰； （4）冬季施工阶段，做好冬防保温

续表

检查路线及项点	工作标准	风险提示	风险规避措施
钻台： （1）管具管材； （2）助爬器、防坠器； （3）立管压力表表盘、密封； （4）防护	（4）冬季采取防冻保温	常使用； （4）冬季不防护，易造成管路冻结、仪表损坏	
井架及底座： （1）大腿支座及卫生； （2）各连接销、保险销； （3）井架； （4）滑轮固定、润滑； （5）绳索； （6）照明设备	（1）支座无变形锈蚀，清洁无油污； （2）安装到位、齐全，完好； （3）井架检测有效； （4）固定牢固，定期润滑； （5）钢丝绳要求无断丝、松散、锈蚀、折痕等损伤； （6）照明设备完好，夜间照明充足	（1）支座在拆卸及运输过程中若发生损伤变形，不及时发现易造成事故； （2）若发生缺失、损伤等情况，易造成井架垮塌、设备损坏； （3）井架超载、超期，造成设备损坏； （4）固定不牢或润滑不及时易造成使用过程卡顿或掉落，发生事故； （5）出现损伤易造成断裂，发生事故； （6）损坏易发生触电事故，照明不足易造成视线不清引发事故	（1）支座在拆卸、组装及运输过程中要注意防护，以免发生损伤变形； （2）各连接部位应逐点检查，避免遗漏，发生缺失立即补全； （3）定期检测，载荷不能超过检测结果； （4）定期检查固定情况，及时保养； （5）使用专用、标准绳索，出现损伤立即更换； （6）保证照明设备完好，出现损坏立即报告作业司机进行整改
二层台： （1）固定； （2）操作台、指梁及栏杆固定； （3）逃生装置； （4）安全带； （5）兜绳； （6）手工具	（1）各固定销子齐全、到位，钢丝绳无断丝、不变形； （2）各处固定牢固； （3）上下两端固定牢固，钢丝绳要求无断丝、锈蚀、折痕等损伤，应使用专用绳套，手动下滑刹车处于锁紧状态； （4）使用全身式安全带每班检查并形成记录； （5）兜绳长短适中、无损伤； （6）手工具必须系尾绳	（1）销子缺失或松动固定不牢，钢丝绳断裂，导致二层台脱落，造成人身伤害、设备受损； （2）固定不牢易造成人员坠落，指梁断裂、无安全链，易造成人身伤害、设备受损； （3）螺栓松动或缺失，导致逃生装置使用过程中发生断落，手刹车未锁紧，造成人员伤亡； （4）安全带损伤导致断裂，造成人身伤亡； （5）兜绳损伤导致兜油管断裂，造成人员受伤害、设备受损； （6）工具不系尾绳造成脱落，导致高空落物，造成人员伤害	（1）应逐点检查，避免遗漏，钢丝绳无断丝、不变形； （2）固定部位应逐点检查，避免遗漏； （3）每班检查固定情况，发现松动或缺失立即紧固或使用标准绳套，出现损伤立即更换，上端手刹车处于锁紧状态； （4）损伤立即更换，使用3~5年强制更换； （5）兜绳损伤立即更换； （6）手工具系尾绳，且拴挂牢固
游动系统： （1）固定； （2）天车滑轮组； （3）天车栏杆； （4）天车护罩； （5）游车； （6）大钩；	（1）天车固定牢固，不能偏斜，与转盘、井口同一轴线上； （2）天车各滑轮转动灵活，润滑充足，磨损符合规范要求，防跳螺栓齐全、紧固；	（1）发生偏斜影响井眼质量且易磨损油管； （2）转动不灵活加剧钢丝绳、滑轮组磨损，造成设备受损，人员伤亡，钢丝绳跳槽，导致钢丝绳断裂，造成设备受损，	（1）各固定螺栓齐全、紧固； （2）定期对滑轮组检查、保养润滑，定期检测； （3）栏杆齐全、牢固； （4）变形立即整改； （5）按照规定对各黄油嘴进行保养，严禁超保漏保，

续表

检查路线及项点	工作标准	风险提示	风险规避措施
(7)水龙头; (8)水龙带; (9)吊环	(3)栏杆齐全、牢固; (4)护罩完好; (5)滑轮组转动灵活润滑状态良好，护罩无变形; (6)大钩开关灵活，润滑状态良好; (7)水龙头油量、油质符合要求; (8)水龙带固定牢固、防磨措施到位，保险绳无损伤; (9)吊环无损伤	人员伤亡; (3)栏杆不齐全、不牢固易造成人身伤害; (4)护罩变形导致磨滑轮组，造成设备损坏; (5)滑轮卡死造成大绳干磨，导致损伤大绳，护罩变形导致挂碰井架或大绳跳槽; (6)大钩开关困难影响工作时效，保养不及时造成无法使用; (7)保养不及时造成水龙头卡死，导致大绳打扭等事故; (8)水龙带固定不牢发生刺漏，保险绳损伤水龙带脱落时起不到保险作用，造成人身伤害、设备受损; (9)吊环有损伤易造成油管脱落	护罩变形及时整改，定期检测; (6)大钩要按规定进行保养，严禁超保漏保，定期检测; (7)水龙头要按规定及时保养，严禁超保漏保，定期检测; (8)水龙带固定牢固，保险绳无损伤; (9)吊环应定期进行探伤
值班房: (1)工程班报表; (2)交接班记录，井控坐岗记录，油管记录，设备运转、保养记录; (3)施工任务书; (4)油管结构等	资料齐全，填写准确、整洁、及时，无漏填内容	检查资料不齐全，易导致对当前施工情况了解不清，易发生问题	检查资料要逐本进行，认真仔细，无遗漏

3. 施工作业标准化操作规程

1）搬迁安装

搬迁安装作业标准化操作规程如表15-5所示。

表15-5　井架工搬迁安装作业标准化操作规程

工作内容	操作步骤及标准	风险提示	风险规避措施
设备搬迁	(1)参加搬迁部署会，参与制订搬迁计划; (2)组织搬迁所需物资、器材; (3)负责设备吊装、捆绑、摆放(货物捆绑，挂专用绳套，指挥人员要与吊车司机保持良好的沟通); (4)过程视频监控	(1)未参与搬迁会，对搬迁风险认识不到位; (2)配合吊装不规范，捆绑位置不对称，或者捆绑不牢固，易造成货物滑落、货物尖锐部位割断吊带吊索，货物失控，导致设备损坏、伤人;	(1)参与搬迁部署会，一起进行分析，严格按制定的风险控制措施执行; (2)按分工执行搬迁，物资器材准备到位; (3)规范吊装，捆绑牢靠，对称捆绑或者使用专用吊具，在货物

续表

工作内容	操作步骤及标准	风险提示	风险规避措施
设备搬迁		(3)无视频监控无法确保过程是否有违章	尖锐的部位加衬垫保护，两根钢丝绳的夹角应小于60°；人员指挥吊车时需配合好，人员需站到安全位置，检查吊钩防脱钩装置处于正常状态，系好足够长的牵引绳到合适部位，牵引绳另一端不能有打结； (4)视频系统正常运行，摆放位置合适
设备安装： (1)底座安装； (2)井架组装； (3)起井架前检查； (4)机泵组、循环系统安装； (5)流程安装； (6)远控房安装	(1)准备好施工机具、防护用品； (2)接受值班干部任务安排； (3)岗位协作时，做好配合； (4)修井机及钻台底座安装，底座基础平整坚固，无裂纹，底座各部件连接牢靠； (5)井架组装：按井架要求及标准组装井架（井架连接牢靠，安全销齐全，井架无变形）； (6)起井架前检查：按分工检查确认各起升部件满足要求，如起塔大绳是否有断丝、打结、扭曲、变形；天车、游车是否有变形、裂纹，是否在检测周期内；大钩是否有裂纹等； (7)机泵组、循环系统安装：机泵组、循环系统基础平整、承重满足要求；机械转动部位护罩齐全；安全阀设置合理，检验合格，在有效期内，泄压管线连接固定牢固；各罐连接牢靠，管线密封良好无刺漏，管线阀门通畅无堵塞，阀门开关灵活，阀门关闭良好无渗漏，各罐独立分开无窜漏；搅拌器、液位标尺性能良好，灌浆装置工作正常； (8)流程安装：按设计及标准要求安装连接地面流程，放喷、压井、回浆管线连接紧密，安装平直，转弯处宜采用不小于90°的弯头；管汇台、分离器、转弯的弯头两端、放喷口及平直段小于15m，用水泥基墩地脚螺栓和钢质压板	(1)未按规范要求安装底座，易导致设备损坏；底座基础不平整，导致设备不稳定损伤设备；底座基础裂纹，承重不合格，导致垮塌，机毁人亡；底座连接不牢，导致移位，易造成设备及人身伤害； (2)未按要求及标准安装井架，易导致井架变形、损坏设备； (3)未按要求进行检查，无法起升井架及井架倾覆，易造成设备损坏及安全事故； (4)起升井架，人员操作不当，导致起井架失败； (5)机泵组、循环系统基础不平整造成设备损伤、影响效率；机械转动无护罩造成机械伤人；安全阀无效造成超压伤人；管线固定不牢造成伤人；罐体及管线连接不牢易漏造成环境污染；管线堵塞、各罐不独立影响施工时效；搅拌器损坏影响搅拌，灌浆装置工作不正常易	(1)底座按规范要求安装，用水平仪检查底座基础是否平整，若不符合需要铺垫或整改达标；底座基础承重满足设备及施工要求； (2)井架组装按说明书标准执行，连接牢靠，安全销齐全，井架无变形； (3)按起井架相关参数执行； (4)机泵组、循环系统基础平整，承重符合要求；机械转动部位护罩齐全；安全阀有效，检验合格，泄压管线连接固定牢固；各罐连接牢靠，管线密封良好无刺漏，管线阀门通畅无堵塞，阀门开关灵活，阀门关闭良好无渗漏，各罐独立分开无窜漏；搅拌器、液位标尺性能良好，灌浆装置工作正常； (5)严格按设计及标准安装、固定地面流程； (6)远控房严格按标准要求安装连接，远控房距井口大于25m；远控房压力表齐全、灵

续表

工作内容	操作步骤及标准	风险提示	风险规避措施
设备安装： （1）底座安装； （2）井架组装； （3）起井架前检查； （4）机泵组、循环系统安装； （5）流程安装； （6）远控房安装	固定，压板与管线之间用胶垫垫好，上紧压板螺丝； （9）远控房安装：远控房距井口大于25m；远控房压力表齐全、灵敏，在有效期内；蓄能器氮气压力7±0.7MPa；液压油箱有效容积应大于蓄能器组可用液量，有足够大的通气孔，液压油无变质现象；手柄完好，开关位置正确；液压管线连接牢靠，无松动，排列整齐,无损坏，无泄漏，不被挤压，液压管线采用管线盒或管线排；远控房2m范围内无障碍物	引起井控问题； （6）流程安装固定不规范造成安全问题； （7）远控房安装不规范不满足安全要求，影响时效	敏，在有效期内；液压油无变质现象；手柄完好，开关位置正确；液压管线连接牢靠，无松动，排列整齐，无损坏、无泄漏，不被挤压，液压管线采用管线盒或管线排；远控房2m范围内无障碍物
修井设备调试	（1）进行设备调试，各部件工作正常，保证可靠； （2）井口工具准备到位	（1）整机调试不合格影响施工进度； （2）井口工具准备不到位，影响施工进度	（1）按要求调试合格设备； （2）按要求准备好井口常用工具
信息化设备安装调试	安排人员配合信息化设备安装调试		

2）开工验收

开工验收作业标准化操作规程如表15-6所示。

表15-6 井架工开工验收作作业标准化操作规程

工作内容	操作步骤及标准	风险提示	风险规避措施
开工验收	组织本班人员整改问题并反馈	整改过程中的各种安全风险	针对安全风险制定相应的规避措施并严格执行

3）换装井口

换装井口作业标准化操作规程如表15-7所示。

表15-7 井架工换装井口作业标准化操作规程

工作内容	操作步骤及标准	风险提示	风险规避措施
拆采气树	（1）进行分工及拆换井口JSA分析；	（1）JSA分析不到位易造成安全问题；	（1）针对安全风险制定相应的规避措施并严格执行；

续表

工作内容	操作步骤及标准	风险提示	风险规避措施
拆采气树	（2）泄压、隔离相应阀门； （3）拆卸螺栓，戴好护目镜，扳手系有安全绳； （4）吊出采气树至安全位置，严格按吊装要求操作，绳套满足要求，专人指挥吊装，吊装时各岗位人员做好配合，拴好尾绳，严防碰撞	（2）未泄压，易造成高压伤人； （3）敲击扳手时，未戴好护目镜造成打出的铁渣打伤眼睛，扳手未系安全绳造成打击伤人； （4）吊装不规范，易造成设备损伤、人身伤害	（2）泄压归零后确认； （3）拆卸螺栓时戴好护目镜，扳手系有安全绳； （4）严格按吊装要求操作，绳套满足要求，专人指挥吊装，吊装时各岗位人员做好配合，拴好尾绳，严防碰撞
安装防喷器	（1）进行分工及安装防喷器JSA分析； （2）吊装防喷器时，严格按吊装要求操作，绳套满足要求，专人指挥吊装，吊装时各岗位人员做好配合，拴好尾绳，严防碰撞； （3）紧固螺栓，戴好护目镜，扳手系有安全绳； （4）连接液压管线，各液压控制件连接正确，管线密封无刺漏； （5）防喷器调试、试压合格	（1）JSA分析不到位易造成安全问题； （2）吊装不规范，易造成设备损伤、人身伤害； （3）敲击扳手时，未戴好护目镜造成打出的铁渣打伤眼睛，扳手未系安全绳造成打击伤人； （4）液压管线连接错误，造成开关错误和井控问题，管线刺漏造成液压油泄漏，环境污染及井控问题； （5）防喷器调试、试压不合格影响进度	（1）针对安全风险制定相应的规避措施并严格执行； （2）严格按吊装要求操作，绳套满足要求，专人指挥吊装，吊装时各岗位人员做好配合，拴好尾绳，严防碰撞； （3）紧固螺栓戴好护目镜，扳手系有安全绳； （4）液压控制件连接正确，管线密封无刺漏； （5）防喷器调试、试压合格
拆防喷器	（1）进行拆防喷器JSA分析； （2）泄压、隔离相应阀门； （3）拆卸螺栓，戴好护目镜，扳手系有安全绳； （4）吊出防喷器至安全位置，防喷器下垫上盖，严格按吊装要求操作，绳套满足要求，专人指挥吊装，吊装时各岗位人员做好配合，拴好尾绳，严防碰撞	（1）JSA分析不到位易造成安全问题； （2）未泄压，易造成高压伤人； （3）敲击扳手时，未戴好护目镜造成打出的铁渣打伤眼睛，扳手未系安全绳造成打击伤人； （4）吊装不规范，易造成设备损伤、人身伤害	（1）针对安全风险制定相应的规避措施并严格执行； （2）泄压归零后确认； （3）拆卸螺栓时戴好护目镜，扳手系有安全绳； （4）严格按吊装要求操作，绳套满足要求，专人指挥吊装，吊装时各岗位人员做好配合，拴好尾绳，严防碰撞
安装采气树	（1）安装采气树JSA分析； （2）吊装采气树时，严格按吊装要求操作，绳套满足要求，专人指挥吊装，吊装时各岗位人员做好配合，拴好尾绳，严防碰撞； （3）紧固螺栓，戴好护目镜，扳手系有安全绳	（1）JSA分析不到位易造成安全问题； （2）吊装不规范，易造成设备损伤、人身伤害； （3）敲击扳手时，未戴好护目镜造成打出的铁渣打伤眼睛，扳手未系安全绳造成打击伤人	（1）针对安全风险制定相应的规避措施并严格执行； （2）严格按吊装要求操作，绳套满足要求，专人指挥吊装，吊装时各岗位人员做好配合，拴好尾绳，严防碰撞； （3）紧固螺栓时，戴好护目镜，扳手系有安全绳

4）井筒作业

（1）通井作业。

通井作业标准化操作规程如表15-8所示。

表15-8 井架工通井作业标准化操作规程

工作内容	操作步骤及标准	风险提示	风险规避措施
参加技术交底及JSA分析	参与安全技术交底，做好JSA分析并签字	(1)未进行安全技术交底，未做好JSA分析，不清楚施工作业要求及注意事项，导致人身伤害及设备损坏； (2)人员分工不清楚，导致施工混乱，影响施工时效	(1)参与安全技术交底，做好JSA分析，并签字； (2)明确分工，清楚岗位职责
组油管单根	井控坐岗	(1)坐岗时未按要求进行记录丈量，造成井控事故； (2)坐岗时脱岗	(1)严格按要求，定时定点丈量记录； (2)坐岗时禁止脱岗
起（下）油管立柱	(1)上下井架； (2)系安全带； (3)二层台作业	(1)未系保险带易造成重大伤害事故，未使用助力器或保护器使用不正确，易造成人员坠落； (2)未使用助力器，在上爬过程中过度劳累易发生危险； (3)上下过程中，手脚配合不当易坠落，到位后未先将安全带拴挂好就摘防坠落保护器，易发生坠落； (4)未检查二层台工具易在使用过程中造成工具坠落等情况； (5)起升过程中未及时检查钢丝绳，易导致事故隐患发现不及时，未注意游动滑车上升位置或发信号不及时，易导致顶天车事故； (6)兜兜绳时，身体探出操作台过多，重心不稳易发生坠落； (7)与钻台配合时手势不明确，易使钻台人员误操作，导致机械伤害，兜绳活绳头固定不牢固易导致脱开，使立柱磕碰井架，造成设备及人员伤害； (8)手工具未拴挂保险绳易坠落伤人； (9)未按照顺序摆放造成下井顺序错误	(1)未系保险带易造成重大伤害事故，未使用助力器或保护器使用不正确，易造成人员坠落； (2)未使用助力器，在上爬过程中过度劳累易发生危险； (3)上爬过程中，手脚注意配合防止滑跌坠落，到位后，先将安全带拴挂好再摘保护器； (4)检查并使用好手工具； (5)认真检查钢丝绳情况，发现问题，及时通知钻台人员，注意游动滑车上升位置，及时发信号提醒司钻； (6)兜兜绳时，身体不要探出过多，保持重心，防止坠落； (7)与钻台配合注意手势正确，明显，活绳头要固定牢固，拉绳时防止兜绳脱开； (8)高处作业手工具必须拴挂保险绳，防止坠落伤人； (9)按照顺序摆放（下）立柱
循环洗井	检查循环通道	循环通道不畅通可能造成憋压，造成高压伤人或压漏地层	检查通道，必须确保通道畅通才能开泵

（2）射孔作业。

射孔作业标准化操作规程如表15-9所示。

表15-9 井架工射孔作业标准化操作规程

工作内容	操作步骤及标准	风险提示	风险规避措施
参加技术交底及JSA分析	参与安全技术交底，做好JSA分析并签字	(1)未进行安全技术交底，未做好JSA分析，不清楚施工作业要求及注意事项，导致人身伤害及设备损坏； (2)人员分工不清楚，导致施工混乱，影响施工时效	(1)参与安全技术交底，做好JSA分析，并签字； (2)明确分工，清楚岗位职责

续表

工作内容	操作步骤及标准	风险提示	风险规避措施
起（下）射孔立柱	（1）上下井架； （2）系安全带； （3）二层台作业	（1）未系保险带易造成重大伤害事故，未使用助力器或保护器使用不正确，易造成人员坠落； （2）未使用助力器，在上爬过程中过度劳累易发生危险； （3）上下过程中，手脚配合不当易坠落，到位后未先将安全带拴挂好就摘防坠落保护器，易发生坠落； （4）未检查二层台工具易在使用过程中造成工具坠落等情况； （5）起升过程中未及时检查钢丝绳易导致事故隐患发现不及时，未注意游动滑车上升位置或发信号不及时易导致顶天车事故； （6）兜兜绳时，身体探出操作台过多，重心不稳易发生坠落； （7）与钻台配合时手势不明确，易使钻台人员误操作，导致机械伤害，兜绳活绳头固定不牢固易导致脱开，使立柱磕碰井架，造成设备及人员伤害； （8）手工具未拴挂保险绳易坠落伤人； （9）未按照顺序摆放造成下井顺序错误	（1）未系保险带易造成重大伤害事故，未使用助力器或保护器使用不正确，易造成人员坠落； （2）未使用助力器，在上爬过程中过度劳累易发生危险； （3）上爬过程中，手脚注意配合防止滑跌坠落，到位后，先将安全带拴挂好再摘保护器； （4）检查并使用好手工具； （5）认真检查钢丝绳情况，发现问题，及时通知钻台人员，注意游动滑车上升位置，及时发信号提醒司钻； （6）兜兜绳时，身体不要探出过多，保持重心，防止坠落； （7）与钻台配合注意手势正确，明显，活绳头要固定牢固，拉绳时防止兜绳脱开； （8）高处作业手工具必须拴挂保险绳，防止坠落伤人； （9）按照顺序摆放（下）立柱
观察、循环压井液	（1）射孔后按设计进行坐岗观察，若有返液按要求进行下步作业； （2）检查循环通道确保通道通畅	（1）观察时间不足或观察不到位造成井控问题； （2）循环通道不畅通可能造成憋压，造成高压伤人或压漏地层； （3）返液不正常可能存在井漏，洗井液体进出口性能不一致造成循环洗井不充分造成井内沉淀，影响进度及质量	（1）严格按设计要求进行座岗观察； （2）检查通道，必须确保通道畅通才能开泵； （3）返液正常后才能按设计排量参数进行洗井，检查进出口液体性能一致达标

（3）刮管作业。

刮管作业标准化操作规程如表15-10所示。

表15-10　井架工刮管作业标准化操作规程

工作内容	操作步骤及标准	风险提示	风险规避措施
参加技术交底及JSA分析	参与安全技术交底，做好JSA分析并签字	（1）未进行安全技术交底，未做好JSA分析，不清楚施工作业要求及注意事项，导致人身伤害及设备损坏； （2）人员分工不清楚，导致施工混乱，影响施工时效	（1）参与安全技术交底，做好JSA分析，并签字； （2）明确分工，清楚岗位职责

续表

工作内容	操作步骤及标准	风险提示	风险规避措施
起（下）管柱	（1）井架工在钻台上穿戴好多功能保险带； （2）井架工到井架梯子处，首先防坠落保护器挂钩挂在保险带的挂环内，将保险旋紧； （3）井架工两手下拉助力器拉绳，摘下助力器拉绳挂钩，分别挂在保险带的挂环内，将保险旋紧； （4）井架工两手抓紧井架梯子两侧栏杆，左脚上提踏在井架梯子横梁上，左脚右手同时用力，同时左手上移右脚上提踏在井架梯子横梁上，同样动作爬上井架，两手、两脚不能同时离开井架梯子； （5）到位后，井架工旋开助力器保险，将助力器拉绳挂钩挂在井架梯子横梁上，旋开防坠落保护器保险，将防坠落保护器挂钩摘下； （6）井架工到二层台后，把保险带尾绳挂在专用挂钩上，把兜绳拴在二层台绳桩上，检查立柱钩子及尾绳； （7）井架工在游动滑车上升时，观察钢丝绳有无明显断丝，注意游动滑车起升位置，及时发信号提醒司钻； （8）井架工用兜绳拉出立柱，左手扶正，右手紧握吊卡活门手柄，左手将立柱推入吊卡，趁游动滑车向里摆动时，右手用力扣合吊卡活门，发出起升信号； （9）待司钻上提立柱时井架工缓慢松兜绳； （10）待钻台紧螺纹完成后，方可松开兜绳	（1）未系保险带易造成人身伤害事故； （2）防坠落保护器使用不正确，造成人员坠落时起不到保护作用； （3）未检查二层台工具易在使用过程中造成工具坠落等情况； （4）起升过程中未检查钢丝绳导致隐患发现不及时； （5）未注意游动滑车上升位置或发信号不及时易导致顶天车事故； （6）与钻台配合手势不明确，易使钻台人员误操作，导致机械伤害； （7）活绳头固定不牢固易导致脱开，使钻具磕碰井架，造成设备及人员伤害； （8）提起立柱对螺纹时松兜绳过快，导致钻具摆动幅度较大，易造成人身伤害事故； （9）井架工过早把立柱拉出指梁，易造成吊卡挂碰立柱，造成伤害事故	（1）高空作业必须系好安全带； （2）按规定使用好安全设置； （3）检查好手工具； （4）认真检查钢丝绳，发现问题及时通知钻台人员； （5）注意游动滑车上升位置，及时发信号提醒司钻； （6）与钻台配合注意手势正确、明显； （7）活绳头要固定牢固； （8）井架工下钻扣吊卡后，司钻提起立柱时缓慢松开兜绳； （9）井架工待吊卡停在合适位置并刹车后，方可将立柱拉出指梁
循环洗井	做好洗井液倒换、液体过滤	倒换不及时或过滤不佳，易造成洗井失败	施工前储备液体，检查过滤设备是否满足要求
甩油管单根	井控坐岗	（1）坐岗时未按要求进行记录文量，造成井控事故； （2）坐岗时脱岗	（1）严格按要求，定时定点文量记录； （2）坐岗时禁止脱岗

5）修井作业

（1）压井。

压井作业标准化操作规程如表15-11所示。

下·十五

表15-11 井架工压井作业标准化操作规程

工作内容	操作步骤及标准	风险提示	风险规避措施
安全技术交底	组织班组员工参与压井安全技术交底会，参与压井作业环节JSA分析	（1）未进行安全技术交底，未做好JSA分析，不清楚施工作业要求及注意事项，导致人身伤害及设备损坏； （2）人员分工不清楚，导致施工混乱，影响施工时效	（1）参与安全技术交底，做好JSA分析，并签字； （2）明确分工，清楚岗位职责
压井前准备	（1）有控制泄压：泄压前检查泄压通道是否畅通，放喷口点火装置状况良好，提前点好长明火，采用针阀或油嘴有控制地安全泄压； （2）压井液准备压井液数量为井筒容积1.5~2倍，压井液密度为地层压力系数附加0.07~0.15g/cm^3，压井液性能良好； （3）压井设备及供浆准备：泥浆泵或泵车状况良好，供浆设备良好，满足供浆要求，供浆管线无刺漏； （4）保持信息畅通，指令执行到位	（1）泄压前未检查泄压通道畅通情况造成憋压，造成超压伤人；放喷口未及时点火导致大量气体聚集引起爆炸或环境污染；放喷过猛造成噪声污染； （2）压井液数量不足导致压井失败，压井液密度不满足要求导致压不稳井； （3）压井设备及供浆设备差，造成压井不连续，压井失败； （4）分工不明确、信息不畅导致误操作影响压井	（1）泄压通道畅通，放喷口点火装置状况良好，提前点好长明火，采用针阀或油嘴有控制地安全泄压； （2）压井液数量、密度、性能满足压井技术要求； （3）提前维护保养好压井设备及供浆设备，确保其状况良好； （4）分工明确、信息畅通，指令执行到位
压井	（1）按压井技术方案连接安装压井管线（正反循环均能满足），试压合格； （2）按压井曲线组织压井，根据技术员要求做好控回压，各岗位人员协同做好配合工作（如供浆、计量、放喷口观察等）	（1）管线连接、试压不符合压井技术要求影响压井施工； （2）不按压井曲线组织施工导致压井失败	（1）按压井技术方案连接安装压井管线（正反循环均能满足），试压合格； （2）按压井曲线组织施工
压井后观察	压井后观察一个换装井口及起下钻周期时间，该时间内无溢无漏	观察时间不够导致井控问题	加强坐岗严格观察一个换装井口及起下钻周期时间，该周期内无溢无漏，压井成功

（2）打捞作业。

打捞作业标准化操作规程如表15-12所示。

表15-12 井架工打捞作业标准化操作规程

工作内容	操作步骤及标准	风险提示	风险规避措施
参加技术交底及JSA分析	参与安全技术交底，做好JSA分析并签字	（1）未进行安全技术交底，未做好JSA分析，不清楚施工作业要求及注意事项，导致人身伤害及设备损坏； （2）人员分工不清楚，导致施工混乱，影响施工时效	（1）参与安全技术交底，做好JSA分析，并签字； （2）明确分工，清楚岗位职责

续表

工作内容	操作步骤及标准	风险提示	风险规避措施
起（下）修井立柱	（1）井架工在钻台上穿戴好多功能保险带； （2）井架工到井架梯子处，首先防坠落保护器挂钩挂在保险带的挂环内，将保险旋紧； （3）井架工两手下拉助力器拉绳，摘下助力器拉绳挂钩，分别挂在保险带的挂环内，将保险旋紧； （4）井架工两手抓紧井架梯子两侧栏杆，左脚上提踏在井架梯子横梁上，左脚右手同时用力，同时左手上移右脚上提踏在井架梯子横梁上，同样动作爬上井架，两手、两脚不能同时离开井架梯子； （5）到位后，井架工旋开助力器保险，将助力器拉绳挂钩挂在井架梯子横梁上，旋开防坠落保护器保险，将防坠落保护器挂钩摘下； （6）井架工到二层台后，把保险带尾绳挂在专用挂钩上，把兜绳拴在二层台绳桩上，检查立柱钩子及尾绳； （7）井架工在游动滑车上升时，观察钢丝绳有无明显断丝，注意游动滑车起升位置，及时发信号提醒司钻； （8）井架工用兜绳拉出立柱，左手扶正，右手紧握吊卡活门手柄，左手将立柱推入吊卡，趁游动滑车向里摆动时，右手用力扣合吊卡活门，发出起升信号； （9）待司钻上提立柱时井架工缓慢松兜绳； （10）待钻台紧螺纹完成后，方可松开兜绳	（1）未系保险带易造成人身伤害事故； （2）防坠落保护器使用不正确，造成人员坠落时起不到保护作用； （3）未检查二层台工具，易在使用过程中造成工具坠落等情况； （4）起升过程中未检查钢丝绳，导致隐患发现不及时； （5）未注意游动滑车上升位置或发信号不及时，易导致顶天车事故； （6）与钻台配合手势不明确，易使钻台人员误操作，导致机械伤害； （7）活绳头固定不牢固易导致脱开，使钻具磕碰井架，造成设备及人员伤害； （8）提起立柱对螺纹时松兜绳过快，导致钻具摆动幅度较大，易造成人身伤害事故； （9）井架工过早把立柱拉出指梁易造成吊卡挂碰立柱，造成伤害事故	（1）高空作业必须系好安全带； （2）按规定使用好安全设置； （3）检查好手工具； （4）认真检查钢丝绳，发现问题及时通知钻台人员； （5）注意游动滑车上升位置，及时发信号提醒司钻； （6）与钻台配合注意手势正确、明显； （7）活绳头要固定牢固； （8）井架工下钻扣吊卡后，司钻提起立柱时缓慢松开兜绳； （9）井架工待吊卡停在合适位置并刹车后，方可将立柱拉出指梁
打捞作业： （1）强提； （2）倒扣打捞	对提升系统、悬吊系统、承重系统、循环系统、井控系统检查	提升系统、悬吊系统、承重系统、循环系统、井控系统检查不仔细出现问题，造成人员受伤，设备损坏	打捞前，对提升系统、悬吊系统、承重系统、循环系统、井控系统仔细检查，确保设备处于正常运转状态
甩油管单根	井控坐岗	（1）坐岗时未按要求进行记录丈量，造成井控事故； （2）坐岗时脱岗	（1）严格按要求，定时定点丈量记录； （2）坐岗时禁止脱岗

（3）钻磨套铣作业。

钻磨套铣作业标准化操作规程如表15-13所示。

表15-13　井架工钻磨套铣作业标准化操作规程

工作内容	操作步骤及标准	风险提示	风险规避措施
安全技术交底	参与安全技术交底，做好JSA分析并签字	（1）未进行安全技术交底，未做好JSA分析，不清楚施工作业要求及注意事项，导致人身伤害及设备损坏； （2）人员分工不清楚，导致施工混乱，影响施工时效	（1）参与安全技术交底，做好JSA分析，并签字； （2）明确分工，清楚岗位职责
下立柱	（1）井架工在钻台上穿戴好多功能保险带； （2）井架工到井架梯子处，首先将防坠落保护器挂钩挂在保险带的挂环内，将保险旋紧； （3）井架工两手下拉助力器拉绳，摘下助力器拉绳挂钩，分别挂在保险带的挂环内，将保险旋紧； （4）井架工两手抓紧井架梯子两侧栏杆，左脚上提踏在井架梯子横梁上，左脚右手同时用力，同时左手上移右脚上提踏在井架梯子横梁上，同样动作爬上井架，两手、两脚不能同时离开井架梯子； （5）到位后，井架工旋开助力器保险，将助力器拉绳挂钩挂在井架梯子横梁上，旋开防坠落保护器保险，将防坠落保护器挂钩摘下； （6）井架工到二层台后，把保险带尾绳挂在专用挂钩上，把兜绳拴在二层台绳桩上，检查立柱钩子及尾绳； （7）井架工在游动滑车上升时，观察钢丝绳有无明显断丝，注意游动滑车起升位置，及时发信号提醒司钻； （8）井架工用兜绳拉出立柱，左手扶正，右手紧握吊卡活门手柄，左手将立柱推入吊卡，趁游动滑车向里摆动时，右手用力扣合吊卡活门，发出起升信号； （9）待司钻上提立柱时井架工缓慢松兜绳； （10）待钻台紧螺纹完成后，方可松开兜绳	（1）未系保险带易造成人身伤害事故； （2）防坠落保护器使用不正确，造成人员坠落时起不到保护作用； （3）未检查二层台工具，易在使用过程中造成工具坠落等情况； （4）起升过程中未检查钢丝绳，导致隐患发现不及时； （5）未注意游动滑车上升位置或发信号不及时，易导致顶天车事故； （6）与钻台配合手势不明确，易使钻台人员误操作，导致机械伤害； （7）活绳头固定不牢固易导致脱开，使钻具磕碰井架，造成设备及人员伤害； （8）提起立柱对螺纹时松兜绳过快，导致钻具摆动幅度较大，易造成人身伤害事故； （9）井架工过早把立柱拉出指梁易造成吊卡挂碰立柱，造成伤害事故	（1）高空作业必须系好安全带； （2）按规定使用好安全设置； （3）检查好手工具； （4）认真检查钢丝绳，发现问题及时通知钻台人员； （5）注意游动滑车上升位置，及时发信号提醒司钻； （6）与钻台配合注意手势正确、明显； （7）活绳头要固定牢固； （8）井架工下钻扣吊卡后，司钻提起立柱时缓慢松开兜绳； （9）井架工待吊卡停在合适位置并刹车后，方可将立柱拉出指梁
钻磨套铣作业	（1）出口返屑情况监测； （2）高压管线巡检	（1）监测不仔细，造成司钻井下井况判断不清； （2）巡检不到位，高压管线刺漏，导致工程事故	（1）加强责任心，仔细监测，发现异常立即汇报司钻； （2）定时巡检，确保无刺漏
起立柱	（1）井架工在钻台上穿戴好多功能保险带； （2）井架工到井架梯子处，首先将防坠落保护器挂钩挂在保险带的挂环内，将保险旋紧；	（1）未系保险带易造成人身伤害事故； （2）防坠落保护器使用不正确，造成人员坠落时起不到保护作用；	（1）高空作业必须系好安全带； （2）按规定使用好安全设置； （3）检查好手工具；

续表

工作内容	操作步骤及标准	风险提示	风险规避措施
起立柱	(3)井架工两手下拉助力器拉绳，摘下助力器拉绳挂钩，分别挂在保险带的挂环内，将保险旋紧； (4)井架工两手抓紧井架梯子两侧栏杆，左脚上提踏在井架梯子横梁上，左脚右手同时用力，同时左手上移右脚上提踏在井架梯子横梁上，同样动作爬上井架，两手、两脚不能同时离开井架梯子； (5)到位后，井架工旋开助力器保险，将助力器拉绳挂钩挂在井架梯子横梁上，旋开防坠落保护器保险，将防坠落保护器挂钩摘下； (6)井架工到二层台后，把保险带尾绳挂在专用挂钩上，把兜绳拴在二层台绳桩上，检查立柱钩子及尾绳； (7)井架工在游动滑车上升时，观察钢丝绳有无明显断丝，注意游动滑车起升位置，及时发信号提醒司钻； (8)井架工用兜绳拉出立柱，左手扶正，右手紧握吊卡活门手柄，左手将立柱推入吊卡，趁游动滑车向里摆动时，右手用力扣合吊卡活门，发出起升信号； (9)待司钻上提立柱时井架工缓慢松兜绳； (10)待钻台紧螺纹完成后，方可松开兜绳	(3)未检查二层台工具，易在使用过程中造成工具坠落等情况； (4)起升过程中未检查钢丝绳，导致隐患发现不及时； (5)未注意游动滑车上升位置或发信号不及时，易导致顶天车事故； (6)与钻台配合手势不明确，易使钻台人员误操作，导致机械伤害； (7)活绳头固定不牢固易导致脱开，使钻具磕碰井架，造成设备及人员伤害； (8)提起立柱对螺纹时松兜绳过快，导致钻具摆动幅度较大，易造成人身伤害事故； (9)井架工过早把立柱拉出指梁易造成吊卡挂碰立柱，造成伤害事故	(4)认真检查钢丝绳，发现问题及时通知钻台人员； (5)注意游动滑车上升位置，及时发信号提醒司钻； (6)与钻台配合注意手势正确、明显； (7)活绳头要固定牢固； (8)井架工下钻扣吊卡后，司钻提起立柱时缓慢松开兜绳； (9)井架工待吊卡停在合适位置并刹车后，方可将立柱拉出指梁

下·十五

(4)切割作业。

切割作业标准化操作规程如表15-14所示。

表15-14 井架工切割作业标准化操作规程

工作内容	操作步骤及标准	风险提示	风险规避措施
安全技术交底	参与安全技术交底，做好JSA分析并签字	(1)未进行安全技术交底，未做好JSA分析，不清楚施工作业要求及注意事项，导致人身伤害及设备损坏； (2)人员分工不清楚，导致施工混乱，影响施工时效	(1)参与安全技术交底，做好JSA分析，并签字； (2)明确分工，清楚岗位职责
下立柱	(1)井架工在钻台上穿戴好多功能保险带； (2)井架工到井架梯子处，首先将防坠落保护器挂钩挂在保险带的挂	(1)未系保险带易造成人身伤害事故； (2)防坠落保护器使用不正确，造成人员坠落时起	(1)高空作业必须系好安全带； (2)按规定使用好安全设置；

续表

工作内容	操作步骤及标准	风险提示	风险规避措施
下立柱	环内，将保险旋紧； （3）井架工两手下拉助力器拉绳，摘下助力器拉绳挂钩，分别挂在保险带的挂环内，将保险旋紧； （4）井架工两手抓紧井架梯子两侧栏杆，左脚上提踏在井架梯子横梁上，左脚右手同时用力，同时左手上移右脚上提踏在井架梯子横梁上，同样动作爬上井架，两手、两脚不能同时离开井架梯子； （5）到位后，井架工旋开助力器保险，将助力器拉绳挂钩挂在井架梯子横梁上，旋开防坠落保护器保险，将防坠落保护器挂钩摘下； （6）井架工到二层台后，把保险带尾绳挂在专用挂钩上，把兜绳拴在二层台绳桩上，检查立柱钩子及尾绳； （7）井架工在游动滑车上升时，观察钢丝绳有无明显断丝，注意游动滑车起升位置，及时发信号提醒司钻； （8）井架工用兜绳拉出立柱，左手扶正，右手紧握吊卡活门手柄，左手将立柱推入吊卡，趁游动滑车向里摆动时，右手用力扣合吊卡活门，发出起升信号； （9）待司钻上提立柱时井架工缓慢松兜绳； （10）待钻台紧螺纹完成后，方可松开兜绳	不到保护作用； （3）未检查二层台工具，易在使用过程中造成工具坠落等情况； （4）起升过程中未检查钢丝绳，导致隐患发现不及时； （5）未注意游动滑车上升位置或发信号不及时，易导致顶天车事故； （6）与钻台配合手势不明确，易使钻台人员误操作，导致机械伤害； （7）活绳头固定不牢固易导致脱开，使钻具磕碰井架，造成设备及人员伤害； （8）提起立柱对螺纹时松兜绳过快，导致钻具摆动幅度较大，易造成人身伤害事故； （9）井架工过早把立柱拉出指梁易造成吊卡挂碰立柱，造成伤害事故	（3）检查好手工具； （4）认真检查钢丝绳，发现问题及时通知钻台人员； （5）注意游动滑车上升位置，及时发信号提醒司钻； （6）与钻台配合注意手势正确、明显； （7）活绳头要固定牢固； （8）井架工下钻扣吊卡后，司钻提起立柱时缓慢松开兜绳； （9）井架工待吊卡停在合适位置并刹车后，方可将立柱拉出指梁
切割作业	（1）出口返屑情况监测； （2）高压管线巡检	（1）监测不到位，造成司钻井下井况判断不清； （2）巡检不到位，高压管线刺漏，导致工程事故	（1）加强责任心，仔细监测，发现异常立即汇报司钻； （2）定时巡检，确保无刺漏
起立柱	（1）井架工在钻台上穿戴好多功能保险带； （2）井架工到井架梯子处，首先将防坠落保护器挂钩挂在保险带的挂环内，将保险旋紧； （3）井架工两手下拉助力器拉绳，摘下助力器拉绳挂钩，分别挂在保险带的挂环内，将保险旋紧； （4）井架工两手抓紧井架梯子两侧栏杆，左脚上提踏在井架梯子横梁上，左脚右手同时用力，同时左手上移右脚上提踏在井架梯子横梁上，同样动作爬上井架，两手、两脚不能同时离开井架梯子；	（1）未系保险带易造成人身伤害事故； （2）防坠落保护器使用不正确，造成人员坠落时起不到保护作用； （3）未检查二层台工具易在使用过程中造成工具坠落等情况； （4）起升过程中未检查钢丝绳导致隐患发现不及时； （5）未注意游动滑车上升位置或发信号不及时易导致顶天车事故； （6）与钻台配合手势不明	（1）高空作业必须系好安全带； （2）按规定使用好安全设置； （3）检查好手工具； （4）认真检查钢丝绳，发现问题及时通知钻台人员； （5）注意游动滑车上升位置，及时发信号提醒司钻； （6）与钻台配合注意手势正确，明显； （7）活绳头要固定牢固；

续表

工作内容	操作步骤及标准	风险提示	风险规避措施
起立柱	（5）到位后，井架工旋开助力器保险，将助力器拉绳挂钩挂在井架梯子横梁上，旋开防坠落保护器保险，将防坠落保护器挂钩摘下； （6）井架工到二层台后，把保险带尾绳挂在专用挂钩上，把兜绳拴在二层台绳桩上，检查立柱钩子及尾绳； （7）井架工在游动滑车上升时，观察钢丝绳有无明显断丝，注意游动滑车起升位置，及时发信号提醒司钻； （8）井架工用兜绳拉出立柱，左手扶正，右手紧握吊卡活门手柄，左手将立柱推入吊卡，趁游动滑车向里摆动时，右手用力扣合吊卡活门，发出起升信号； （9）待司钻上提立柱时井架工缓慢松兜绳； （10）待钻台紧螺纹完成后，方可松开兜绳	确，易使钻台人员误操作，导致机械伤害； （7）活绳头固定不牢固易导致脱开，使钻具磕碰井架，造成设备及人员伤害； （8）提起立柱对螺纹时松兜绳过快，导致钻具摆动幅度较大，易造成人身伤害事故； （9）井架工过早把立柱拉出指梁易造成吊卡挂碰立柱，造成伤害事故	（8）井架工下钻扣吊卡后，司钻提起立柱时缓慢松开兜绳； （9）井架工待吊卡停在合适位置并刹车后，方可将立柱拉出指梁

6）设备拆卸

设备拆卸作业标准化操作规程如表15-15所示。

表15-15 井架工设备拆卸作业标准化操作规程

工作内容	操作步骤及标准	风险提示	风险规避措施
参加技术交底及JSA分析	参与安全技术交底，做好JSA分析并签字	（1）未进行安全技术交底，未做好JSA分析，不清楚施工作业要求及注意事项，导致人身伤害及设备损坏； （2）人员分工不清楚，导致施工混乱，影响施工时效	（1）参与安全技术交底，做好JSA分析，并签字； （2）明确分工，清楚岗位职责
辅助设备拆卸、放井架、更换大绳、拆井架	（1）准备好工具、防护用品，做好拆卸前准备； （2）吊装作业执行好相关吊装作业安全操作规程； （3）人员作业时，监督本班人员穿戴齐全劳保用品； （4）底座及井架拆卸执行好相关标准制定，岗位配合作业时，做好配合，做到“三不”伤害	（1）工具使用不当，造成伤害； （2）放井架，如遇恶劣天气、刹把操作不当或刹车失灵大绳被拉断导致井架倒塌； （3）绳套拴挂不牢，绳径小导致构件坠落；更换大绳时，启动过快，人员未闪开；使用不标准绳套，绳套严重变形、断丝、锈蚀，导致绳套断裂伤员或摔坏设备； （4）绳套未拴挂牢靠起吊时脱落人员被绳套弹打，手扶位置	（1）佩戴好保险带； （2）岗位之间加强配合，做到“三不”伤害； （3）更换大绳时，人员站位正确；遇有五级以上大风、雷电或暴雨、雾、雪、沙暴等能见度小于30m时，应停止高处作业；钢丝绳套拴挂牢固、人员站位正确，使用推拉杆或牵引绳； （4）井架拆卸结束后，合理放置在井架支座上，并固定牢

续表

工作内容	操作步骤及标准	风险提示	风险规避措施
辅助设备拆卸、放井架、更换大绳、拆井架		不当被绳套挤伤；高处作业正下方及其附近危险区域不应有人作业、停留和通过	固，以免在运输过程中损坏井架；执行好相关标准规定，严禁交叉作业，危险区域内人员不得停留

7）设备离场

设备离场标准化操作规程如表15-16所示。

表15-16　井架工设备离场标准化操作规程

工作内容	操作步骤及标准	风险提示	风险规避措施
参加技术交底及JSA分析	参与安全技术交底，做好JSA分析并签字	（1）未进行安全技术交底，未做好JSA分析，不清楚施工作业要求及注意事项，导致人身伤害及设备损坏； （2）人员分工不清楚，导致施工混乱，影响施工时效	（1）参与安全技术交底，做好JSA分析，并签字； （2）明确分工，清楚岗位职责
井场搬迁作业	（1）准备好工具、推拉杆、牵引绳等用品，做好搬迁前准备； （2）吊装作业执行好相关吊装作业安全操作规程； （3）人员作业时，监督本班人员穿戴齐全劳保用品，岗位配合作业时，做好配合，做到“三不”伤害； （4）按规定顺序装车并固定牢固	（1）工具使用不当，造成伤害； （2）绳套拴挂不牢，绳径小导致构件坠落； （3）使用不标准绳套，绳套严重变形、断丝、锈蚀，导致绳套断裂伤员或摔坏设备； （4）绳套未拴挂牢靠起吊时脱落人员被绳套弹打，手扶位置不当被绳套挤伤； （5）人员站位不正确，在吊物下走动、停留等易造成人身伤害	（1）正确使用工具，各岗位之间加强配合，做到“三不”伤害； （2）绳套应拴挂牢固； （3）钢丝绳套应无打扭、接头、电弧烧伤、退火、挤压扁等缺陷； （4）钢丝绳套拴挂牢固、人员站位正确，使用推拉杆或牵引绳； （5）执行好相关标准规定，严禁交叉作业，危险区域内人员不得停留

第十六章　修井队场地工岗位操作标准

第一节　岗位描述

1. 岗位说明书

修井队场地工岗位说明如表16-1所示。

表16-1　场地工岗位说明

项　目		主要内容
工作概述		负责本班组地面操作，包括参加班前班后会，本岗位设备的日常检查、维护和管理，参与班组的日常建设，服从司钻对本岗位绩效考核
上岗条件	教育程度	高中及以上文化程度
	从业资格	持有有效的井控培训合格证、HSSE管理培训合格证、硫化氢防护技术证
	技能等级	初级工及以上职业资格证书
	辅助技能	具备相关井下作业业务知识
	工作经历	具有2年及以上井下工作经验、经历
	职业道德	爱岗敬业、勇于奉献、团结协作、遵章守纪
	身体素质	（1）能够屈体、运动或搬运40kg以上的重物； （2）能够在12h值班中站立或行走70%以上的时间； （3）视力正常，听觉敏锐； （4）具有高空作业能力
岗位关系	纵向关系	接受司钻的直接领导，副司钻业务指导；本班组内各岗位互通关系
	横向关系	与司钻、副司钻、作业司机、井口工、泥浆及配合岗位具有协作关系

续表

项 目		主要内容
岗位职责	工作职责	(1)贯彻执行国家方针、政策、法律、法规、行业标准、规程规范和上级的各项制度; (2)负责井场管材的排放、编号、通径、洗扣、护丝佩戴，下管串时准备好单根; (3)负责值班房用具、场地用具、消防工具、绳套材料的管理和清洁; (4)负责场地及值班房的清洁和排水沟的管理; (5)负责填写工程班报表相关内容; (6)井口工不在时顶替其岗位，并承担其岗位责任; (7)负责职责范围内的清洁、环保，积极完成领导交给的其他任务; (8)每班按巡回检查路线检查
	安全职责	(1)贯彻国家有关安全生产的方针、政策、法律、法规、标准、规范和上级有关安全生产的规章制度; (2)管柱上下钻台前，要认真检查管柱丝扣是否干净、管柱护丝是否戴好、提环是否上紧、单根拴牢拴紧、吊带符合要求、管柱上下钻台区域(危险区)内有无他人，工作协同配合，做到"三不伤害"，搞好安全生产; (3)排放地面管柱时必须排列整齐、牢靠，防止管材滑动滚落砸伤人; (4)正确使用潜水泵，协助电工架设临时用电线; (5)负责职责范围内的清洁、环保; (6)井控时，在司钻指挥下迅速到位，负责节流管汇的操作; (7)自觉遵守本属地所涉及的各项HSSE规章制度和岗位操作规程; (8)负责本岗的日常巡回检查，对本岗内的安全隐患进行排查及处理，视情况及时上报; (9)负责对本岗内的设备、设施等进行日常维护及保养
岗位工作内容		(1)操作责任: ①执行交、接班制度; ②按照巡回检查路线、项点进行详细检查; ③负责地面操作，配合司钻完成起放井架、组甩单根、起下钻等作业; ④发生溢流、井涌、井喷时，负责节流管汇闸阀操作，配合司钻完成关井作业; ⑤先行解决本岗位突发情况，并及时汇报; ⑥完成队领导及司钻临时安排给本岗位的其他任务。 (2)生产组织责任: ①参加班前会，了解生产状况，接收司钻作业指令; ②严格按照生产作业指令执行生产运行; ③严格按照安全操作规程执行操作; ④严格按照巡回检查制、交接班制、设备维修保养制执行任务; ⑤配合司钻完成搬迁、安装、设备拆卸等工作; ⑥严格执行上级及本队各项规章制度; ⑦完成司钻安排的其他工作; ⑧参加班后会，对本岗工作总结。 (3)管理责任: ①参与班组管理和建设; ②参与班组业务知识学习; ③学习新工艺、新技术、新设备的应用。 (4)安全责任: ①参加班组QHSE活动; ②严格执行QHSE班组的各项规定; ③完成本岗位QHSE工作情况，资料记录齐全，发现不安全因素及时处理，不能处理则采取防范措施，及时上报; ④参加应急演练; ⑤正确使用劳动防护用具; ⑥熟练使用和维护安全防护设施、消防气防器具和急救器具; ⑦做好相关作业前的风险分析及对应措施

续表

项　目	主要内容
工作权限	(1)对违章指挥有拒绝权，对违章操作有制止权； (2)对本岗位突发情况有先行处置权
职业生涯发展规划	(1)在本岗位具有良好的工作业绩，达到高一层次任职条件，可以晋升到高一级岗位； (2)可以在公司内部进行相应岗位流动或轮换
考核关系	接受本队的工作考核

2. 工艺流程图

场地工工作工艺流程如图16-1所示。

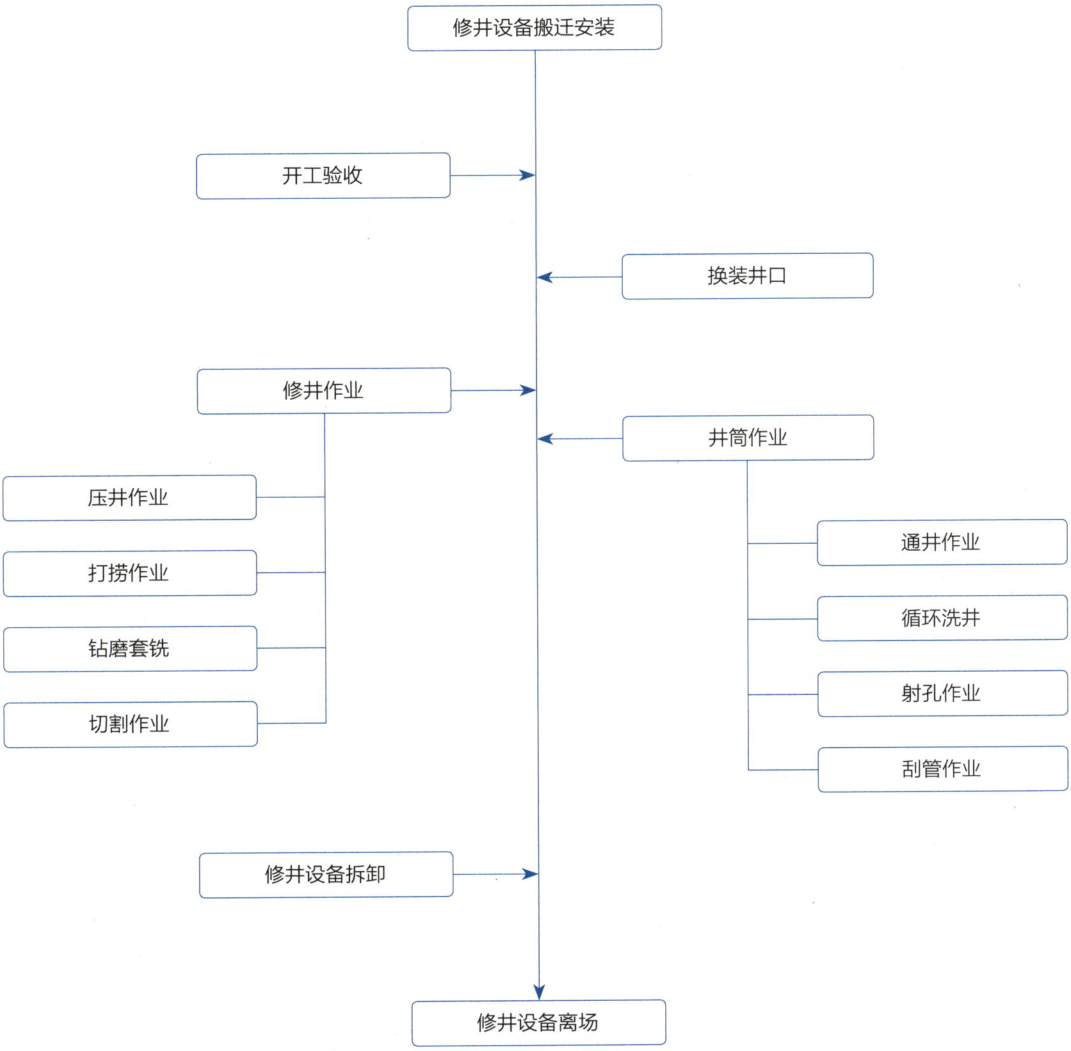

图16-1 场地工工作工艺流程

3. 工作流程图

场地工工作流程如图16–2所示。

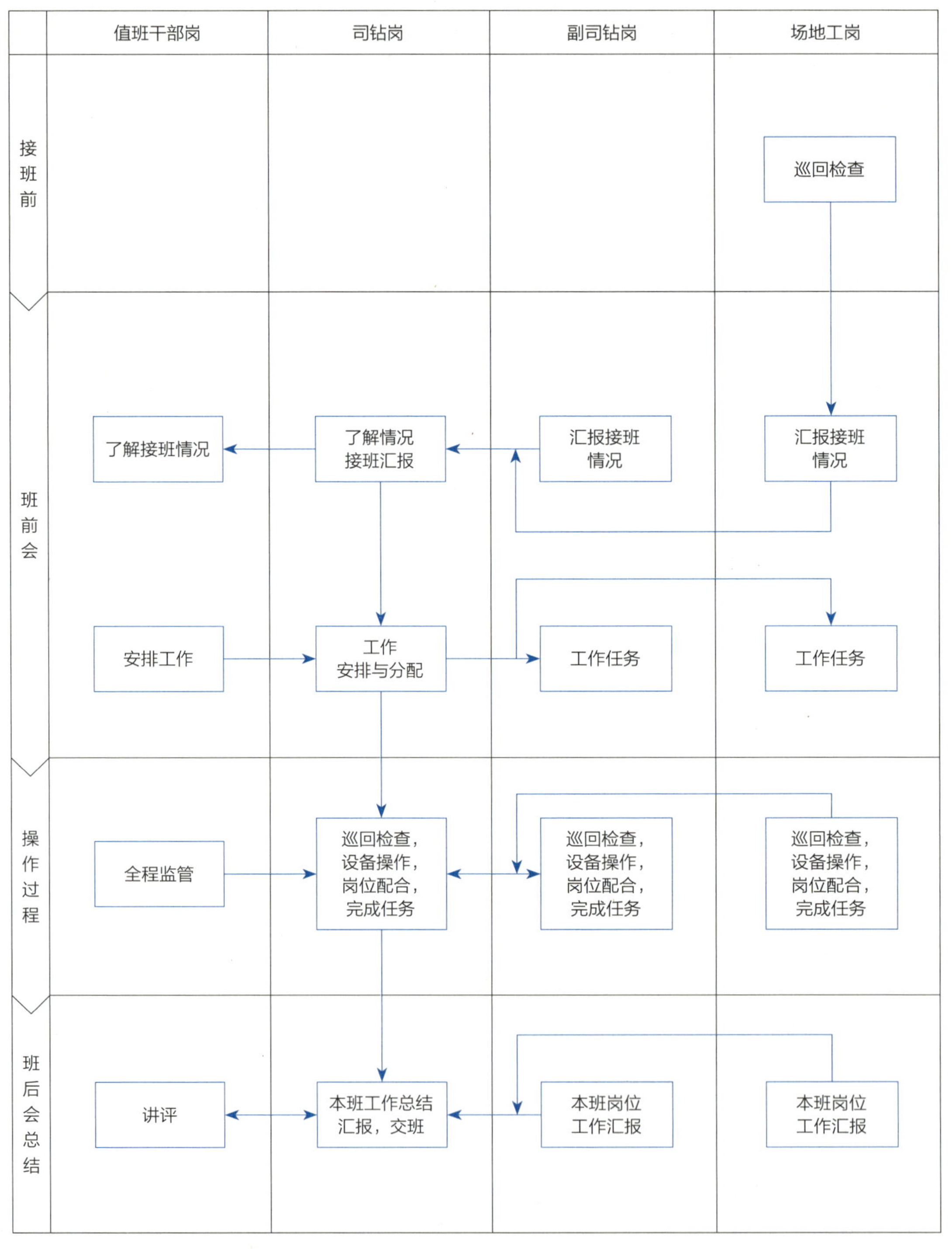

图16–2　场地工工作流程

第二节 岗位标准化操作规程

1. 交接班操作规程

1）接班

接班标准化操作规程如表16-2所示。

表16-2 场地工接班标准化操作规程

工作内容	工作步骤	工作标准	风险提示
班前检查	（1）穿戴劳保用品； （2）按接班要求进行接班前的检查； （3）发现的问题反馈给交班场地工； （4）询问了解设备等安全生产情况	（1）劳保用品穿戴齐全、规范； （2）设备、工具检查率100%； （3）问题反馈率100%； （4）了解设备等安全生产情况	（1）劳保用品穿戴不齐，容易发生人身伤害事故； （2）设备检查遗漏，有问题不能及时发现，可能导致使用过程中发生故障，耽误生产； （3）发现的问题未反馈，交班不能及时整改，设备带病工作，易发生事故； （4）施工情况了解不清，可能会造成设备损坏或井下复杂
班前会	（1）参加班前会； （2）汇报本岗检查情况； （3）接收司钻当班作业指令及注意事项，对本岗作业内容进行危害分析	（1）参加率100%； （2）汇报全面； （3）危害分析全面，工作具体、明确	（1）不参加班前会，将不了解工作情况，容易导致发生事故或人员伤害； （2）汇报不全，导致司钻无法统筹安排本班工作，易发生事故； （3）不进行危害分析，易导致安全事故的发生；本岗作业不具体，会导致怠工、误工的发生
接班	在场地，进行岗位交接	及时到位，对场地情况、设备全面交接	不能及时到位，造成上一班场地工超长工作，疲劳工作易发生事故；交接不全面，可能导致使用过程中发生故障，耽误生产

2）交班

交班标准化操作规程如表16-3所示。

表16-3 场地工交班标准化操作规程

工作内容	工作步骤	工作标准	风险提示
交班	（1）交清场地、设备运转情况； （2）对接班场地工提出的问题进行整改	（1）设备状况交接清楚率100%； （2）职责、能力范围以内的问题整改率100%	（1）场地、设备交接有遗漏，交接不清，易发生故障，耽误生产； （2）问题整改不全，遗留问题，易导致误工或事故发生
班后会	参加班后会，具体总结、分析本班本岗工作情况	总结内容具体、全面	不参加班后会，本班本岗工作无人讲评，问题、经验不能及时总结

2. 巡回检查操作规程

巡回检查路线如图16–3所示。

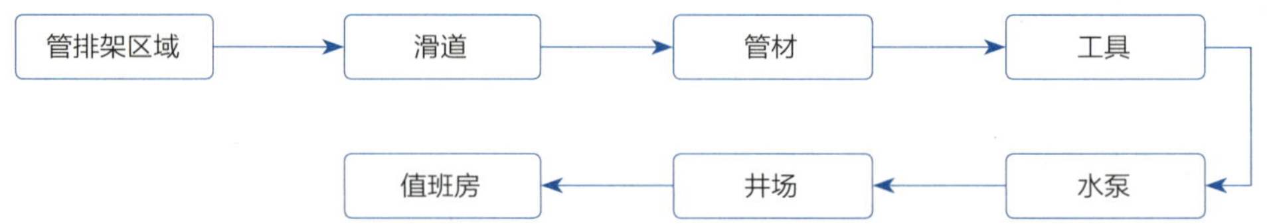

图16–3 场地工巡回检查路线

巡回检查标准化操作规程如表16–4所示。

表16–4 场地工巡回检查标准化操作规程

检查路线及项点	工作标准	风险提示	风险规避措施
管排架区域： （1）防渗布； （2）封闭； （3）排列	（1）管排架区域防渗布铺设完好； （2）管排架区域进行封闭管理； （3）管排架的管具层数不能超过3层	（1）油污落地，造成环保问题； （2）管排架区域未封闭容易造成人员受伤； （3）管排架的管具层数超过3层，易造成垮塌伤人	（1）在管排架区域铺设防渗布，无破损； （2）管排架区域封闭管理； （3）管排架的管具层数不能超过3层
滑道： （1）销子； （2）保险绳； （3）滑道清洁	（1）检查滑道安全锁销是否锁紧； （2）检查滑道保险绳是否安装到位； （3）检查滑道上是否有障碍物，是否清洁	（1）滑道锁销未锁紧，易造成滑道垮塌风险； （2）滑道保险绳安装不到位，存在滑道垮塌风险； （3）滑道有障碍物，易造成钻具掉落，造成人员受伤	（1）滑道安全锁销锁紧； （2）滑道系好保险绳，坡度合适； （3）保证滑道清洁，无障碍物
管材：丝扣、护丝	每根管材丝扣完好，本体无弯曲、腐蚀、裂缝、孔洞，并佩戴护丝	丝扣损坏，本体弯曲、腐蚀、裂缝、孔洞的管材，易造成井下事故	管材入井前仔细检查，对不合格的管材分类摆放并标注清楚
工具	拆卸各种设备设施的工具齐全、完好	工具不齐全或设备设施损坏，不能及时高效修复，延误工期	每班根据工具清单对全部工具仔细检查，发现问题及时整改或上报
水泵： （1）电缆线； （2）滤网； （3）出水管线	（1）电缆线完好、无破损； （2）进水口滤网完好； （3）出水管线连接完好、本体完好无破损	（1）电缆线损坏易造成触电，人员伤害； （2）滤网破损，易造成杂物进入水泵堵塞水泵，设备受损，延误工期； （3）管线连接不紧固，管线与水泵接头脱落，延误工期，本体破损，易爆管，延误工期，污染环境	（1）每次使用前仔细检查，未使用时，摆放整齐，防止挤压电缆线； （2）使用前仔细检查滤网是否完好，如有损坏立即更换； （3）使用前仔细检查连接部位是否紧固，本体如有破损立即更换

续表

检查路线及项点	工作标准	风险提示	风险规避措施
井场: (1)垃圾; (2)绷绳	(1)井场整洁,场地上无垃圾; (2)绳卡安装方向应符合U形环卡在辅绳上的要求,卡距为绷绳直径的6~8倍,卡紧程度以钢丝绳变形1/3为准	(1)井场带油污垃圾未及时回收,易造成环境污染; (2)绳卡未卡紧或断丝过多,易造成井架垮塌	(1)井场垃圾及时清理储装至指定位置或垃圾箱; (2)绳卡安装方向应符合U形环卡在辅绳上的要求,卡距为绷绳直径的6~8倍,卡紧程度以钢丝绳变形1/3为准
值班房: 填写本岗本班资料	资料填写准确、整洁、及时,无漏填内容	资料不齐全,易导致对当前施工情况了解不清,易发生问题	填写资料要逐本进行,认真仔细,无遗漏

3. 标准化操作规程

1)搬迁安装

搬迁安标准化操作规程如表16-5所示。

表16-5 场地工搬迁安标准化操作规程

工作内容	操作步骤及标准	风险提示	风险规避措施
设备搬迁	(1)参加搬迁部署会; (2)组织搬迁所需物资、器材; (3)负责设备吊装、捆绑、摆放(货物捆绑,挂专用绳套,指挥人员要与吊车司机保持良好的沟通); (4)过程视频监控	(1)未参与搬迁会,对搬迁风险认识不到位; (2)配合吊装不规范,捆绑位置不对称,或者捆绑不牢固,容易造成货物滑落、货物尖锐部位割断吊带吊索,货物失控,导致设备损坏、伤人; (3)无视频监控无法确保过程是否有违章	(1)参与搬迁部署会,一起进行分析,严格按制定的风险控制措施执行; (2)按分工执行搬迁,物资器材准备到位; (3)规范吊装,捆绑牢靠,对称捆绑或者使用专用吊具,在货物尖锐的部位加衬垫保护,两根钢丝绳的夹角应小于60°;人员指挥吊车时需配合好,人员需站到安全位置,检查吊钩防脱钩装置处于正常状态,系好足够长的牵引绳到合适部位,牵引绳另一端不能有打结; (4)视频系统正常运行,摆放位置合适
设备安装: (1)底座安装;	(1)准备好施工机具、防护用品; (2)接受值班干部及司钻任务安排;	(1)未按规范要求安装底座,易导致设备损坏;	(1)底座按规范要求安装,用水平仪检查底

续表

工作内容	操作步骤及标准	风险提示	风险规避措施
（2）井架组装； （3）起井架前检查； （4）机泵组、循环系统安装； （5）流程安装； （6）远控房安装	（3）岗位协作时，做好配合； （4）修井机及钻台底座安装，底座基础平整坚固，无裂纹，底座各部件连接牢靠； （5）井架组装：按井架要求及标准组装井架（井架连接牢靠，安全销齐全，井架无变形）； （6）起井架前检查：按分工检查确认各起升部件满足要求，如起塔大绳是否有断丝、打结、扭曲、变形；天车、游车是否有变形、裂纹、是否在检测周期内；大钩是否有裂纹等； （7）机泵组、循环系统安装：机泵组、循环系统基础平整、承重满足要求；机械转动部位护罩齐全；安全阀设置合理，检验合格，在有效期内，泄压管线连接固定牢固；各罐连接牢靠，管线密封良好无刺漏，管线阀门通畅无堵塞，阀门开关灵活，阀门关闭良好无渗漏，各罐独立分开无窜漏；搅拌器、液位标尺性能良好，灌浆装置工作正常； （8）流程安装：按设计及标准要求安装连接地面流程，放喷、压井、回浆管线连接紧密，安装平直，转弯处宜采用不小于90°的弯头；管汇台、分离器、转弯的弯头两端、放喷口及平直段小于15m，用水泥基墩地脚螺栓和钢质压板固定，压板与管线之间用胶垫垫好，上紧压板螺丝； （9）远控房安装：远控房距井口大于25m；远控房压力表齐全、灵敏，在有效期内；蓄能器氮气压力7±0.7MPa；液压油箱有效容积应大于蓄能器组可用液量，有足够大的通气孔，液压油无变质现象；手柄完好，开关位置正确；液压管线连接牢靠，无松动，排列整齐，无损坏、无泄漏，不被挤压，液压管线采用管线盒或管线排；远控房2m范围内无障碍物	底座基础不平整，导致设备不稳定损伤设备，底座基础裂纹，承重不合格，导致垮塌，机毁人亡；底座连接不牢，导致移位，设备及人身伤害； （2）未按要求及标准安装井架，易导致井架变形、损坏设备； （3）未按要求进行检查，无法起升井架及井架倾覆，易造成设备损坏及安全事故； （4）起升井架，人员操作不当，导致起井架失败； （5）机泵组、循环系统基础不平整造成设备损伤、影响效率；机械转动无护罩造成机械伤人；安全阀无效造成超压伤人；管线固定不牢造成伤人；罐体及管线连接不牢易漏造成环境污染；管线堵塞、各罐不独立影响施工时效；搅拌器损坏影响搅拌，灌浆装置工作不正常易引起井控问题； （6）流程安装固定不规范造成安全问题； （7）远控房安装不规范不满足安全要求，影响时效	座基础是否平整，若不符合需要铺垫或整改达标；底座基础承重满足设备及施工要求； （2）井架组装按说明书标准执行，连接牢靠，安全销齐全，井架无变形； （3）按起井架相关参数执行； （4）机泵组、循环系统基础平整、承重符合要求；机械转动部位护罩齐全；安全阀有效，检验合格，泄压管线连接固定牢固；各罐连接牢靠，管线密封良好无刺漏，管线阀门通畅无堵塞，阀门开关灵活，阀门关闭良好无渗漏，各罐独立分开无窜漏；搅拌器、液位标尺性能良好，灌浆装置工作正常； （5）严格按设计及标准安装、固定地面流程； （6）远控房严格按标准要求安装连接，远控房距井口大于25m；远控房压力表齐全、灵敏，在有效期内；液压油无变质现象；手柄完好，开关位置正确；液压管线连接牢靠，无松动，排列整齐，无损坏、无泄漏，不被挤压，液压管线采用管线盒或管线排；远控房2m范围内无障碍物
修井设备调试	（1）进行设备调试，各部件工作正常，保证可靠； （2）井口工具准备到位	（1）整机调试不合格影响施工进度； （2）井口工具准备不到位，影响施工进度	（1）按要求调试合格设备； （2）按要求准备好井口常用工具

续表

工作内容	操作步骤及标准	风险提示	风险规避措施
信息化设备安装调试	配合信息化设备安装调试		

2）开工验收

开工验收标准化操作规程如表16–6所示。

表16-6 场地工开工验收标准化操作规程

工作内容	操作步骤及标准	风险提示	风险规避措施
开工验收	整改开工验收问题	整改过程中的各种安全风险	针对安全风险制定相应的规避措施并严格执行

3）换装井口

换装井口标准化操作规程如表16–7所示。

表16-7 场地工换装井口标准化操作规程

工作内容	操作步骤及标准	风险提示	风险规避措施
拆采气树	（1）参与拆换井口JSA分析； （2）泄压、隔离相应阀门； （3）拆卸螺栓，戴好护目镜，扳手系有安全绳； （4）吊出采气树至安全位置，严格按吊装要求操作，绳套满足要求，专人指挥吊装，吊装时各岗位人员做好配合，拴好尾绳，严防碰撞	（1）JSA分析不到位易造成安全问题； （2）未泄压，易造成高压伤人； （3）敲击扳手时，未戴好护目镜造成打出的铁渣打伤眼睛，扳手未系安全绳造成打击伤人； （4）吊装不规范，易造成设备损伤、人身伤害	（1）针对安全风险制定相应的规避措施并严格执行； （2）泄压归零后确认； （3）拆卸螺栓时戴好护目镜，扳手系有安全绳； （4）严格按吊装要求操作，绳套满足要求，专人指挥吊装，吊装时做好配合，拴好尾绳，严防碰撞
安装防喷器	（1）参与安装防喷器进行JSA分析； （2）吊装防喷器时，严格按吊装要求操作，绳套满足要求，专人指挥吊装，吊装时各岗位人员做好配合，拴好尾绳，严防碰撞； （3）紧固螺栓，戴好护目镜，扳手系有安全绳； （4）连接液压管线，各液压控制件连接正确，管线密封无刺漏； （5）防喷器调试、试压合格	（1）JSA分析不到位易造成安全问题； （2）吊装不规范，易造成设备损伤、人身伤害； （3）敲击扳手时，未戴好护目镜造成打出的铁渣打伤眼睛，扳手未系安全绳造成打击伤人； （4）液压管线连接错误，造成开关错误和井控问题，管线刺漏造成液压油泄漏，环境污染及井控问题； （5）防喷器调试、试压不合格，影响进度	（1）针对安全风险制定相应的规避措施并严格执行； （2）严格按吊装要求操作，绳套满足要求，专人指挥吊装，吊装时各岗位人员做好配合，拴好尾绳，严防碰撞； （3）紧固螺栓时戴好护目镜，扳手系有安全绳； （4）液压控制件连接正确，管线密封无刺漏； （5）防喷器调试、试压合格

续表

工作内容	操作步骤及标准	风险提示	风险规避措施
拆防喷器	（1）参与拆防喷器JSA分析； （2）泄压、隔离相应阀门； （3）拆卸螺栓，戴好护目镜，扳手系有安全绳； （4）吊出防喷器至安全位置，防喷器下垫上盖，严格按吊装要求操作，绳套满足要求，专人指挥吊装，吊装时做好配合，拴好尾绳，严防碰撞	（1）JSA分析不到位易造成安全问题； （2）未泄压，易造成高压伤人； （3）敲击扳手时，未戴好护目镜造成打出的铁渣打伤眼睛，扳手未系安全绳造成打击伤人； （4）吊装不规范，易造成设备损伤、人身伤害	（1）针对安全风险制定相应的规避措施并严格执行； （2）泄压归零后确认； （3）拆卸螺栓时戴好护目镜，扳手系有安全绳； （4）严格按吊装要求操作，绳套满足要求，专人指挥吊装，吊装时做好配合，拴好尾绳，严防碰撞
安装采气树	（1）参与安装采气树JSA分析； （2）吊装采气树时，严格按吊装要求操作，绳套满足要求，专人指挥吊装，吊装时做好配合，拴好尾绳，严防碰撞； （3）紧固螺栓，戴好护目镜，扳手系有安全绳	（1）JSA分析不到位易造成安全问题； （2）吊装不规范，易造成设备损伤、人身伤害； （3）敲击扳手时，未戴好护目镜造成打出的铁渣打伤眼睛，扳手未系安全绳造成打击伤人	（1）针对安全风险制定相应的规避措施并严格执行； （2）严格按吊装要求操作，绳套满足要求，专人指挥吊装，吊装时做好配合，拴好尾绳，严防碰撞； （3）紧固螺栓时戴好护目镜，扳手系有安全绳

4）井筒作业

井筒作业标准化操作规程如表16-8所示。

表16-8　场地工井筒作业标准化操作规程

工作内容	操作步骤及标准	风险提示	风险规避措施
参加技术交底及JSA分析	参与安全技术交底，参与JSA分析并签字	（1）未进行安全技术交底，未参与JSA分析，不清楚施工作业要求及注意事项，导致人身伤害及设备损坏； （2）人员分工不清楚，导致施工混乱，影响施工时效	（1）参与安全技术交底，参与JSA分析，并签字； （2）明确分工，清楚岗位职责
组立柱	（1）管材数量、尺寸、钢级、规格等与设计相符； （2）型号、钢级、壁厚的管材分类摆放； （3）丝扣完好涂抹润滑脂，本体无弯曲、腐蚀、裂缝、孔洞的管材； （4）不合格管材进行标示，单独摆放； （5）拴挂单根及工具	（1）到场管材数量、尺寸、钢级、规格等与设计不相符，导致后期井下安全事故； （2）将不同型号、钢级、壁厚的管材混放，导致后期井下安全事故； （3）丝扣损坏，本体弯曲、腐蚀、裂缝、孔洞的管材，导致后期井下安全事故； （4）不合格管材未进行标识，未单独摆放，导致后期井下安全事故； （5）拴挂不牢固、绳套不满足要求，导致单根滑脱、绳	（1）配合现场技术员对到场管材的资料、数量、规格型号等进行认真检查，确保与设计要求一致； （2）不同型号、钢级、壁厚的管材分开摆放，并对其他岗位人员进行交底； （3）配合技术员对到场管材的相关数据进行检查，对不合格的管材进行标识，单独摆放、严禁入井； （4）配合技术员对到场管材的相关数据进行检查，对不合格的管材进行标识，单独摆放、严禁入井； （5）拴挂后仔细检查并示意钻台作业人员，选择符合要求绳套； （6）严格遵守设备使用与保养规程，下

续表

工作内容	操作步骤及标准	风险提示	风险规避措施
组立柱		套断裂，造成管材损坏、人身伤害； （6）不遵守设备使用保养规程，导致管材损坏、井下风险事故	井工具、管串和仪器，工具完好无损，且保持内外清洁、性能安全可靠

5）修井作业

修井作业标准化操作规程如表16-9所示。

表16-9 场地工修井作业标准化操作规程

检查路线及项点	工作标准	风险提示	风险规避措施
参加技术交底及JSA分析	参与安全技术交底，参与JSA分析并签字	（1）未进行安全技术交底，未参与JSA分析，不清楚施工作业要求及注意事项，导致人身伤害及设备损坏； （2）人员分工不清楚，导致施工混乱，影响施工时效	（1）参与安全技术交底，参与JSA分析，并签字； （2）明确分工，清楚岗位职责
组立柱	（1）管材数量、尺寸、钢级、规格等与设计相符； （2）型号、钢级、壁厚的管材分类摆放； （3）丝扣完好涂抹润滑脂，本体无弯曲、腐蚀、裂缝、孔洞的管材； （4）不合格管材进行标示，单独摆放； （5）拴挂单根及工具	（1）到场管材数量、尺寸、钢级、规格等与设计不相符，导致后期井下安全事故； （2）将不同型号、钢级、壁厚的管材混放，导致后期井下安全事故； （3）丝扣损坏，本体弯曲、腐蚀、裂缝、孔洞的管材，导致后期井下安全事故； （4）不合格管材未进行标识，未单独摆放，导致后期井下安全事故； （5）拴挂不牢固、绳套不满足要求，导致单根滑脱、绳套断裂，造成管材损坏、人身伤害	（1）配合现场技术员对到场管材的资料、数量、规格型号等进行认真检查，确保与设计要求一致； （2）不同型号、钢级、壁厚的管材分开摆放，并对其他岗位人员进行交底； （3）配合现场技术员对到场管材的相关数据进行检查，对不合格的管材进行标识，单独摆放、严禁入井，并对现场人员进行交底； （4）配合技术员对到场管材的相关数据进行检查，对不合格的管材进行标识，单独摆放、严禁入井，并对现场人员进行交底； （5）拴挂后仔细检查并示意钻台作业人员，选择符合要求绳套

6）设备拆卸

设备拆卸作业标准化操作规程如表16-10所示。

表16-10　场地工设备拆卸作业标准化操作规程

工作内容	操作步骤及标准	风险提示	风险规避措施
参加技术交底及JSA分析	参与安全技术交底，做好JSA分析并签字	（1）未进行安全技术交底，未做好JSA分析，不清楚施工作业要求及注意事项，导致人身伤害及设备损坏；（2）人员分工不清楚，导致施工混乱，影响施工时效	（1）参与安全技术交底，做好JSA分析，并签字；（2）明确分工，清楚岗位职责
辅助设备拆卸、放井架、更换大绳、拆井架	（1）准备好工具、防护用品，做好拆卸前准备；（2）吊装作业执行好相关吊装作业安全操作规程；（3）人员作业时，监督本班人员穿戴齐全劳保用品；（4）底座及井架拆卸执行好相关标准制定，岗位配合作业时，做好配合，做到“三不”伤害	（1）高处坠落；工具使用不当，造成伤害；（2）放井架，如遇恶劣天气、刹把操作不当或刹车失灵大绳被拉断，导致井架倒塌；（3）绳套拴挂不牢，绳径小导致构件坠落；更换大绳时，启动过快，人员未闪开；使用不标准绳套，绳套严重变形、断丝、锈蚀，导致绳套断裂伤员或摔坏设备；（4）绳套未拴挂牢靠起吊时脱落人员被绳套弹打，手扶位置不当被绳套挤伤；高处作业正下方及其附近危险区域不应有人作业、停留和通过	（1）佩戴好保险带；（2）岗位之间加强配合，做到“三不”伤害；（3）更换大绳时，人员站位正确；遇有五级以上大风、雷电或暴雨、雾、雪、沙暴等能见度小于30m时，应停止高处作业；钢丝绳套拴挂牢固、人员站位正确，使用推拉杆或牵引绳；（4）井架拆卸结束后，合理放置在井架支座上，并固定牢固，以免在运输过程中损坏井架；执行好相关标准规定，严禁交叉作业，危险区域内人员不得停留

7）修井设备离场

修井设备离场标准化操作规程如表16-11所示。

表16-11　场地工修井设备离场标准化操作规程

工作内容	操作步骤及标准	风险提示	风险规避措施
参加技术交底及JSA分析	参与安全技术交底，参与JSA分析并签字	（1）未进行安全技术交底，未参与JSA分析，不清楚施工作业要求及注意事项，导致人身伤害及设备损坏；（2）人员分工不清楚，导致施工混乱，影响施工时效	（1）参与安全技术交底，参与JSA分析，并签字；（2）明确分工，清楚岗位职责
搬迁	（1）接司钻指令后准备好工具、牵引绳等用品，做好搬迁前准备；（2）具体搬迁作业程序服从司钻安排；	（1）工具使用不当，造成伤害；（2）绳套拴挂不牢，绳径小导致构件坠落；（3）使用不标准绳套，钢丝绳严重变形、断丝、锈蚀，	（1）正确使用工具，各岗位之间加强配合，严格执行安全操作规程；（2）钢丝绳套拴挂牢固，根据被吊物选择合适绳套；

续表

工作内容	操作步骤及标准	风险提示	风险规避措施
搬迁	(3)作业时，穿戴齐全劳保用品，岗位配合作业时，做好配合，做到"三不伤害"； (4)吊装作业执行好相关吊装作业安全操作规程； (5)吊装作业执行好相关吊装作业安全操作规程	导致钢丝绳断裂伤人或摔坏设备； (4)起吊时脱落，易造成人员被钢丝绳弹打，手扶位置不当，易造成人员被绳套挤伤； (5)人员站位不正确，在吊物下走动、停留等，易造成人身伤害	(3)钢丝绳应无打扭、接头、电弧烧伤、挤压扁等缺陷； (4)人员站位正确，使用牵引绳； (5)执行好相关标准规定，严禁交叉作业，危险区域内人员不得停留

第十七章　修井队大班司机岗位操作标准

第一节　岗位描述

1. 岗位说明书

修井队大班司机岗位说明如表17–1所示。

表17–1　大班司机岗位说明

项　目		主要内容
工作概述		全面负责后车的生产组织和班组管理，包括参与班前班后会，操作修井机动力机组、发电机组、配电系统、照明设施等，负责设备的日常检查、设备维护和管理，物资计划，班组的日常建设，参与对本班组员工的考核
上岗条件	教育程度	中专（同等学力）及以上学历
	从业资格	持有有效的井控培训合格证、HSSE管理培训合格证、硫化氢防护技术证、电工证
	技能等级	职业技能鉴定中心颁发或验印的柴油机工中级工及以上职业资格证书
	辅助技能	具备必需的物资设备管理、柴油机及电工操作等相关技能，较强的班组管理和协调能力
	工作经历	从事井下作业工作时间5年及以上
	职业道德	爱岗敬业、勇于奉献、团结协作、遵章守纪
	身体素质	（1）身体健康，精力充沛，能够屈体运动或搬运25kg以上的重物； （2）能够在12h值班中站立或行走70%以上的时间； （3）视力及听力正常，触觉及嗅觉敏锐
岗位关系	纵向关系	接受队长、书记的直接领导，上级对口部门业务指导；本队内各岗位有领导与被领导关系
	横向关系	与当班其他岗位具有协作关系

续表

<table>
<tr><th colspan="2">项 目</th><th>主要内容</th></tr>
<tr><td>岗位职责</td><td>工作职责</td><td>（1）遵守各项安全生产法律、法规及安全操作规程，穿戴好劳保用品，做到安全文明生产无事故；
（2）掌握本岗位安全操作规程及安全用电的基本知识；
（3）熟悉本队动力机组的构造、性能，掌握动力机组的拆卸、装配及技术要求；
（4）承担各种动力机组的项修，保证设备修理质量一次合格率98%，严格按照设备修理技术标准和修理工艺进行作业，确保修理质量；
（5）制订本队年度设备培训计划，并开展培训工作，组织落实相关文件学习；
（6）负责贯彻执行上级有关设备管理的各项规章制度，按照设备操作、保养、润滑规程，做好本队的设备维护保养工作，定期检查设备的润滑保养状况和油、水的质量；
（7）协同上级管理人员做好本队的设备二保以下的维修，保持设备处于完好状态；
（8）负责设备的现场管理，严格执行技术规范规程，制止违章作业，坚持设备点检、定检制度，保证设备正常运行；
（9）按照巡回检查制度检查设备，使设备经常处于良好的技术状态，保证正常运转，关键、重大及主要生产设备按照设备磨损变异的规律，进行定期检查，做好易损件的计划，及时上报采购做好储备；
（10）监管做好设备的清洁卫生，保持设备干净，场地整洁；
（11）负责班组设备日常记录的审核工作，按照要求准确填写原始记录；
（12）负责建立和健全设备档案、原始记录、技术资料、维修记录等，并按要求及时向上级有关部门报送有关报表和信息反馈工作；
（13）参加新设备、工具的验收工作，填写好验收记录；
（14）做好现场的工具管理工作，建立前、后车设备的工具台账和井口工具的台账，定期清理，对损坏的工具要交旧领新；
（15）加强自身学习，掌握设备管理要求的应知应会内容，熟练掌握“四懂”、“三会”、设备参数等理论知识；
（16）做好现场物资材料管理工作，按照物资管理要求，建立材料台账，做好材料及工具的出、入库管理工作，及时上报各类物资报表，定期清仓查库；
（17）负责本队所属范围的动力与照明、电器、线路的安装、检查、调试、维修；
（18）负责特种设备、安全设施、井控设备的维护、保养、定期检验等工作，并建立动态检验台账；
（19）遵守各项安全技术规程，负责好本岗相关质量管理和安全、环保、职业健康管理体系的记录，做好修理用料记录和工时记录；
（20）完成领导交办的其他工作任务</td></tr>
<tr><td colspan="2">岗位工作内容</td><td>（1）操作责任：
①按照巡回检查路线进行详细检查；
②负责配电房（配电柜）、发动机、发电机、机泵组、高架油罐、井场电路、照明设施操作业务指导，与班组人员配合完成起放井架、压井、换装井口、起下油管、通井、刮管等作业；
③发生溢流、井涌、井喷时，与其他岗位配合完成关井作业；
④掌握配电房（配电柜）、发动机、发电机、机泵组、高架油罐、井场电路、照明设施等设备参数及技术状况；
⑤正确排除设备故障，先行解决本岗位突发情况，并及时汇报；
⑥定期参与、监督作业司机进行接地电阻检测，准确记录检测值；
⑦审查发电机组、动力机组、修井机、泥浆泵、井控设备等日报表（记录表）；
⑧完成值班干部临时安排给本岗位的其他任务。
（2）生产组织责任：
①参加班前会，了解生产状况，接收作业指令；
②严格按照生产作业指令组织班组生产运行；</td></tr>
</table>

续表

项　目	主要内容
岗位工作内容	③严格按照安全操作规程组织班组生产操作; ④检查班组巡回检查、交接班、设备维修保养的执行情况; ⑤指导其他岗位对修井设备的操作、安全使用、保养及设备维修; ⑥组织班组人员完成搬迁、安装、设备拆卸等工作; ⑦执行上级及本队各项规章制度; ⑧完成值班干部安排的其他工作; ⑨参加班后会，对本班工作总结。 (3)管理责任: ①抓好班组管理和建设，组织班组业务学习; ②及时掌握班组人员的思想状况，做好思想引导，就相关问题及时沟通; ③按要求组织召开每月物资设备管理会议及自检自查; ④负责组织修井设备故障检维修，做好与上级部门的沟通协调; ⑤推广新技术、新设备的应用; ⑥负责仓库材料申请、入库、领用、消耗等手续办理及日常维护管理; ⑦负责生产油料申请、验收、卸油过程监控、油料领用及使用、消耗的管理及审核; ⑧负责检查、审核接地电阻检测执行情况; ⑨负责设备设施检测检验计划上报及执行，定期更新检测台账; ⑩负责设备物资类月报的上报工作; ⑪协助本队做好其他管理工作。 (4)安全责任: ①组织班组执行QHSE的各项规定; ②检查班组QHSE执行情况，发现不安全因素及时处理，处理不了的采取防范措施，及时上报; ③参加各类应急演练; ④监督班组人员正确使用劳动防护用品; ⑤熟练使用和维护安防设施、消防器材和急救器具; ⑥制止和纠正“三违现象”; ⑦处置突发事故，及时汇报，保护现场并详细记录; ⑧组织做好相关作业前的风险分析及防范措施; ⑨参加事故分析，提出防范措施; ⑩负有班组内的机械、设备、人身安全监管责任; ⑪负责业务范围内承包商的安全监管责任
工作权限	(1)对违章指挥有拒绝权，对违章操作有制止权; (2)对班组人员有工作考核权; (3)对本岗位突发情况有先行处置权; (4)对物资设备工作有监督管理权; (5)有权拒绝使用不合格产品; (6)有权提出合理化建议和改进意见; (7)有权对危害生命安全和身体健康的生产条件和行为，提出意见、检举和控告; (8)有权在严重危及生命安全、不可抗拒的紧急情况下，采取必要措施避险，并立刻报告; (9)有权对生产过程中发现的安全隐患，采取适当的应急处理措施，并立刻报告
职业生涯发展规划	(1)在本岗位具有良好的工作业绩，达到高一层次任职条件，可以晋升到高一级岗位; (2)可以在公司内部进行相应岗位流动或轮换

续表

项 目	主要内容
考核关系	（1）接受本队的工作考核； （2）对本班组人员有业绩考核权

2. 工艺流程图

大班司机工作工艺流程如图17-1所示。

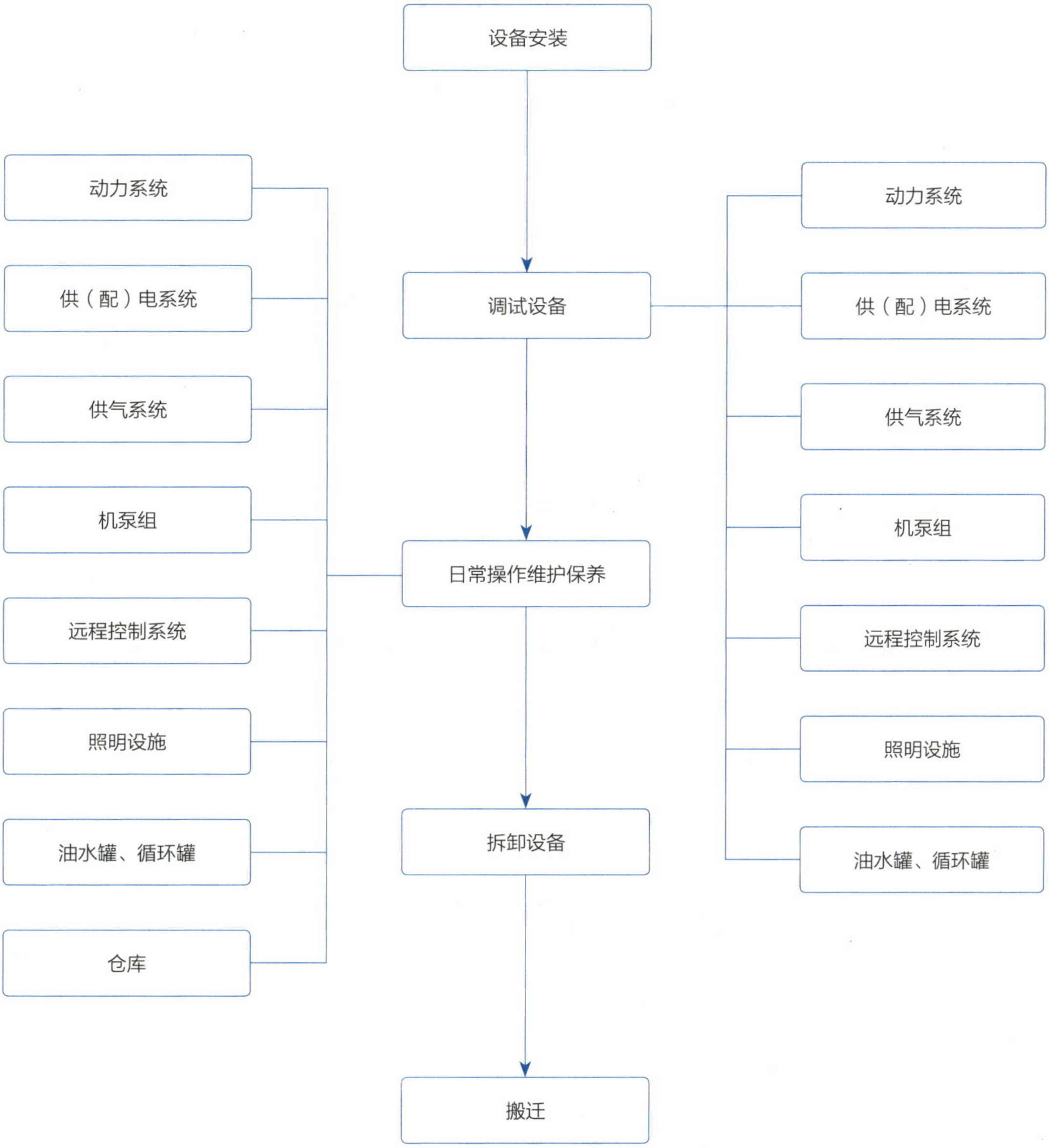

图17-1 大班司机工作工艺流程

3. 工作流程图

大班司机工作流程如图17-2所示。

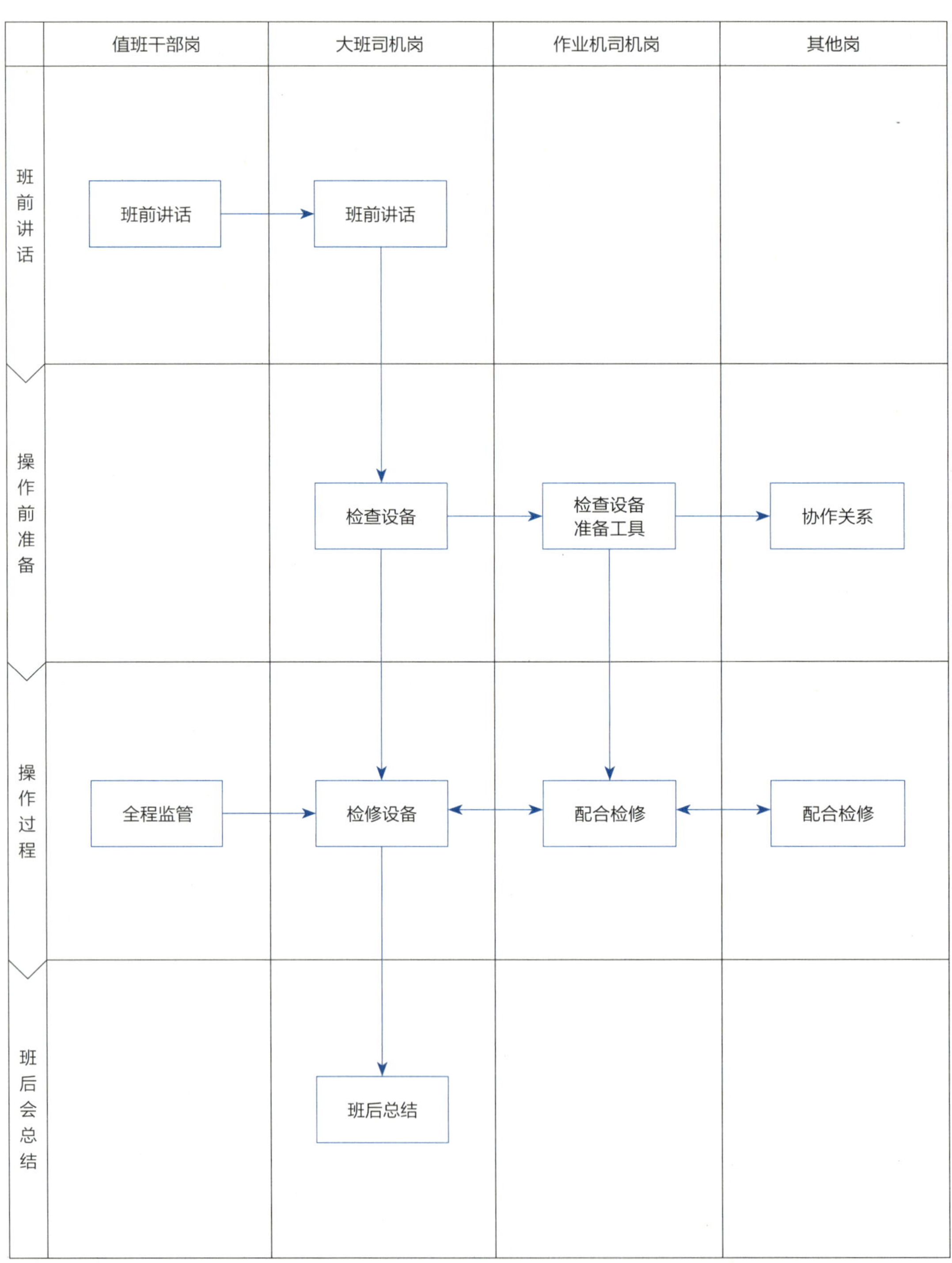

图17-2 大班司机工作流程

第二节 岗位标准化操作规程

1. 交接班标准化操作规程

1）接班

接班标准化操作规程如表17–2所示。

表17–2 大班司机接班标准化操作规程

工作内容	工作步骤	工作标准	风险提示
班前检查	（1）穿戴劳保用品； （2）按接班要求进行接班前的检查； （3）发现的问题反馈给队长； （4）掌握设备及生产安全情况	（1）劳保用品穿戴齐全、规范； （2）设备、工具检查全覆盖； （3）问题反馈全面； （4）了解当前施工、设备及生产安全情况	（1）劳保用品穿戴不齐，容易发生人身伤害事故； （2）设备检查遗漏，有问题不能及时发现，可能导致使用过程中发生故障，造成人身伤害及影响生产； （3）发现的问题未反馈，交班不能及时整改，设备带病工作，易发生事故； （4）施工情况了解不清，可能会造成设备损坏或生产风险
班前会	（1）巡检后，参加班前会； （2）汇总作业机司机检查情况； （3）接收值班干部作业指令及注意事项，组织班组人员对作业内容进行危害分析，安排作业机司机具体施工任务	（1）班前会议按时参加； （2）汇总问题全面仔细； （3）危害分析全面，工作分配必须具体、明确，记录齐全准确	（1）不参加班前会，将不了解工作情况，容易造成事故或人员伤害； （2）汇总不全，无法统筹安排本班工作，易发生事故； （3）不进行危害分析，易导致安全事故的发生；分配不具体，会导致怠工、误工的发生；记录不齐全，不符合资料存档规范
接班	组织生产施工	组织生产、监管安全	组织生产忽视安全，会造成人员安全意识淡薄，发生伤害事故

2）交班

交班标准化操作规程如表17–3所示。

表17–3 大班司机交班标准化操作规程

工作内容	工作步骤	工作标准	风险提示
交班	（1）查清本班设备运转情况及当前施工情况； （2）对接班作业机司机提出的问题安排整改	（1）施工情况、设备、工具状况交接清楚全面； （2）职责、能力范围以内的问题立即整改完	（1）设备交接有遗漏、交接不清，易发生故障，影响生产； （2）问题整改不全，遗留隐患，易导致误工或事故发生
班后会	交班后，参加班后会，具体总结、分析本班工作情况	总结内容具体、全面	不参加班后会，本班工作无人讲评，问题、经验不能及时总结

2. 巡回检查标准化操作规程

巡回检查路线如图17–3所示。

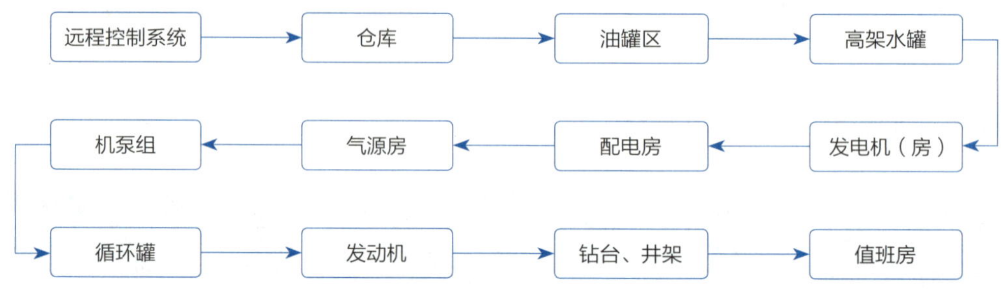

图17–3 大班司机巡回检查路线

巡回检查标准化操作规程如表17–4所示。

表17–4 大班司机巡回检查标准化操作规程

工作内容	操作步骤及标准	风险提示	风险规避措施
远程控制系统： （1）听电机运转声音及查看电机运行方向； （2）检查电机温度； （3）检查接线情况； （4）检查电动机固定； （5）压力表； （6）照明设施； （7）电缆进、出线； （8）开关标志牌	（1）听电机运转声音及查看电机运行方向正常，无异味； （2）电机温度不能过高； （3）接线正确、紧固，无氧化、损伤、漏电现象，必须安装接地线，接线符合要求； （4）电动机垫圈、固定螺栓和顶丝齐全，不缺、无松动； （5）防振压力表量程符合要求，表盘清洁，指示灵敏、准确，密封完好，必须在有效期内使用； （6）照明良好，应急灯完好，采用防爆灯且系好安全绳； （7）安装规范，电缆入槽，强弱电分离，电缆完好无老化破损，进线口必须防爆； （8）开关标示对象准确，安全标志牌齐全	（1）电机内部异响、长时间反向运行，致使系统打压慢、压力不足或电机烧毁，造成井控风险或人身伤害； （2）温度过高易造成电机烧毁及人身伤害； （3）在设备漏电的情况下，接地装置不合格，会发生触电事故； （4）电动机不固定牢靠，易造成人员撞伤、跌伤、压伤，设备损坏； （5）表盘不清洁、指针阻卡、密封损坏，造成读数不准确，影响判断，超有效期，易造成示值不准确； （6）视线不清，影响操作，未采用防爆照明设施易造成电器受潮，引发电器安全事故，未系安全绳，易造成坠落伤人； （7）接线杂乱，易引起接线错误，使设备不能运转，漏电，危及人身安全； （8）标志牌缺失，不清楚，已造成误操作，不能准确提示	（1）仔细检查电机有无异常响声，运行方向正确； （2）观察电机温度有无异常，必要时使用测温仪检测； （3）检查接地线，安装位置不影响人员进出，各接线点连接紧固，无氧化、损伤、漏电现象，接线盒有防水装置，定期检测接地电阻； （4）检查电动机垫圈、固定螺栓和顶丝齐全、固定牢靠； （5）定期清洁表盘，防止磕碰，定期检验； （6）损坏及时更换，采用防爆灯且需系安全绳； （7）按规范要求连接，紧固，电缆入槽，强弱电分离，老化破损电缆及时更换，进线口必须防爆； （8）开关标示对象准确，安全标志牌齐全，定期检查
仓库： （1）分类摆放，账卡物一致；	（1）仓库物资分类摆放，账卡物一致； （2）资料齐全，填写准确、整	（1）物资不便于管理、找寻困难，数量不明确不便于补充，不按类摆放易	（1）严格执行物资管理规定，保证账卡物一致，分类摆放；

续表

工作内容	操作步骤及标准	风险提示	风险规避措施
(2)领用记录; (3)照明设施; (4)防老化措施; (5)电缆进、出线; (6)检查接线情况; (7)消防器材及标志牌	洁、及时,无漏填内容; (3)照明设施符合防爆标准,亮度满足夜间施工; (4)橡胶件存放在阴凉通风处,避免夏季温度过高造成橡胶件老化无法使用; (5)安装规范,电缆入槽,强弱电分离,电缆完好无老化破损; (6)接线正确、紧固,无氧化、损伤、漏电现象,必须安装接地线,接线符合要求; (7)灭火器齐全、有效,标志牌清晰	造成易损件损伤; (2)填写不齐全,易导致对当前施工用料情况了解不清,成本统计困难; (3)未采用防爆照明设施易造成电器受潮,引发电器安全事故; (4)橡胶件老化,影响设备使用寿命; (5)接线杂乱,易引起接线错误,使设备不能运转,漏电危及人身安全; (6)在设备漏电的情况下,接地装置不合格,会发生触电事故; (7)灭火器失效,不能应急使用,标志牌缺失、不清,不能准确提示	(2)检查资料要逐本进行,认真仔细,无遗漏; (3)按要求使用防爆设施,能满足夜间施工现场照明需求; (4)橡胶件应放在阴凉通风处,安装防爆空调; (5)按规范要求连接、紧固,电缆入槽,强弱电分离,老化破损电缆及时更换; (6)检查接地线,安装位置不影响人员进出,各接线点连接紧固,无氧化、损伤、漏电现象,接线盒有防水装置,定期检测接地电阻; (7)灭火器及时更换,标志牌擦拭干净,补齐
油罐区: (1)安装情况; (2)配电箱; (3)仪表、指示灯; (4)开关标识; (5)跨接线、接地线; (6)电缆进、出线; (7)释放静电装置; (8)罐体及闸门开关; (9)柴油过滤器; (10)消防器材、标志牌及安全警戒带; (11)油料储备	(1)油罐安装满足“平、稳、正”要求,底部承重部位与地面完全接触,地面满足油罐承重需求,无塌陷、裂纹产生,安装防渗膜; (2)性能良好,无短路、断路、漏电现象,电器元件无超温、超负荷现象,无烧焦气味,保证“一机一闸一开关”的用电管理原则,配电箱前垫1m²绝缘胶皮; (3)仪表齐全、完好,指示准确; (4)开关标识对象明确; (5)连接装置准确,接地线电缆符合标准,定期测试电阻值; (6)安装规范,电缆入槽,强弱电分离,电缆完好无老化破损,电缆完好无老化破损; (7)安装规范,标识清楚,按需检测电阻值; (8)无锈蚀及燃油泄漏,闸门开关灵活有效,开关位置无误; (9)柴油过滤器固定牢固,无渗漏,排空空气,滤	(1)地面承重强度不够,地面塌陷,造成设备损坏,环境污染及安全隐患; (2)未垫绝缘胶皮,易造成触电隐患; (3)影响正常操作及故障判断; (4)标识不清,易导致误操作并发生事故; (5)连接不良,易造成漏电伤人,损坏设备; (6)接线杂乱,易引起接线错误,使设备不能运转,漏电危及人身安全; (7)静电装置发生故障,易产生静电,危及人身设备安全; (8)燃油泄漏,污染环境及影响人身设备安全; (9)环境污染、设备故障; (10)灭火器失效,不能应急使用,未使用警戒带全封闭管理,不能保证人员设备安全,标志牌缺失,不清,不能准确提示; (11)未及时提报影响施工进度	(1)满足油罐安装要求,加强巡回检查; (2)定期检查、调试,及时除尘,垫绝缘胶皮; (3)定期检查,确保仪表、指示灯完好; (4)保证标识对象明确; (5)及时紧固,保证连接良好,定期检测; (6)按规范要求连接、紧固,电缆入槽,强弱电分离,老化破损电缆及时更换; (7)定期检查,标识清楚,按需检测电阻值; (8)定期检查及调试闸门开关; (9)定期检查过滤器底座固定牢固,无渗漏、排空空气,滤芯半年更换一次; (10)灭火器及时检查更换,油罐四周全封闭管理,标志牌擦拭干净,补齐,摆放35kg干粉灭火器2具,距油罐区5m; (11)及时提报油料计划

续表

工作内容	操作步骤及标准	风险提示	风险规避措施
油罐区: （1）安装情况; （2）配电箱; （3）仪表、指示灯; （4）开关标识; （5）跨接线、接地线; （6）电缆进、出线; （7）释放静电装置; （8）罐体及闸门开关; （9）柴油过滤器; （10）消防器材、标志牌及安全警戒带; （11）油料储备	芯定时更换; （10）灭火器齐全、有效，油罐四周全封闭管理，标志牌清晰；摆放35kg干粉灭火器2具，不低于油罐区5m; （11）按需提报		
高架水罐: （1）配电箱; （2）开关标识; （3）接地线; （4）电缆进、出线	（1）性能良好，无短路、断路、漏电现象；电器元件无超温、超负荷现象，无烧焦气味，保证“一机一闸一开关”的用电管理原则；配电箱前垫1m²胶皮; （2）开关标识对象明确; （3）连接装置准确，接地线电缆符合标准，定期测试电阻值; （4）安装规范，电缆入槽，强弱电分离，电缆完好无老化破损，电缆完好无老化破损	（1）未垫绝缘胶皮，易造成触电隐患; （2）标识不清，易造成误操作并发生事故; （3）连接不良，易造成漏电伤人，损坏设备; （4）接线杂乱，易引起接线错误，使设备不能运转，漏电危及人身安全	（1）定期检查、调试，及时除尘，配电箱前垫胶皮; （2）保证标识对象明确; （3）及时紧固，保证连接良好，定期检测; （4）按规范要求连接、紧固，电缆入槽，强弱电分离，老化破损电缆及时更换
发电机（房）: （1）安装情况; （2）照明设施; （3）检查接线情况; （4）设备“跑、冒、滴、漏”现象; （5）油水位; （6）电瓶; （7）各类仪表; （8）固定; （9）运行状况; （10）油、气、水管线; （11）皮带; （12）冷却、润滑; （13）滤芯器; （14）消防器材及标志牌; （15）清洁卫生	（1）发电房安装满足“平稳正”要求，底部承重部位与地面完全接触，地面满足发电房承重需求，无塌陷、裂纹产生，发电房下安装防渗膜，发电房内全部垫绝缘胶皮; （2）照明良好，采用防爆灯具; （3）接线正确、紧固，无氧化、损伤、漏电现象，必须安装接地线，接线符合要求; （4）杜绝设备“跑、冒、滴、漏”现象; （5）机油液位应处于“LOW”与“FULL”之间，防冻液应在膨胀水箱最低刻度与最高刻度线之间，但不超过膨胀水箱最高刻度线; （6）电瓶电量充足，电解液液位应高于极板以上10~	（1）发电机抖动过大易造成发电房移位，发电机运行不平稳，影响性能并导致机械事故；地面承重强度不够，地面塌陷，造成设备损坏及用电安全隐患；未安装防渗膜，造成环境污染；发电房未电胶皮,易造成人员触电事故; （2）视线不清，影响操作；未采用防爆照明设施易造成电器受潮，引发电器安全事故; （3）在设备漏电的情况下，接地装置不合格，会发生触电事故; （4）设备“跑、冒、滴、漏”，易造成设备故障、人身伤害及环境污染; （5）机油油量不能过多或过少，黏度不易过高或过	（1）满足发电房安装要求，加强巡回检查; （2）损坏及时更换，定期调试，采用防爆照明; （3）检查接地线，安装位置不影响人员进出，各接线点连接紧固，无氧化、损伤、漏电现象，接线盒有防水装置，定期检测接地电阻; （4）加强设备“跑、冒、滴、漏”现象监控，发现问题及时修复; （5）定期检查油质油量按质更换，累计使用600h需更换，防冻液定期更换; （6）定期检查检测; （7）定期清洁表盘，防止磕碰，定期检验; （8）固定部位应逐点检

续表

工作内容	操作步骤及标准	风险提示	风险规避措施
发电机（房）： （1）安装情况； （2）照明设施； （3）检查接线情况； （4）设备“跑、冒、滴、漏”现象； （5）油水位； （6）电瓶； （7）各类仪表； （8）固定； （9）运行状况； （10）油、气、水管线； （11）皮带； （12）冷却、润滑； （13）滤芯器； （14）消防器材及标志牌； （15）清洁卫生	15mm，但不超过最高刻度线；电瓶桩子保养到位，牢固无氧化；电瓶卡子紧固无松动；电瓶应安装在电瓶箱内，且电瓶上部应有绝缘胶皮将其完全遮盖； （7）仪表量程符合要求，表盘清洁，指示灵敏、准确，密封完好；仪表在有效期内使用； （8）各点固定牢固，无松动； （9）设备整机运转平稳，功率输出正常； （10）各管线连接良好，无渗漏； （11）运转平稳，皮带无损坏；皮带松紧度适合，护罩齐全牢靠； （12）运行温度，润滑油压力、黏度符合设备使用要求； （13）每周检查空气滤清器，600h更换机油滤清器及柴油滤清器，压差不能超过105kPa；1000h更换空气滤清器； （14）配备二氧化碳灭火器2具，齐全、有效，标志牌清晰，配备防冻手套； （15）保持设备及作业环境清洁	低，易造成设备性能下降，防冻液冰点过高冬季导致设备损坏； （6）启动困难，产生火花，造成设备事故； （7）仪表量程不符合要求，检测超有效期，表盘不清洁、指针阻卡、密封损坏，造成读数不准确，影响判断； （8）固定不牢、振动过大，造成零部件松动加速设备损坏； （9）电压、电流、频率，波动过大易造成用电设备损坏； （10）功率下降加速密封件损坏，油料消耗量过大； （11）柴油机温度过高造成重大故障，皮带松紧度不适，造成皮带磨损较快或应发设备，护罩缺损失损坏，易造成机械伤人； （12）温度过低，降低燃油利用率，燃烧不充分；温度过高易造成设备重大事故；润滑油压力、黏度不符合标准，导致设备早期磨损； （13）滤清器损坏、老化，造成发动机启动困难，功率不足，加速设备早期磨损，缩短使用寿命； （14）灭火器失效，不能应急使用，标志牌缺失、不清，不能准确提示，无防冻手套，易造成冻伤风险； （15）加速设备老化腐蚀	查，避免遗漏； （9）保证发电机各性能良好； （10）发电机运转时逐项检查连接密封处，存在问题及时拆检； （11）检查皮带松紧度，有无偏磨、老化损坏，存在问题及时更换，定期检查； （12）发电机运转时，运行温度、润滑油压力、黏度在正常范围内，存在问题及时检修； （13）根据发电机使用情况，定期清洁或更换滤清器； （14）灭火器及时更换，标志牌擦拭干净，补齐； （15）及时清洁
配电房： （1）安装； （2）电控柜； （3）仪表、指示灯； （4）开关标识； （5）接地线； （6）照明设施； （7）空调； （8）电缆出线； （9）湿度、温度；	（1）配电房安装满足“平稳正”要求，底部承重部位与地面完全接触，地面满足配电房承重需求，无塌陷、裂纹产生，配电内地板全部垫胶皮； （2）性能良好，无短路、断路、漏电现象；电器元件无超温、超负荷现象，无烧焦气味，保证“一	（1）地面承重强度不够，地面塌陷，造成设备损坏及用电安全隐患，未垫胶皮，易造成人员触电事故； （2）未垫胶皮，易造成人员触电事故； （3）仪表、指示灯故障，影响正常操作及故障判断； （4）标识不清，易造成误操	（1）满足配电房安装要求，加强巡回检查； （2）定期检查，调试、及时除尘； （3）定期检查，确保仪表、指示灯完好； （4）保证标识对象明确； （5）及时紧固，保证连接良好，定期检测； （6）损坏及时更换；

续表

工作内容	操作步骤及标准	风险提示	风险规避措施
（10）消防器材及标志牌	机一闸一开关”的用电管理原则；电控柜前垫1m²胶皮； （3）仪表齐全、完好，指示准确； （4）开关标识对象明确； （5）连接装置准确，接地线电缆符合标准，定期测试电阻值； （6）照明良好，应急灯完好； （7）运转正常； （8）安装规范，电缆入槽，强弱电分离，电缆完好，无老化破损，远控系统必须连接专线，并粘贴“远控专用禁止断电”标志； （9）湿度、温度在规定范围内； （10）配备二氧化碳灭火器两具，齐全、有效，标志牌清晰，配备防冻手套	作并发生事故； （5）连接不良，易造成漏电伤人，损坏设备； （6）视线不清，影响操作；未采用防爆照明设施易造成电器受潮，引发电器安全事故； （7）空调损坏，温度过高，加剧电器元件损坏； （8）接线杂乱，易引起接线错误，使设备不能运转，漏电危及人身安全，未连接专线，易造成井控风险； （9）湿度、温度超过规定范围，电子元件易短路，漏电，缩短使用寿命； （10）灭火器失效，不能应急使用，标志牌缺失、不清，不能准确提示，无防冻手套易造成冻伤风险	（7）定期检查保证正常工作，损坏及时修理； （8）按规范要求连接，紧固；电缆入槽，强弱电分离，老化破损电缆及时更换； （9）保证温度、湿度表、除湿器好用，及时调控温度湿度； （10）灭火器及时更换，标识牌擦拭干净，补齐
气源房： （1）安装； （2）电控柜； （3）仪表、指示灯； （4）开关标识； （5）接地线； （6）照明设施； （7）安全阀； （8）电缆出线； （9）压风机； （10）湿度、温度； （11）消防器材及标志牌	（1）气源房安装满足“平稳正”要求，底部承重部位与地面完全接触，地面满足气源房承重需求，无塌陷、裂纹产生； （2）性能良好，无短路、断路、漏电现象；电器元件无超温、超负荷现象，无烧焦气味，保证“一机一闸一开关”的用电管理原则；电控柜前垫1m²胶皮； （3）仪表齐全、完好，指示准确； （4）开关标识对象明确； （5）连接装置准确，接地线电缆符合标准，定期测试电阻值； （6）照明良好防爆，应急灯完好； （7）安全阀完好且在有效期内； （8）安装规范，电缆入槽，强弱电分离，电缆完好无老化破损； （9）压风机皮带松紧度合适，必须有防护罩； （10）湿度、温度在规定范围内； （11）灭火器齐全、有效，标志牌清晰	（1）地面承重强度不够，地面塌陷，造成设备损坏及用电安全隐患； （2）未垫胶皮，易造成人员触电事故； （3）仪表、指示灯故障，影响正常操作及故障判断； （4）标识不清易造成误操作并发生事故； （5）接线不良，易造成漏电伤人，损坏设备； （6）视线不清，影响操作，未采用防爆照明设施易造成电器受潮，引发电器安全事故； （7）安全阀检测过期，超压破裂，易造成伤人事故； （8）接线杂乱，易引起接线错误，使设备不能运转，漏电危及人身安全； （9）皮带松紧度不合适，易造成温度高设备故障；没有安装护罩易造成机械伤人； （10）湿度、温度超过规定范围，电子元件易短路，漏电，缩短使用寿命； （11）灭火器失效，不能应急使用，标志牌缺失、不清，不能准确提示	（1）满足气源房安装要求，加强巡回检查； （2）定期检查、调试，及时除尘； （3）定期检查，确保仪表、指示灯完好； （4）保证标识对象明确； （5）及时紧固，保证连接良好，定期检测； （6）损坏及时更换； （7）定期检测； （8）按规范要求连接、紧固，电缆入槽，强弱电分离，老化破损电缆及时更换； （9）按规范执行，定期检查； （10）保证温度表、湿度表、除湿器好用，及时调控温度湿度； （11）灭火器及时更换，标志牌擦拭干净，补齐

续表

工作内容	操作步骤及标准	风险提示	风险规避措施
机泵组： （1）安装； （2）设备“跑、冒、滴、漏”现象； （3）油水位； （4）各类仪表； （5）固定； （6）运行状况； （7）油、气、水管线； （8）皮带； （9）冷却、润滑； （10）滤清器； （11）清洁卫生	（1）配电房安装满足“平稳正”要求，底部承重部位与地面完全接触，地面满足配电房承重需求，无塌陷、裂纹产生； （2）杜绝设备“跑、冒、滴、漏”现象； （3）机油液位应位于“LOW”与“FULL”之间，防冻液应在膨胀水箱最低刻度与最高刻度之间，但不超过膨胀水箱最高刻度线； （4）仪表量程符合要求，表盘清洁，指示灵敏、准确，密封完好，仪表在有效期内使用； （5）各点固定牢固，无松动； （6）设备整机运转平稳，功率输出正常； （7）各管线连接良好，无渗漏； （8）运转平稳，皮带无损坏，皮带松紧度适合，护罩齐全、牢靠； （9）运行温度，润滑油压力、黏度符合设备使用要求； （10）每周检查空气滤清器，700h更换机油滤清器及柴油滤清器，压差不能超过105kPa；1000h更换空气滤清器； （11）保持设备及作业环境清洁	（1）地面承重强度不够，地面塌陷，造成设备损坏及用电安全隐患； （2）设备“跑、冒、滴、漏”易造成设备故障、人身伤害及环境污染； （3）机油油量不能过多或过少，黏度过高或过低，易造成设备性能下降，防冻液冰点过高冬季导致设备损坏； （4）仪表量程不符合要求，检测超有效期，表盘不清洁、指针阻卡、密封损坏，造成读数不准确，影响判断； （5）固定不牢、振动过大，造成零部件松动加速设备损坏； （6）运行参数不稳定易造成设备损坏； （7）功率下降加速密封件损坏，油料消耗量过大； （8）柴油机温度过高造成重大故障，皮带松紧度不合适，皮带磨损较快或引发设备故障；无护罩，易造成机械伤人； （9）温度过低，降低燃油利用率，燃烧不充分；温度过高易造成设备重大事故；润滑油压力、黏度不符合标准，导致设备早期磨损； （10）滤清器损坏、老化，造成发动机启动困难，功率不足，加速设备早期磨损，缩短使用寿命； （11）加速设备老化腐蚀	（1）满足发电房安装要求，加强巡回检查； （2）加强设备“跑、冒、滴、漏”监控，发现问题及时修复； （3）定期检查油质油量按质更换，累计使用700h需更换；防冻液定期更换； （4）定期清洁表盘，防止磕碰，定期检验； （5）固定部位应逐点检查，避免遗漏； （6）保证发动机工况完好； （7）柴油机运转时逐项检查连接密封处，存在问题及时拆检； （8）检查皮带松紧度，有无偏磨、老化损坏，存在问题及时更换，定期检查； （9）发动机运转时，运行温度、润滑油压力、黏度在正常范围内，存在问题及时检修； （10）根据发动机使用情况，定期清洁或更换滤清器； （11）及时清洁
循环罐： （1）配电箱； （2）仪表、指示灯； （3）开关标识； （4）接地线； （5）电缆进、出线； （6）搅拌机； （7）照明设施	（1）性能良好，无短路、断路、漏电现象；电器元件无超温、超负荷现象，无烧焦气味，保证“一机一闸一开关”的用电管理原则；安装防雨棚，配电箱前垫1m^{2}胶皮； （2）仪表齐全、完好，指示准确； （3）开关标识对象明确； （4）连接装置准确，接地线	（1）无防雨棚，易造成电器短路故障；不垫胶皮，易造成人员触电事故； （2）仪表、指示灯故障，影响正常操作及故障判断； （3）标识不清，易造成误操作并发生事故； （4）漏电伤人，损坏设备； （5）接线杂乱，易引起接线错误，使设备不能运转；漏电，危及人身安全；	（1）定期检查、调试，及时除尘； （2）定期检查，确保仪表、指示灯完好； （3）保证标识对象明确； （4）及时紧固，保证连接良好，定期检测； （5）按规范要求连接、紧固，电缆入槽，强弱电分离，老化破损电缆及时更换；

续表

工作内容	操作步骤及标准	风险提示	风险规避措施
循环罐： （1）配电箱； （2）仪表、指示灯； （3）开关标识； （4）接地线； （5）电缆进、出线； （6）搅拌机； （7）照明设施	电缆符合标准，定期测试电阻值； （5）安装规范，电缆入槽，强弱电分离，电缆完好无老化破损，电缆完好无老化破损； （6）搅拌机护罩齐全、完好； （7）照明良好，应急灯完好，采用防爆照明	（6）无护罩，易造成机械伤人； （7）视线不清，影响操作；未采用防爆照明设施易造成电器受潮，引发电器安全事故	（6）按规范要求安装，定期检查； （7）损坏及时更换，采用防爆照明
发动机： （1）设备“跑、冒、滴、漏”现象； （2）油水位； （3）电瓶； （4）各类仪表； （5）固定； （6）运行状况； （7）油、气、水管线； （8）皮带； （9）冷却、润滑； （10）滤清器； （11）消防器材及标志牌； （12）清洁卫生	（1）杜绝设备“跑、冒、滴、漏”现象； （2）机油液位应位于“LOW”与“FULL”之间，防冻液应在膨胀水箱最低刻度线2/3以上，但不超过膨胀水箱最高刻度线； （3）电瓶电量充足，电解液液位应高于极板以上10~15mm，但不超过最高刻度线；电瓶桩子保养到位，牢固无氧化；电瓶卡子紧固无松动；电瓶应安装在电瓶箱内，且电瓶上部应有绝缘胶皮将其完全遮盖； （4）仪表量程符合要求，表盘清洁，指示灵敏、准确，密封完好，仪表在有效期内使用； （5）各点固定牢固，无松动； （6）设备整机运转平稳，功率输出正常； （7）各管线连接良好，无渗漏； （8）运转平稳，皮带无损坏，皮带松紧度合适，护罩牢固齐全； （9）运行温度，润滑油压力、黏度符合设备使用要求； （10）每周检查空气滤清器，600h更换机油滤清器及柴油滤清器，压差不能超过105kPa；1000h更换空气滤清器； （11）灭火器齐全、有效，标志牌清晰； （12）保持设备及作业环境清洁	（1）设备“跑、冒、滴、漏”易造成设备故障、人身伤害及环境污染； （2）机油油量不能过多或过少，黏度过高或过低，易造成设备性能下降，防冻液冰点过高冬季导致设备损坏； （3）启动困难，产生火花，造成设备事故； （4）仪表量程不符合要求，检测超有效期，表盘不清洁、指针阻卡、密封损坏，造成读数不准确，影响判断； （5）固定不牢振动过大，造成零部件松动加速设备损坏； （6）运行参数不稳定，易造成设备损坏； （7）功率下降加速密封件损坏，油料消耗量过大； （8）柴油机温度过高造成重大故障，皮带磨损较快，护罩缺失损坏，易造成机械伤人； （9）温度过低，降低燃油利用率，燃烧不充分；温度过高易造成设备重大事故；润滑油压力、黏度不符合标准，导致设备早期磨损； （10）滤清器损坏、老化，造成发动机启动困难，功率不足，加速设备早期磨损，缩短使用寿命； （11）灭火器失效，不能应急使用；标志牌缺失、不清，不能准确提示； （12）加速设备老化腐蚀	（1）加强设备“跑、冒、滴、漏”监控，发现问题及时修复；安装防渗措施； （2）定期检查油质油量按质更换，累计使用600h需更换，防冻液定期更换； （3）定期检查检测； （4）定期清洁表盘，防止磕碰，定期检验； （5）固定部位应逐点检查，避免遗漏； （6）保证发动机工况完好； （7）发动机运转时逐项检查连接密封处，存在问题及时拆检； （8）检查皮带松紧度，无偏磨及老化损坏，存在问题及时更换，定期检查； （9）发动机运转时运行温度、润滑油压力、黏度在正常范围内，存在问题及时检修； （10）根据发动机使用情况，定期清洁或按时滤清器； （11）灭火器及时更换，标志牌擦拭干净，补齐； （12）及时清洁

续表

工作内容	操作步骤及标准	风险提示	风险规避措施
钻台、井架： （1）照明设施； （2）固定； （3）电缆进、出线	（1）照明良好，采用防爆灯具；保险绳完好； （2）各点固定牢固，无松动； （3）安装规范，电缆入槽，强弱电分离，电缆完好，无老化破损	（1）视线不清，影响操作；未采用防爆照明设施易造成电器受潮，引发电器安全事故；无保险绳，易造成砸伤事故； （2）固定不牢、振动过大，造成零部件松动加速设备损坏； （3）接线杂乱，易引起接线错误，使设备不能运转，漏电危及人身安全	（1）损坏及时更换，定期调试，采用防爆灯具； （2）固定部位应逐点检查，避免遗漏； （3）按规范要求连接、紧固，电缆入槽，强弱电分离，老化破损电缆及时更换
值班房： （1）照明设施； （2）电缆进、出线； （3）各种设备使用记录表	（1）照明良好，采用防爆灯具； （2）安装规范，电缆入槽，强弱电分离，电缆完好无老化破损，电缆完好无老化破损； （3）资料齐全，填写准确、整洁、及时，无漏填内容	（1）视线不清，影响操作；未采用防爆照明设施易造成火灾，引发电器安全事故； （2）接线杂乱，易引起接线错误，使设备不能运转，漏电危及人身安全； （3）检查资料不齐全，填写不规范，易导致对当前施工情况了解不清，易发生问题	（1）损坏及时更换，定期调试，采用防爆灯具； （2）按规范要求连接、紧固，电缆入槽，强弱电分离，老化破损电缆及时更换； （3）检查资料要逐本进行，认真仔细，无遗漏

3. 标准化操作规程

1）设备搬迁

设备搬迁标准化操作规程如表17–5所示。

表17–5 大班司机设备搬迁标准化操作规程

工作内容	操作步骤及标准	风险提示	风险规避措施
设备搬迁	（1）准备好工具、推拉杆、牵引绳等用品，做好搬迁前准备； （2）吊装作业执行好相关吊装作业安全操作规程； （3）使用吊车作业时，签订好交叉作业协议书，严格执行好相关规定； （4）人员作业时，监督本班人员穿戴齐全劳保用品，岗位配合作业时，做好配合，做到“三不伤害”； （5）带领班组人员按规定顺序装车并固定牢固	（1）工具使用不当，造成伤害； （2）绳套拴挂不牢，绳径小导致构件坠落； （3）使用不标准绳套，绳套严重变形、断丝、锈蚀，导致绳套断裂伤员或摔坏设备； （4）起吊时脱落，易造成人员被绳套弹打，手扶位置不当，易造成人员被绳套挤伤； （5）人员站位不正确，在吊物下走动、停留等易造成人身伤害	（1）正确使用工具，各岗位之间加强配合，做到“三不伤害”； （2）钢丝绳套拴挂牢固，根据被吊物选择合适绳套； （3）钢丝绳套应无打扭、接头、电弧烧伤、退火、挤压扁等缺陷； （4）人员站位正确，使用推拉杆或牵引绳； （5）执行好相关标准规定，严禁交叉作业，危险区域内人员不得停留

2）设备安装

设备安装标准化操作规程如表17-6所示。

表17-6　大班司机设备安装标准化操作规程

工作内容	操作步骤及标准	风险提示	风险规避措施
安装前准备	（1）准备好工具、防护用品，做好安装前准备； （2）吊装作业执行相关吊装作业安全操作规程，人员作业时，监督岗位人员穿戴齐全劳保用品，岗位配合作业时，做好配合，做到“三不伤害”	（1）工具使用不当，造成伤害，高处坠落； （2）使用不标准绳套，绳套严重变形、断丝、锈蚀，导致绳套断裂，危及人身及设备安全；绳套未拴挂牢起吊时脱落，易造成人员被绳套弹打，手扶位置不当，易造成被绳套挤伤	（1）佩戴好安全带； （2）严格执行设备安装规程，保证安装质量；钢丝绳套应无打扭、接头、电弧烧伤、退火、挤压扁等缺陷；钢丝绳套拴挂牢固、人员站位正确，使用推拉杆或牵引绳；岗位之间加强配合，做到“三不伤害”
吊装摆放： （1）吊装摆放发电房； （2）吊装摆放配电房； （3）吊装摆放油罐区； （4）吊装摆放机泵组	（1）发电房一次就位，放置于预制好的基础上，发电房底座与基础之间无异物，保证发电房水平位置；距离井口直线不低于30m； （2）就位配电房，与发电房对齐，放置于预制好的基础上，配电房底座与基础之间无异物，保持配电房水平位置；保证配电房与发电房之间不低于2m的人行通道，通道内不允许摆放杂物；距离井口直线不低于30m； （3）就位油罐在发电房斜后方，两者直线距离不低于30m； （4）辅助机泵组一次就位，放置于预制好的基础上，底座与基础之间无异物，保证机泵组水平位置	设备吊装就位时使用绳套不符合标准及未使用牵引绳，导致绳套断裂伤人或摔坏设备；就位时多人指挥，有时手势不明确、配合失误，易造成人身伤害	设备吊装就位时使用符合要求的标准绳套，必须使用牵引绳；专人指挥、手势明确、配合得当并按标准安装
设备连接安装	（1）连接机组之间的进回油管线； （2）安装发动机消声器，将房子之间的防雨板搭接好； （3）安装发电房、配电房用电设施，供电电缆、控制电缆，相序一致，连接紧固整齐美观；连接配电房与各动力设备的动力电缆、控制电缆及照明设施电缆；做到强弱电分离铺设；井场内电缆布线采用专用电缆槽走线，不能进电缆槽的架空高度应不小于2.5m，跨越人行道路时，距地面高度大于	（1）安装油管线时不紧固、排列不整齐，易造成油管线损坏，漏油污染环境及造成安全隐患，设备供油不足，进气停机，影响设备使用； （2）安装消声器不标准，造成振动过大；损坏波纹管，雨水进入发动机，发生设备事故；防雨板搭接不到位，下雨时易造成电线连接处短路、漏电，损坏设备及人身伤害； （3）相序不一致使用电设备不能正常工作；控制电缆安装错误无	（1）避免油管线碰伤、挤压，保证外表无破损，各连接接口密封紧固无渗漏、滴油现象； （2）消声器连接、固定紧固，波纹管无破损；防雨板搭接到位，不漏、不渗，保证电线干燥的工作环境； （3）辅助零件连接处必须清洁无污物，电

续表

工作内容	操作步骤及标准	风险提示	风险规避措施
设备连接安装	3m，跨越通车道路时，距地面高度应大于4.5m；以电缆作为照明电源线的，可采取架空的方式，也可将电缆埋入地下，深度不小于0.6m	法控制设备启停；各动力电缆连接不紧固，易造成电缆过热，产生火花，烧损电缆及用电器；照明设施安装不到位，夜间施工视线不清，易引发事故；电缆未进电缆槽，易加快电缆老化；布线杂乱，漏电伤人且不利于故障排除；架空高度及埋藏深度不足，过往车辆易拉断及压坏电缆伤人	缆绝缘层无破损，电缆连接处清洁，固定牢固、走向清晰，无障碍物避免电磁干扰；电缆布线必须进电缆槽，按标准高度及深度架空和埋藏，按标识对点安装

3）设备调试

设备调试标准化操作规程如表17-7所示。

表17-7 大班司机设备调试标准化操作规程

工作内容	操作步骤及标准	风险提示	风险规避措施
柴油发电机组	（1）启动前对柴油机各部件进行仔细检查，油、气、水、电、防冻液等符合使用要求，仪表和控制面板，急停开关和报警组件复位； （2）检查发电机与电控动力、控制电缆连接正确无误后方可启动发电机，切断输出总电源，并调试正常； （3）调试时应用兆欧表测量各项绝缘阻值，其阻值应符合要求； （4）启动发电机，按规定检查发电机运转情况及运行参数； （5）调整发电机到工作状态，闭合断路器合闸上网； （6）依次调试备用发电机	（1）润滑、冷却恶化损坏设备，仪表、关机组件不复位无法启动发电机； （2）电缆动力、控制电缆连接错误，易造成与对应控制不符，未切断输出总电源，易造成重大设备及人身伤害； （3）尘土过多、湿度过大，发电机绝缘阻值过低，使定子线圈损坏，或漏电伤人； （4）发电机运转部位连接不牢固、周围有异物，启动前没有发出信号或参数异常，易造成设备及人身伤害； （5）发电机参数异常，易造成用电设备、发电机以及人身伤害	（1）润滑油和防冻液不足时及时添加，仪表和控制面板，关机和报警组件及时复位； （2）电缆线做好标记，安装时对应好标识，切断输出总电源； （3）定期做好发电机除尘、除湿工作，保证发电机工作环境良好； （4）启动前仔细检查发电机周围环境，保证无污物杂物，安全保护装置安装牢固，运行参数正常； （5）保证发电机各项参数在正常工作范围内； （6）调整备用发电机使其性能及参数达到正常工作状态
柴油发动机组	（1）启动前对柴油机各部件进行仔细检查，油、气、水、电、防冻液等符合使用要求，仪表和控制面板，急停开关和报警组件复位； （2）检查柴油发动机组分动箱处于工作状况，换挡阀处于空挡； （3）启动柴油发动机组，按规定检查发动机运转情况及运行参数	（1）润滑、冷却恶化损坏设备，仪表、关机组件不复位无法启动柴油机； （2）分动箱未处于工作状况，驾驶室换挡阀未处于空挡，断气刹未处于关闭状态，则整机处于行驶状态，易造成设备及人身伤害； （3）发动机运转部位连接不牢固、周围有异物，启动前没有发出信号或参数异常易造成设备及人身伤害	（1）润滑油和防冻液不足时及时添加，仪表和控制面板，关机和报警组件及时复位； （2）保证发动机分动箱处于工作状况，换挡阀处于空挡； （3）启动前仔细检查发动机周围环境，保证无污物杂物，安全保护装置安装牢固，运行参数正常

续表

工作内容	操作步骤及标准	风险提示	风险规避措施
配电房及用电附属设备	（1）配电房控制中心各控制开关、显示器以及照明系统正常； （2）储备罐、高架水罐、污水罐、井架照明等附属用电设备动力、控制电缆连接和开关均处在断开位置； （3）各电机启动前用兆欧表测量各项绝缘阻值，其阻值应符合要求； （4）电机控制中心各输出开关在断开位置，柜门关闭，各指示灯、仪表正常； （5）检查配电房内有无杂物摆放	（1）控制开关、显示器损坏使操作人员无法操作设备；照明系统故障，视线不清，影响操作； （2）闸刀在合闸位置，人员安装电缆时造成人身伤害； （3）尘土过多、湿度过大，发电机绝缘阻值过低，使定子线圈损坏，或漏电伤人； （4）开关在闭合位置，送电后未检查用电设备造成设备损坏及人身伤害；各仪表指示灯不正常，无法检测使用情况； （5）配电房内摆放杂物，影响人员操作	（1）保证配电房环境清洁，湿度、温度合适，线路连接紧固，开关灵活可靠，显示器及照明系统工作正常； （2）停机前所有闸刀应在停机位置，各柜体内无杂物，清洁干燥，无损坏，接地线连接牢固，定期检测电阻； （3）定期检测电机绝缘阻值，环境湿度大时合电加热除湿； （4）使用前检查断路器应在断开位置，各指示灯、仪表工作正常； （5）及时清理杂物

4）日常维护保养

日常维护保养标准化操作规程如表17–8所示。

表17–8　大班司机日常维护保养标准化操作规程

工作内容	操作步骤及标准	风险提示	风险规避措施
发电机及发动机组： （1）检查冷却系统； （2）检查润滑系统； （3）检查燃油系统； （4）检查进排气系统； （5）各种仪表和报警指示灯； （6）蓄电池液面、排气孔和充电系统； （7）风扇皮带紧固程度； （8）所有电器连接	（1）水泵供水正常温度合适，风扇皮带松紧合适，定期保养风扇轴承，散热水箱清洁，水位在最低刻度线与最高刻度线之间，检查水管线连接不渗不漏； （2）机油液位在“LOW”与“FULL”之间，按质按时更换机油及滤清器； （3）排放燃油箱水和其他沉淀物，保证清洁，检查更换燃油系统粗细滤器，燃油加注符合“三过滤一沉淀”要求； （4）检查空气滤清器保养指示器，清洁空气滤清器，不破损漏光，检查涡轮增压器固定，各缸排温、排烟正常，无泄漏； （5）每天必须检查，保证运行参数显示精确，报警指示灯灵敏可靠，能准确读取故障代码；	（1）冷却系统工作不正常，冷却液性能不符合标准，冷却液漏失液位不足都将造成柴油机温度过高损坏设备； （2）润滑油不符合标准添加不及时，添加过多或过少，不按时更换滤芯，都将加剧设备磨损，造成设备故障损坏； （3）排污和滤芯更换不及时，燃油加注不符合要求，燃油杂质过多造成柴油机功率不足、停机及喷油器、油泵损坏； （4）进排气系统检查不及时发生故障或过脏，造成燃烧不完全，柴油机功率不足，排温排烟异常，加速设备早期磨损； （5）仪表显示不正常不能观测发电机运转情况，不能准确监控设备状态，造成设备损坏； （6）电瓶排气孔堵塞电解液	（1）冷却液性能符合要求，液位在正常范围内，定期更换防冻液及滤芯，各配件保养及时，加强设备巡回检查； （2）定期检查油质油量按质更换，累计使用600h需更换滤芯和机油； （3）安排每班排放燃油箱及分水滤芯内污物和积水，保证燃油清洁，定期检查油质及滤芯，按时更换，累计使用600h需更换，燃油加注符合“三过滤一沉淀”要求； （4）按指示器标准清洁、更换空气滤清器，累计使用1000h更换，确保无破损不漏光，清洁增压机叶轮和涡轮，保证正常供气，增压压力正常； （5）仪表不准确及时维修更换； （6）检查蓄电池液面高度，

续表

工作内容	操作步骤及标准	风险提示	风险规避措施
发电机及发动机组： （1）检查冷却系统； （2）检查润滑系统； （3）检查燃油系统； （4）检查进排气系统； （5）各种仪表和报警指示灯； （6）蓄电池液面、排气孔和充电系统； （7）风扇皮带紧固程度； （8）所有电器连接	（6）蓄电池液面高出极板10~15mm，密度符合要求，排气孔通畅，充电电压高出3V左右，充电电流符合要求，充电发电机安装固定运行无异常； （7）风扇运转平稳，皮带无损坏，松紧程度符合标准； （8）连接处清洁紧固，绝缘良好无老化破裂	液面高度不合适、充电电流过高或过低易损坏蓄电池； （7）风扇皮带过松，造成柴油机温度过高产生重大故障； （8）连接固不牢引起烧损线路、电机损坏，造成人身伤害	测量电解液密度； （7）检查皮带松紧度，有无偏磨、老化损坏，存在问题及时更换； （8）各控制开关及时检修紧固更换，保证正常使用
供（送）电系统： （1）空调； （2）室内清洁； （3）故障报警灯； （4）地线、电机急停； （5）电动机； （6）线路； （7）控制开关、显示器、照明系统	（1）检查空调使用情况，要求室内温度在16~27℃范围内，空气流量满足使用要求； （2）电控房内保持清洁、干燥，各个门开关灵活，照明设施完好，室内不得有其他杂物； （3）记录各异常现象、故障指示、报警和故障代码； （4）检查接地线、接地端子完好，电机自带的急停检修按钮； （5）检查各电机运行正常，绝缘符合要求； （6）检查电控系统动力线及控制线无损坏、松动，确保插接正确、牢靠，测量主电路、控制电路电压正常，判定标准满足技术数据，电缆入槽，不能入槽的按要求架空或埋地，强弱电分离，电缆完好无老化破损； （7）各控制开关、显示器以及照明系统正常	（1）温度过高、过低，造成电器元件发热损坏，热量不易散发； （2）室内灰尘多，造成设备连电短路，照明不清，易造成操作错误并伤人； （3）造成设备无法正常操作； （4）地线连接不良造成设备漏电易伤人，急停损坏设备无法紧急停车，不能起到保护作用； （5）设备振动大，造成设备早期损坏，风机风量少，散热差，电机绝缘损坏； （6）动力设备无法运行，不能控制，接线杂乱，易引起接线错误，使设备不能运转，漏电危及人身安全； （7）控制开关、显示器损坏使操作人员无法操作设备；照明系统故障，视线不清，影响操作	（1）保证空调性能的完好； （2）电控房内及时清理灰尘，室内杂物，保证照明设施完好； （3）及时分析各种异常现象，排除故障； （4）检查接地线、接地端子无锈蚀现象，电阻值小于4Ω，及时拆检急停，连锁装置； （5）及时检查电机运行，固定，清理风机风口； （6）用万用表测量电路电压正常，判定标准满足技术数据，按规范要求连接，紧固，电缆入槽，不能入槽的按要求架空或埋地，强弱电分离，老化破损电缆及时更换； （7）保证配电房环境清洁，湿度、温度合适，线路连接紧固，开关灵活可靠，显示器及照明系统工作正常
供气系统	（1）每天检查现场储气罐工作压力，并放水排污，管线畅通无破损，密封良好； （2）每月检查单向阀、安全阀、压力表； （3）定期检测压力表、安全阀、气瓶罐体检测探伤周期	（1）管线破损、压力不足、气路水分多，造成气路阀件锈蚀，冬季堵塞气路，操作失灵； （2）单向阀、压力表、安全阀检查不到位，易发生事故伤人； （3）未定期检查检测探伤周期，可能造成设备及人身伤害	（1）及时放水排污，更换破损管线，保证气路密封良好； （2）定期检查单向阀、压力表、安全阀，如有问题及时拆检或更换； （3）严格按照设备检测周期定期检测

续表

工作内容	操作步骤及标准	风险提示	风险规避措施
空气干燥系统: (1)除湿; (2)散热器; (3)控制阀; (4)散热器	(1)每天检查干燥器除水效果; (2)检查干燥器加热装置; (3)检查干燥器控制阀件; (4)每周检查干燥机散热装置	(1)气路水分多，造成气路阀件锈蚀，冬季堵塞气路，操作失灵; (2)加热装置失效，冬季施工堵塞气路，操作失灵; (3)阀件损坏，无法排除空气中的水分; (4)散热器堵塞，散热差，影响除湿效果	(1)保证干燥机自动排水正常; (2)定期检查加热装置; (3)定期拆检阀件，如有损坏及时修理或更换; (4)定期清理散热器灰尘
油罐区: (1)配电柜; (2)仪表、指示灯; (3)开关标识; (4)地线; (5)电缆出线; (6)释放静电装置; (7)罐体及闸门开关; (8)柴油过滤器; (9)消防器材、标志牌及安全警戒带; (10)油料储备	(1)性能良好，电器元件无超温、超负荷现象，无烧焦气味，保证“一机一闸一开关”的用电管理原则; (2)仪表齐全、完好，指示灯指示准确; (3)开关齐全、完好; (4)连接装置准确，地线电缆符合标准，定期测试电阻值; (5)安装规范，电缆入槽，强弱电分离，电缆完好无老化破损，电缆完好无老化破损; (6)安装规范，标识清楚，按需检测电阻值; (7)无锈蚀及燃油泄漏，闸门开关灵活有效，开关位置无误; (8)柴油过滤器固定牢固，无渗漏，排空空气，滤芯定时更换; (9)灭火器齐全、有效，油罐四周全封闭管理，标志牌清晰; (10)按需提报	(1)配电箱损坏，影响正常设备使用; (2)仪表、指示灯故障，影响正常操作及故障判断; (3)开关故障，影响正常操作及故障判断; (4)连接不良，漏电伤人，损坏设备; (5)接线杂乱，易引起接线错误，使设备不能运转，并发生漏电危及人身安全; (6)产生静电，威胁人生设备安全; (7)燃油泄漏，环境污染及人生设备安全; (8)过滤器不牢固，易造成环境污染、设备故障; (9)灭火器失效，不能应急使用，未使用警戒带全封闭管理，不能保证人员设备安全，标志牌缺失、不清，不能准确提示; (10)未及时提报影响施工进度	(1)定期检查，及时除尘; (2)定期检查，确保仪表、指示灯完好; (3)定期检查，确保开关完好; (4)及时紧固，保证连接良好，定期检测; (5)按规范要求连接，紧固;电缆入槽，强弱电分离，老化破损电缆及时更换; (6)定期检查，标识清楚，按需检测电阻值; (7)定期检查及调试闸门开关; (8)定期检查固定是否牢固，有无渗漏、排空空气，滤芯半年更换一次; (9)灭火器及时检查更换，油罐四周全封闭管理，标志牌擦拭干净，补齐; (10)及时提报油料

5）设备拆卸

设备拆卸标准化操作规程如表17-9所示。

表17-9 大班司机设备拆卸标准化操作规程

工作内容	操作步骤及标准	风险提示	风险规避措施
发电机及其附件拆卸	(1)准备好工具，穿戴好防护用品，做好拆卸前准备; (2)拆除与配电房连接主电源电缆; (3)确保发电机及其附件完全冷却后拆除排气管	高处坠落，烫伤烧伤	佩戴好安全带，确保发电机及其附件完全冷却

续表

工作内容	操作步骤及标准	风险提示	风险规避措施
配电房电缆拆卸	(1)准备好工具，穿戴好防护用品，做好拆卸前准备； (2)确保发电机停止运行，主电源未带电，所有开关处于关闭状态，拆除与发电机连接主电源电缆； (3)检查配电房内所有控制柜门完全关闭锁死，避免撞坏	电击伤人，设备损坏	确保发电机停止运行，主电源未带电，检查所有控制柜门完全锁死
动力电缆、控制电缆、照明设施拆卸	(1)准备好工具，穿戴好防护用品，做好拆卸前准备； (2)确保拆卸电缆未带电，拆除设备防爆接头，盖好防尘盖； (3)拆除后的电缆统一存放于密闭空间，防止受潮，避免缠绕、遗失； (4)拆除后的照明设施统一存放于配电房内，地面铺设胶皮，灯具玻璃朝下放置于胶皮上，避免损坏	电击伤人，电缆遗失	按操作步骤拆除电缆，岗位之间加强配合，做到“三不伤害”；加强保管，统一存放，避免遗失损坏
高架油罐	(1)准备好工具，穿戴好防护用品，做好拆卸前准备； (2)系好安全带，拆除高架油罐连接硬管线； (3)系好安全带，用不小于Φ16mm钢丝绳及3tU形环挂好高架罐吊耳；吊车试提高架罐取出支撑杆底部销子，用牵引绳牢牢拴住支撑杆；吊车缓慢下放高架罐，人员牵住牵引绳带动支撑杆缓慢后退，高架罐下放至人员能取出支撑杆顶部销子为止；吊车停止下放，保持平衡，将支撑杆尾部平稳放于地面；一人托住支撑杆顶部，一人取出顶部销子，取出销子后去支撑杆尾部抬起支撑杆；两人同时移动将支撑杆抬出高架罐底部，平稳放于地面；吊车继续下放高架罐，平稳放于高架罐支撑台； (4)拆除供回油软管线，统一存放于密闭空间，防止缠绕；软管线快速接头及高架油罐连接硬管线取出后需清洁包扎严实	绳套拴挂不牢，绳径或U形环小导致被吊物坠落；取支撑杆销子，可能造成人员夹伤、撞伤、压伤；软管线遗失，快速接头损坏，污染柴油	套拴挂牢固、人员站位正确，正确使用牵引绳，按要求使用钢丝绳及U形环，岗位之间加强配合协作，吊车使用时保持匀速平稳；软硬管线加强保管，统一存放，包扎严实

第十八章 修井队作业机司机岗位操作标准

第一节 岗位描述

1. 岗位说明书

修井队作业机司机岗位说明如表18-1所示。

表18-1 作业机司机岗位说明

项 目		主要内容
工作概述		遵守岗位规章制度和操作规程，包括参与班前班后会，操作作业队修井机动力机组、发电机组、配电系统、照明设施，负责设备的日常检查保养，认真填写后车当班运转记录
上岗条件	教育程度	中专（同等学力）及以上学历
	从业资格	持有有效的井控培训合格证、HSSE管理培训合格证、硫化氢防护技术证、电工证
	技能等级	职业技能鉴定中心颁发或验印的柴油机工中级工及以上职业资格证书
	辅助技能	具备柴油机及电工操作等相关业务知识，较强的班组管理和协调能力
	工作经历	从事井下作业工作时间两年以上
	职业道德	爱岗敬业、勇于奉献、团结协作、遵章守纪
	身体素质	（1）身体健康，精力充沛，能够屈体运动或搬运25kg以上的重物； （2）能够在12h值班中站立或行走70%以上的时间； （3）视力及听觉正常，触觉及嗅觉敏锐
岗位关系	纵向关系	接受大班司机直接领导，接受大班司机的业务指导
	横向关系	与当班其他岗位具有协作关系
岗位职责	工作职责	（1）遵守各项安全生产法律、法规及安全操作规程，依据有关的安全操作规程和管理制度，做好本岗位工作，主动配合各岗位共同完成修井工作的各项生产任务； （2）遵守柴油机操作和保养，填写有关运转和检维修保养记录； （3）保管好职责范围内的工具、器材，与驾驶人员、泵工协同合作，保证车辆设备完好，确保安全施工； （4）负责本职所属范围的动力与照明、电器、线路的安装、检查、维修； （5）每天按巡回检查路线检查，检查设备电器部分使用状况，处理设备因电器方面发生的故障； （6）配合操作者做好电器设备的保养； （7）遵守各项安全技术规程，负责好本岗相关质量管理和安全、环保、职业健康管理体系的记

续表

<table>
<tr><th colspan="2">项 目</th><th>主要内容</th></tr>
<tr><td rowspan="2">岗位职责</td><td>工作职责</td><td>录，做好修理用料记录和工时记录；
（8）完成领导交办的其他工作任务</td></tr>
<tr><td>安全职责</td><td>（1）贯彻国家有关安全生产的方针、政策、法律、法规、标准、规范和上级有关安全生产的规章制度；
（2）负责对本岗位操作的柴油机进行经常性的维护保养，做好岗位巡回检查和噪声防护；
（3）负责所辖区域环保，防止油污染环保事件发生；
（4）做好油罐区防火防爆工作；
（5）参加安全教育培训、事故预案演练和岗位技术练兵等安全活动，增强事故预防和应急处理能力；
（6）负责井场生产动力、生活区照明、电器等用电电缆的布置、牵拉、架设、连接，严格执行高低压用电线分离架设；
（7）每日检查配电设施、动力设备、电线电缆等电器设备；
（8）按规范安装避雷针装置，定期对发电房、MCC房（电机控制中心）、避雷针装置等设备设施的接地电阻的检测；
（9）修井机主机（重型机械）搬迁前，负责对其传动、液路、气路、轮胎、电路、灯光、雨刮器等设施检查</td></tr>
<tr><td colspan="2">岗位工作内容</td><td>（1）操作责任：
①执行交、接班制度；
②按照巡回检查路线进行详细检查；
③负责配电房（配电柜）、发动机、发电机、机泵组、高架油罐、井场电路、照明设施操作作业务指导，与班组人员配合完成起放井架、压井、换装井口、起下油管、通井、刮管等作业；
④发生溢流、井涌、井喷时，与其他岗位配合完成关井作业；
⑤掌握配电房（配电柜）、发动机、发电机、机泵组、高架油罐、井场电路、照明设施等设备参数及技术状况；
⑥正确排除设备故障，先行解决本岗位突发情况，并及时汇报；
⑦定期进行接地电阻检测，准确记录检测值；
⑧填写发电机组、动力机组、修井机日报表及交接班巡回检查记录并签字确认；
⑨完成大班司机临时安排给本岗位的其他任务。
（2）生产组织责任：
①参加班前会，了解生产状况，接收作业指令；
②严格执行生产作业指令；
③严格执行安全操作规程；
④严格执行巡回检查制、交接班制、设备维修保养制度；
⑤协助大班司机完成本岗位设备维修保养；
⑥完成搬迁、安装、设备拆卸等程序；
⑦严格执行上级及本队各项规章制度；
⑧完成大班司机安排的其他工作；
⑨参加班后会，对当班工作进行总结。
（3）管理责任：
①协助大班司机对修井设备的管理及故障检维修；
②协助大班司机管理生产油料，参与油料验收及卸油过程操作，填写记录油料领用、使用及消耗台账；
③协助大班司机对动力设备、用电设施、照明设施的使用管理。
（4）安全责任：
①执行QHSE的各项规定，发现不安全因素及时处理，处理不了的采取防范措施，及时上报；
②参加应急预案演练；
③正确使用劳动防护用具；
④熟练使用和维护安全防护设施、消防器材和急救器具；
⑤制止和纠正“三违现象”；
⑥处置突发事故，及时汇报，保护现场并详细记录；</td></tr>
</table>

续表

项　目	主要内容
岗位工作内容	⑦执行各项安全操作责任； ⑧执行机械、设备、人身安全责任
工作权限	（1）对违章指挥有拒绝权，对违章操作有制止权； （2）对本岗位突发情况有先行处置权； （3）有权拒绝使用不合格产品； （4）有权提出合理化建议和改进意见； （5）有权对危害生命安全和身体健康的生产条件和行为，提出意见、检举和控告； （6）有权在严重危及生命安全、不可抗拒的紧急情况下，采取必要措施避险，并立刻报告； （7）有权对生产过程中发现的安全隐患，采取适当的应急处理措施，并立刻报告
职业生涯发展规划	（1）在本岗位具有良好的工作业绩，达到高一层次任职条件，可以晋升到井下作业队高一级岗位； （2）可以在公司内部进行相应岗位流动或轮换
考核关系	接受本队的工作考核

2. 工艺流程图

作业机司机工作工艺流程如图18-1所示。

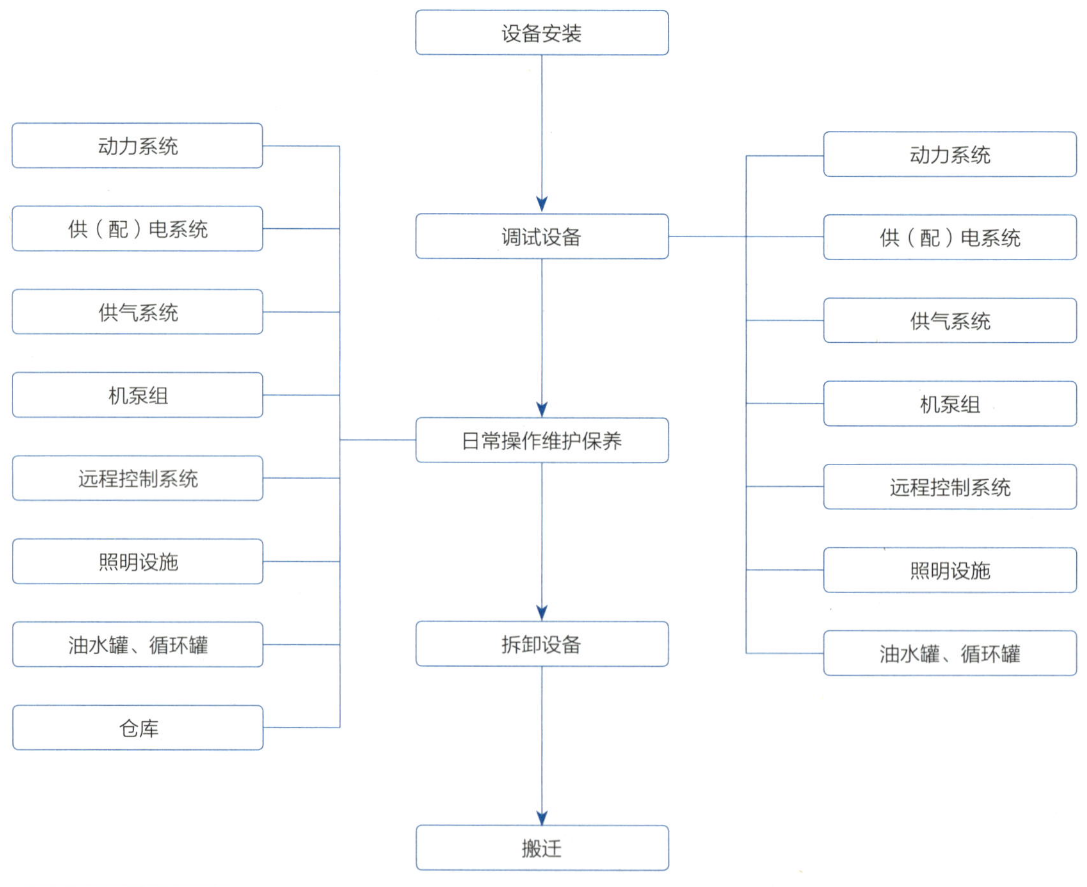

图18-1　作业机司机工作工艺流程

3. 工作流程图

作业机司机工作流程如图18-2所示。

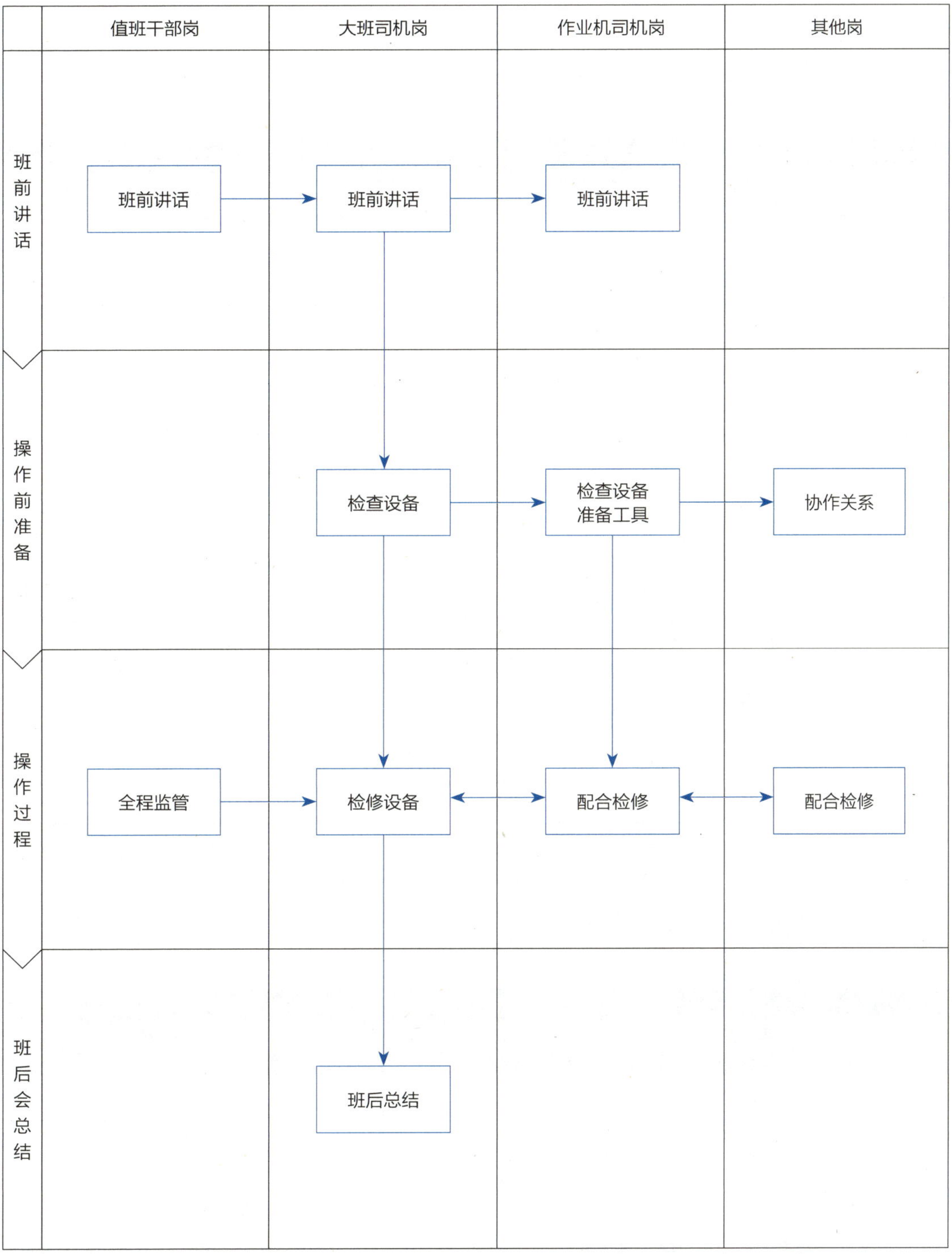

	值班干部岗	大班司机岗	作业机司机岗	其他岗
班前讲话	班前讲话	班前讲话	班前讲话	
操作前准备		检查设备	检查设备 准备工具	协作关系
操作过程	全程监管	检修设备	配合检修	配合检修
班后会总结		班后总结		

图18-2 作业机司机工作流程

第二节 岗位标准化操作规程

1. 交接班标准化操作规程

1）接班

接班标准化操作规程如表18–2所示。

表18–2 作业机司机接班标准化操作规程

工作内容	工作步骤	工作标准	风险提示
班前检查	（1）穿戴劳保用品； （2）按接班要求进行接班前的检查； （3）发现的问题反馈给大班司机； （4）询问、了解设备及安全生产情况	（1）劳保用品穿戴齐全、规范； （2）设备、工具检查全覆盖； （3）问题反馈清楚全面； （4）了解当前施工、设备、井下情况	（1）劳保用品穿戴不齐，容易发生人身伤害事故； （2）设备检查遗漏，有问题不能及时发现，可能导致使用过程中发生故障，造成人身伤害及影响生产； （3）发现的问题未反馈，交班不能及时整改，设备带病工作，易发生事故； （4）施工情况了解不清，可能造成设备损坏或井下复杂情况
班前会	（1）巡检后，参加班前会； （2）汇报检查情况； （3）接收大班司机、司机当班作业指令及注意事项，对作业内容进行危害分析，执行本岗位具体施工任务	（1）按时参加班前会； （2）汇报清楚，不漏报； （3）了解施工任务情况及安全注意事项，危害分析全面	（1）不参加班前会，将不了解工作情况，容易导致事故或人员伤害； （2）汇报不全，交接不清，易发生事故； （3）不进行危害分析易导致安全事故的发生，分配不具体会导致怠工、误工的发生，记录不齐全不符合资料存档规范
接班	执行本岗位生产施工任务	执行生产施工任务要兼顾安全	忽视安全，可能会造成人员安全意识淡薄，发生伤害事故

2）交班

交班标准化操作规程如表18–3所示。

表18–3 作业机司机交班标准化操作规程

工作内容	工作步骤	工作标准	风险提示
交班	（1）查清本班设备运转情况及当前施工情况； （2）对接班作业机司机提出的问题进行整改	（1）施工情况、设备、工具状况交接清楚全面； （2）职责、能力范围以内的问题立即整改	（1）设备交接有遗漏、交接不清，易发生故障，影响生产； （2）问题整改不全，遗留隐患，易导致误工或事故发生
班后会	交班后，参加班后会，具体总结、分析本班工作情况	总结内容具体、全面	不参加班后会，本班工作无人讲评，问题、经验不能及时总结

2. 巡回检查标准化操作规程

巡回检查路线如图18–3所示。

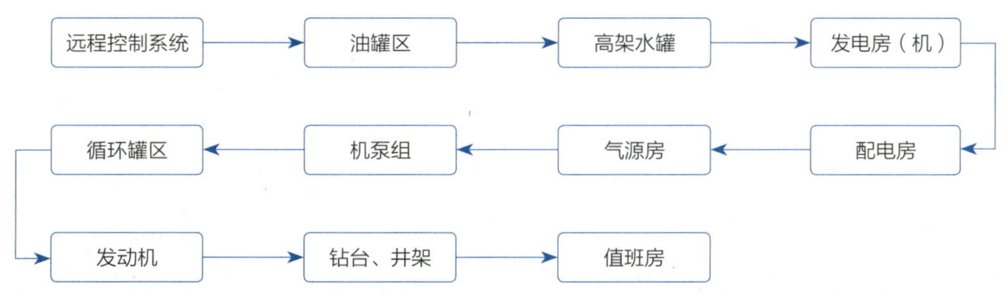

图18–3 作业机司机巡回检查路线

巡回检查标准化操作规程如表18–4所示。

表18–4 作业机司机巡回检查标准化操作规程

工作内容	操作步骤及标准	风险提示	风险规避措施
远程控制系统： （1）听电机运转声音及查看电机运行方向； （2）检查电机温度； （3）检查接线情况； （4）检查电动机固定； （5）压力表； （6）照明设施； （7）电缆进、出线； （8）开关标志牌	（1）听电机运转声音及查看电机运行方向正常，无异味； （2）电机温度不能过高； （3）接线正确、紧固，无氧化、损伤、漏电现象，必须安装接地线，接线符合要求； （4）电动机垫圈、固定螺栓和顶丝齐全，不缺、无松动； （5）防振压力表量程符合要求，表盘清洁，指示灵敏、准确，密封完好，必须在有效期内使用； （6）照明良好，应急灯完好，采用防爆灯且系好安全绳； （7）安装规范，电缆入槽，强弱电分离，电缆完好无老化破损，进线口必须防爆； （8）开关标示对象准确，安全标志牌齐全	（1）电机内部异响、长时间反向运行，致使系统打压慢、压力不足或电机烧毁，造成井控风险或人身伤害； （2）温度过高易造成电机烧毁及人身伤害； （3）在设备漏电的情况下，接地装置不合格，会发生触电事故； （4）电动机不稳定，易造成撞伤、跌伤、压伤，设备损坏； （5）压力表量程不符合要求，表盘不清洁、指针阻卡、密封损坏，造成读数不准确，影响判断，超有效期，易造成示值不准确； （6）视线不清，影响操作，未采用防爆照明设施易造成电器受潮，引发电器安全事故，未系安全绳，易造成坠落伤人； （7）接线杂乱，易引起接线错误，使设备不能运转，漏电危及人身安全； （8）标志牌缺失，不清楚，已造成误操作，不能准确提示	（1）仔细检查电机有无异常响声，运行方向正确； （2）观察电机温度有无异常，必要时使用测温仪检测； （3）检查接地线，安装位置不影响人员进出，各接线点连接紧固，无氧化、损伤、漏电现象，接线盒有防水装置，定期检测接地电阻； （4）检查电动机垫圈、固定螺栓和顶丝齐全、固定牢靠； （5）定期清洁表盘，防止磕碰，定期检验； （6）照明灯、应急灯损坏及时更换，采用防爆灯且需要系安全绳； （7）按规范要求连接、紧固，电缆入槽，强弱电分离，老化破损电缆及时更换，进线口必须防爆； （8）开关标示对象准确，安全表示牌齐全，定期检查

续表

工作内容	操作步骤及标准	风险提示	风险规避措施
油罐区： （1）安装情况； （2）配电箱； （3）仪表、指示灯； （4）开关标识； （5）跨接线、接地线； （6）电缆进、出线； （7）释放静电装置； （8）罐体及闸门开关； （9）柴油过滤器； （10）消防器材、标志牌及安全警戒带； （11）油料储备	（1）油罐安装满足“平、稳、正”要求，底部承重部位与地面完全接触，地面满足油罐承重需求，无塌陷、裂纹产生，安装防渗膜； （2）性能良好，无短路、断路、漏电现象；电器元件无超温、超负荷现象，无烧焦气味，保证“一机一闸一开关”的用电管理原则；配电箱前垫1m²绝缘胶皮； （3）仪表齐全、完好，指示准确； （4）开关标识对象明确； （5）连接装置准确，接地线电缆符合标准，定期测试电阻值； （6）安装规范，电缆入槽，强弱电分离，电缆完好无老化破损； （7）安装规范，标识清楚，按需检测电阻值； （8）无锈蚀及燃油泄漏，闸门开关灵活有效，开关位置无误； （9）柴油过滤器固定牢固，无渗漏，排空空气，滤芯定时更换； （10）灭火器齐全、有效，油罐四周全封闭管理，标志牌清晰，摆放35kg干粉灭火器2具，不低于油罐区5m； （11）按需提报	（1）地面承重强度不够，地面塌陷，造成设备损坏，环境污染及安全隐患； （2）配电箱未垫绝缘胶皮，易造成触电隐患； （3）仪表、指示灯故障，影响正常操作及故障判断； （4）标识不清，易造成误操作并发生事故； （5）漏电伤人，损坏设备； （6）接线杂乱，易引起接线错误，使设备不能运转，漏电危及人身安全； （7）产生静电，危及人身设备安全； （8）燃油泄漏，污染环境及影响人身设备安全； （9）柴油过滤器渗漏，易造成环境污染、设备故障； （10）灭火器失效，不能应急使用，未使用警戒带全封闭管理，不能保证人员设备安全，标志牌缺失，不清，不能准确提示； （11）未及时提报影响施工进度	（1）满足油罐安装要求，加强巡回检查； （2）定期检查、调试，及时除尘，垫绝缘胶皮； （3）定期检查，确保完好； （4）保证标识对象明确； （5）及时紧固，保证连接良好，定期检测； （6）按规范要求连接、紧固，电缆入槽，强弱电分离，老化破损电缆及时更换； （7）定期检查，标识清楚，按需检测电阻值； （8）定期检查及调试闸门开关； （9）定期检查过滤器底座固定牢固，无渗漏、排空空气，滤芯半年更换一次； （10）灭火器及时检查更换，油罐四周全封闭管理，标志牌擦拭干净，补齐，摆放35kg干粉灭火器2具，距油罐区5m； （11）及时提报油料计划
高架水罐： （1）配电箱； （2）开关标识； （3）接地线； （4）电缆进、出线	（1）性能良好，无短路、断路、漏电现象，电器元件无超温、超负荷现象，无烧焦气味，保证“一机一闸一开关”的用电管理原则，配电箱前垫1m²胶皮； （2）开关标识对象明确； （3）连接装置准确，接地线电缆符合标准，定期测试电阻值； （4）安装规范，电缆入槽，强弱电分离，电缆完好无老化破损	（1）配电箱未垫绝缘胶皮，易造成触电隐患； （2）标识不清，易造成误操作并发生事故； （3）漏电伤人，损坏设备； （4）接线杂乱，易引起接线错误，使设备不能运转，漏电危及人身安全	（1）定期检查、调试，及时除尘，配电箱前垫胶皮； （2）保证标识对象明确； （3）及时紧固，保证连接良好，定期检测； （4）按规范要求连接、紧固，电缆入槽，强弱电分离，老化破损电缆及时更换

续表

工作内容	操作步骤及标准	风险提示	风险规避措施
发电机（房）: （1）安装情况; （2）照明设施; （3）检查接线情况; （4）设备“跑、冒、滴、漏”现象; （5）油水位; （6）电瓶; （7）各类仪表; （8）固定; （9）运行状况; （10）油、气、水管线; （11）皮带; （12）冷却、润滑; （13）滤芯器; （14）消防器材及标志牌; （15）清洁卫生	（1）发电房安装满足“平稳正”要求，底部承重部位与地面完全接触，地面满足发电房承重需求，无塌陷、裂纹产生；发电房下安装防渗膜，发电房内全部垫绝缘胶皮; （2）照明良好，采用防爆灯具; （3）接线正确、紧固，无氧化、损伤、漏电现象，必须安装接地线，接线符合要求; （4）杜绝设备“跑、冒、滴、漏”现象; （5）机油液位应位于“LOW”与“FULL”之间，防冻液应在膨胀水箱最低刻度与最高刻度线之间，但不超过膨胀水箱最高刻度线; （6）电瓶电量充足，电解液液位应高于极板以上10~15mm，但不超过最高刻度线；电瓶桩子保养到位，牢固无氧化；电瓶卡子紧固无松动；电瓶应安装在电瓶箱内，且电瓶上部应有绝缘胶皮将其完全遮盖; （7）仪表量程符合要求，表盘清洁，指示灵敏、准确，密封完好，仪表在有效期内使用; （8）各点固定牢固，无松动; （9）设备整机运转平稳，功率输出正常; （10）各管线连接良好，无渗漏; （11）运转平稳，皮带无损坏，皮带松紧度适合，护罩齐全牢靠; （12）运行温度，润滑油压力、黏度符合设备使用要求; （13）每周检查空气滤清器，600h更换机油滤清器及柴油滤清器，压差不能超过105kPa，1000h更换空气滤清器; （14）配备二氧化碳灭火器2	（1）发电机抖动过大易造成发电房移位，发电机运行不平稳，影响性能并导致机械事故；地面承重强度不够，地面塌陷，造成设备损坏及用电安全隐患；未安装防渗膜，造成环境污染；发电房未垫胶皮，易造成人员触电事故; （2）视线不清，影响操作；未采用防爆照明设施易造成电器受潮，引发电器安全事故; （3）在设备漏电的情况下，接地装置不合格，会发生触电事故; （4）设备“跑、冒、滴、漏”现象易造成设备故障、人身伤害及环境污染; （5）机油油量不能过多或过少，黏度过高或过低，易造成设备性能下降；防冻液冰点过高冬季导致设备损坏; （6）启动困难，产生火花，造成设备事故; （7）仪表量程不符合要求，检测超有效期，表盘不清洁、指针阻卡、密封损坏，造成读数不准确，影响判断; （8）固定不牢、振动过大，造成零部件松动加速设备损坏; （9）电压、电流、频率波动过大，易造成用电设备损坏; （10）功率下降加速密封件损坏，油料消耗量过大; （11）柴油机温度过高造成重大故障；皮带松紧度不适，造成皮带磨损较快或应发设备；护罩缺损失损坏，易造成机械伤人; （12）温度过低，降低燃油利用率，燃烧不充分；温度过高易造成设备重大事故；润滑油压力、黏度不符合标准，	（1）满足发电房安装要求，加强巡回检查; （2）损坏及时更换，定期调试，采用防爆照明; （3）检查接地线，安装位置不影响人员进出，各接线点连接紧固，无氧化、损伤、漏电现象；接线盒有防水装置，定期检测接地电阻; （4）加强设备“跑、冒、滴、漏”现象监控，发现问题及时修复; （5）定期检查油质油量按质更换，累计使用600h需更换，防冻液定期更换; （6）定期检查检测; （7）定期清洁表盘，防止磕碰，定期检验; （8）固定部位应逐点检查，避免遗漏; （9）保证发电机各性能良好; （10）发电机运转时逐项检查连接密封处，存在问题及时拆检; （11）检查皮带松紧度，有无偏磨、老化损坏，存在问题及时更换；定期检查; （12）发电机运转时运行温度、润滑油压力、黏度在正常范围内，存在问题及时检修; （13）根据发电机使用情况，定期清洁或更换滤清器; （14）灭火器及时更换，标志牌擦拭干净，补齐; （15）及时清洁

续表

工作内容	操作步骤及标准	风险提示	风险规避措施
发电机（房）: （1）安装情况; （2）照明设施; （3）检查接线情况; （4）设备“跑、冒、滴、漏”现象; （5）油水位; （6）电瓶; （7）各类仪表; （8）固定; （9）运行状况; （10）油、气、水管线; （11）皮带; （12）冷却、润滑; （13）滤芯器; （14）消防器材及标志牌; （15）清洁卫生	具，齐全、有效，标志牌清晰，配备防冻手套; （15）保持设备及作业环境清洁	导致设备早期磨损; （13）滤清器损坏、老化，造成发动机启动困难，功率不足，加速设备早期磨损，缩短使用寿命; （14）灭火器失效，不能应急使用；标志牌缺失，不清，不能准确提示；无防冻手套，易造成冻伤风险; （15）设备及作业环境不清洁，易加速设备老化腐蚀	
配电房: （1）安装; （2）电控柜; （3）仪表、指示灯; （4）开关标识; （5）接地线; （6）照明设施; （7）空调; （8）电缆出线; （9）湿度、温度; （10）消防器材及标志牌	（1）配电房安装满足“平稳正”要求，底部承重部位与地面完全接触，地面满足配电房承重需求，无塌陷、裂纹产生；配电内地板全部垫胶皮; （2）性能良好，无短路、断路、漏电现象；电器元件无超温、超负荷现象，无烧焦气味，保证“一机一闸一开关”的用电管理原则；电控柜前垫1m^{2}胶皮; （3）仪表齐全、完好，指示准确; （4）开关标识对象明确; （5）连接装置准确，接地线电缆符合标准，定期测试电阻值; （6）照明良好，应急灯完好; （7）运转正常; （8）安装规范，电缆入槽，强弱电分离，电缆完好无老化破损；远控系统必须连接专线，并粘贴“远控专用禁止断电”标志; （9）湿度、温度在规定范围内; （10）配备二氧化碳灭火器两具，齐全、有效，标志牌清晰；配备防冻手套	（1）地面承重强度不够，地面塌陷，造成设备损坏及用电安全隐患；未垫胶皮，易造成人员触电事故; （2）电控柜未垫胶皮，易造成人员触电事故; （3）仪表、指示灯故障，影响正常操作及故障判断; （4）标识不清，易造成误操作并发生事故; （5）漏电伤人，损坏设备; （6）视线不清，影响操作；未采用防爆照明设施易造成电器受潮，引发电器安全事故; （7）空调损坏，温度过高，加剧电器元件损坏; （8）接线杂乱，易引起接线错误，使设备不能运转；漏电，危及人身安全；未连接专线，易造成井控风险; （9）湿度、温度超过规定范围，电子元件易短路，漏电，缩短使用寿命; （10）灭火器失效，不能应急使用；标志牌缺失、不清，不能准确提示；无防冻手套，易造成冻伤风险	（1）满足配电房安装要求，加强巡回检查; （2）定期检查、调试，及时除尘; （3）定期检查，确保仪表、指示灯完好; （4）保证标识对象明确; （5）及时紧固，保证连接良好，定期检测; （6）照明设施损坏及时更换; （7）定期检查空调，保证正常工作，损坏及时修理; （8）按规范要求连接、紧固，电缆入槽，强弱电分离，老化破损电缆及时更换; （9）保证温度表、湿度表、除湿器好用，及时调控温度湿度; （10）灭火器及时更换，标志牌擦拭干净，补齐

续表

工作内容	操作步骤及标准	风险提示	风险规避措施
气源房： （1）安装； （2）电控柜； （3）仪表、指示灯； （4）开关标识； （5）接地线； （6）照明设施； （7）安全阀； （8）电缆出线； （9）压风机； （10）湿度、温度； （11）消防器材及标志牌	（1）气源房安装满足“平稳正”要求，底部承重部位与地面完全接触，地面满足气源房承重需求，无塌陷、裂纹产生； （2）性能良好，无短路、断路、漏电现象；电器元件无超温、超负荷现象，无烧焦气味，保证“一机一闸一开关”的用电管理原则；电控柜前垫1m^{2}胶皮； （3）仪表齐全、完好，指示准确； （4）开关标识对象明确； （5）连接装置准确，接地线电缆符合标准，定期测试电阻值； （6）照明良好防爆，应急灯完好； （7）安全阀完好且在有效期内； （8）安装规范，电缆入槽，强弱电分离，电缆完好无老化破损； （9）压风机皮带松紧度合适必须有防护罩； （10）湿度、温度在规定范围内； （11）灭火器齐全、有效，标志牌清晰	（1）地面承重强度不够，地面塌陷，造成设备损坏及用电安全隐患； （2）电控柜未垫胶皮，易造成人员触电事故； （3）仪表、指示灯故障，影响正常操作及故障判断； （4）标识不清，易造成误操作并发生事故； （5）漏电伤人，损坏设备； （6）视线不清，影响操作，未采用防爆照明设施易造成电器受潮，引发电器安全事故； （7）安全阀检测过期，超压破裂伤人事故； （8）接线杂乱，易引起接线错误，使设备不能运转，漏电危及人身安全； （9）皮带松紧度不合适，易造成温度高设备故障，没有安装护罩，易造成机械伤人； （10）湿度、温度超过规定范围，电子元件易短路，漏电，缩短使用寿命； （11）灭火器失效，不能应急使用，标志牌缺失、不清，不能准确提示	（1）满足气源房安装要求，加强巡回检查； （2）定期检查、调试，及时除尘； （3）定期检查，确保仪表、指示灯完好； （4）保证标识对象明确； （5）及时紧固，保证连接良好，定期检测； （6）照明设施损坏及时更换； （7）定期检测； （8）按规范要求连接、紧固，电缆入槽，强弱电分离，老化破损电缆及时更换； （9）按规范执行，定期检查； （10）保证温度表、湿度表、除湿器好用，及时调控温度湿度； （11）灭火器及时更换，标志牌擦拭干净，补齐
机泵组： （1）安装； （2）设备“跑、冒、滴、漏”现象； （3）油水位； （4）各类仪表； （5）固定； （6）运行状况； （7）油、气、水管线； （8）皮带； （9）冷却、润滑； （10）滤清器； （11）清洁卫生	（1）配电房安装满足“平稳正”要求，底部承重部位与地面完全接触，地面满足配电房承重需求，无塌陷、裂纹产生； （2）杜绝设备“跑、冒、滴、漏”现象； （3）机油液位应在“LOW”与“FULL”之间，防冻液应在膨胀水箱最低刻度与最高刻度之间，但不超过膨胀水箱最高刻度线； （4）仪表量程符合要求，表盘清洁，指示灵敏、准确，密封完好，仪表在有效期内使用； （5）各点固定牢固，无松动； （6）设备整机运转平稳，功率输出正常； （7）各管线连接良好，无渗漏；	（1）地面承重强度不够，地面塌陷，造成设备损坏及用电安全隐患； （2）设备“跑、冒、滴、漏”现象易造成设备故障、人身伤害及环境污染； （3）机油油量过多或过少，黏度过高或过低，易造成设备性能下降；防冻液冰点过高冬季导致设备损坏； （4）仪表量程不符合要求，检测超有效期，表盘不清洁、指针阻卡、密封损坏，造成读数不准确，影响判断； （5）固定不牢、振动过大，造成零部件松动加速设备损坏； （6）运行参数不稳定，易造	（1）满足发电房安装要求，加强巡回检查； （2）加强设备“跑、冒、滴、漏”现象监控，发现问题及时修复； （3）定期检查油质油量按质更换，累计使用700h需更换，防冻液定期更换； （4）定期清洁表盘，防止磕碰，定期检验； （5）固定部位应逐点检查，避免遗漏； （6）保证发动机工况完好； （7）柴油机运转时逐项检查连接密封处，存在问题及时拆检； （8）检查皮带松紧度，有无偏磨、老化损坏，存在问题及时更换，定期检查；

续表

工作内容	操作步骤及标准	风险提示	风险规避措施
机泵组： （1）安装； （2）设备“跑、冒、滴、漏”现象； （3）油水位； （4）各类仪表； （5）固定； （6）运行状况； （7）油、气、水管线； （8）皮带； （9）冷却、润滑； （10）滤清器； （11）清洁卫生	（8）运转平稳，皮带无损坏，皮带松紧度适合，护罩齐全，牢靠； （9）运行温度，润滑油压力、黏度符合设备使用要求； （10）每周检查空气滤清器，700h更换机油滤清器及柴油滤清器，压差不能超过105kPa，1000h更换空气滤清器； （11）保持设备及作业环境清洁	成设备损坏； （7）功率下降加速密封件损坏，油料消耗量过大； （8）柴油机温度过高造成重大故障，皮带松紧度不合适，皮带磨损较快或引发设备故障，无护罩易造成机械伤人； （9）温度过低，降低燃油利用率，燃烧不充分，温度过高易造成设备重大事故，润滑油压力、黏度不符合标准，导致设备早期磨损； （10）滤清器损坏、老化，造成发动机启动困难，功率不足，加速设备早期磨损，缩短使用寿命； （11）设备及作业环境不清洁，易加速设备老化腐蚀	（9）发动机运转时运行温度、润滑油压力、黏度在正常范围内，存在问题及时检修； （10）根据发动机使用情况，定期清洁或更换滤清器； （11）及时清洁
循环罐区： （1）配电箱； （2）仪表、指示灯； （3）开关标识； （4）接地线； （5）电缆进、出线； （6）搅拌机； （7）照明设施	（1）性能良好，无短路、断路、漏电现象；电器元件无超温、超负荷现象，无烧焦气味，保证“一机一闸一开关”的用电管理原则；安装防雨棚，配电箱前垫1m^{2}胶皮； （2）仪表齐全、完好，指示准确； （3）开关标识对象明确； （4）连接装置准确，接地线电缆符合标准，定期测试电阻值； （5）安装规范，电缆入槽，强弱电分离，电缆完好无老化破损； （6）搅拌机护罩齐全、完好； （7）照明良好，应急灯完好，采用防爆照明	（1）配电箱短路，易造成人身伤害、设备损坏；无防雨棚，电器短路故障；不垫胶皮，易造成人员触电事故； （2）影响正常操作及故障判断； （3）标识不清，易造成误操作并发生事故； （4）漏电伤人，损坏设备； （5）接线杂乱，易引起接线错误，使设备不能运转；漏电危及人身安全； （6）无护罩，易造成机械伤人； （7）视线不清，影响操作；未采用防爆照明设施易造成电器受潮，引发电器安全事故	（1）定期检查、调试，及时除尘； （2）定期检查，确保仪表、指示灯完好； （3）保证标识对象明确； （4）及时紧固，保证连接良好，定期检测； （5）按规范要求连接、紧固，电缆入槽，强弱电分离，老化破损电缆及时更换； （6）按规范要求安装，定期检查； （7）损坏及时更换，采用防爆照明
发动机： （1）设备“跑、冒、滴、漏”现象； （2）油水位； （3）电瓶； （4）各类仪表； （5）固定； （6）运行状况； （7）油、气、水管线； （8）皮带；	（1）杜绝设备“跑、冒、滴、漏”现象； （2）机油液位应在“LOW”与“FULL”之间；防冻液应在膨胀水箱最低刻度线2/3以上，但不超过膨胀水箱最高刻度线； （3）电瓶电量充足，电解液液位应高于极板以上10~15mm，但不超过	（1）设备“跑、冒、滴、漏”现象易造成设备故障、人身伤害及环境污染； （2）机油油量过多或过少，黏度过高或过低，易造成设备性能下降，防冻液冰点过高冬季导致设备损坏； （3）启动困难，产生火花，	（1）加强设备“跑、冒、滴、漏”现象监控，发现问题及时修复，安装防渗措施； （2）定期检查油质油量，按质更换，累计使用600h需更换，防冻液定期更换； （3）定期检查检测； （4）定期清洁表盘，防止磕

续表

工作内容	操作步骤及标准	风险提示	风险规避措施
(9)冷却、润滑； (10)滤清器； (11)消防器材及标志牌； (12)清洁卫生	最高刻度线；电瓶桩子保养到位，牢固无氧化；电瓶卡子紧固无松动；电瓶应安装在电瓶箱内，且电瓶上部应有绝缘胶皮将其完全遮盖； (4)仪表量程符合要求，表盘清洁，指示灵敏、准确，密封完好；仪表在有效期内使用； (5)各点固定牢固，无松动； (6)设备整机运转平稳，功率输出正常； (7)各管线连接良好，无渗漏； (8)运转平稳，皮带无损坏；皮带松紧度合适，护罩牢固齐全； (9)运行温度，润滑油压力、黏度符合设备使用要求； (10)每周检查空气滤清器，600h更换机油滤清器及柴油滤清器，压差不能超过105kPa；1000h更换空气滤清器； (11)灭火器齐全、有效，标志牌清晰； (12)保持设备及作业环境清洁	造成设备事故； (4)仪表量程不符合要求，检测超有效期，表盘不清洁、指针阻卡、密封损坏，造成读数不准确，影响判断； (5)固定不牢、振动过大，造成零部件松动加速设备损坏； (6)运行参数不稳定，易造成设备损坏； (7)功率下降加速密封件损坏，油料消耗量过大； (8)柴油机温度过高造成重大故障，皮带磨损较快，护罩缺失损坏，易造成机械伤人； (9)温度过低，降低燃油利用率，燃烧不充分，温度过高易造成设备重大事故，润滑油压力、黏度不符合标准，导致设备早期磨损； (10)滤清器损坏、老化，造成发动机启动困难，功率不足，加速设备早期磨损，缩短使用寿命； (11)灭火器失效，不能应急使用，标志牌缺失、不清，不能准确提示； (12)设备及作业环境不清洁，易加速设备老化腐蚀	碰，定期检验； (5)固定部位应逐点检查，避免遗漏； (6)保证发动机工况完好； (7)发动机运转时逐项检查连接密封处，存在问题及时拆检； (8)检查皮带松紧度无偏磨及老化损坏，存在问题及时更换，定期检查； (9)发动机运转时运行温度、润滑油压力、黏度在正常范围内，存在问题及时检修； (10)根据发动机使用情况，定期清洁或按时滤清器； (11)灭火器及时更换，标志牌擦拭干净，补齐； (12)及时清洁
钻台、井架： (1)照明设施； (2)固定； (3)电缆进、出线	(1)照明良好，采用防爆灯具，保险绳完好； (2)各点固定牢固，无松动； (3)安装规范，电缆入槽，强弱电分离，电缆完好无老化破损	(1)视线不清，影响操作，未采用防爆照明设施易造成电器受潮，引发电器安全事故，无保险绳，易造成砸伤事故； (2)固定不牢、振动过大，造成零部件松动加速设备损坏； (3)接线杂乱，易引起接线错误，使设备不能运转，漏电危及人身安全	(1)损坏及时更换，定期调试，采用防爆灯具； (2)固定部位应逐点检查，避免遗漏； (3)按规范要求连接、紧固，电缆入槽，强弱电分离，老化破损电缆及时更换
值班房： (1)照明设施； (2)电缆出线； (3)修井机日报表、动力机组日报表、	(1)照明良好，采用防爆灯具； (2)安装规范，电缆入槽，强弱电分离，电缆完好无老化破损；	(1)视线不清，影响操作，未采用防爆照明设施易造成火灾，引发电器安全事故； (2)接线杂乱，易引起接线	(1)损坏及时更换，定期调试，采用防爆灯具； (2)按规范要求连接、紧固，电缆入槽，强弱电分离，老化破损电缆及时更换；

续表

工作内容	操作步骤及标准	风险提示	风险规避措施
发电机组日报表	(3)填写准确、整洁、及时，无漏填内容	错误，使设备不能运转，漏电危及人身安全； (3)报表填写不全，易导致对当班施工情况了解不清，设备运行情况不清楚	(3)按规范要求填写，无遗漏

3. 标准化操作规程

1）设备搬迁

井场设备搬迁标准化操作规程如表18–5所示。

表18–5　作业机司机井场设备搬迁标准化操作规程

工作内容	操作步骤及标准	风险提示	风险规避措施
井场设备搬迁作业	(1)准备好工具、推拉杆、牵引绳等用品，做好搬迁前准备； (2)吊装作业执行好相关吊装作业安全操作规程； (3)使用吊车作业时，签订好交叉作业协议书，严格执行好相关规定； (4)人员作业时，监督本班人员穿戴齐全劳保用品，岗位配合作业时，做好配合，做到“三不伤害”； (5)带领班组人员按规定顺序装车并固定牢固	(1)工具使用不当，造成伤害； (2)绳套拴挂不牢，绳径小导致构件坠落； (3)使用不标准绳套,绳套严重变形、断丝、锈蚀，导致绳套断裂伤员或摔坏设备； (4)起吊时脱落人员被绳套弹打，手扶位置不当被绳套挤伤； (5)人员站位不正确，在吊物下走动、停留等易造成人身伤害	(1)正确使用工具，各岗位之间加强配合，做到“三不伤害”； (2)钢丝绳套拴挂牢固，根据被吊物选择合适绳套； (3)钢丝绳套应无打扭、接头、电弧烧伤、退火、挤压扁等缺陷； (4)人员站位正确，使用推拉杆或牵引绳； (5)执行好相关标准规定，严禁交叉作业，危险区域内人员不得停留

2）设备安装

设备安装标准化操作规程如表18–6所示。

表18–6　作业机司机设备安装标准化操作规程

工作内容	操作步骤及标准	风险提示	风险规避措施
安装前准备	(1)准备好工具、防护用品，做好安装前准备； (2)吊装作业执行好相关吊装作业安全操作规程，人员作业时，监督岗位人员穿戴齐全劳保用品，岗位配合作业时，做好配合，做到“三不伤害”	(1)工具使用不当，造成伤害，高处坠落； (2)使用不标准绳套，绳套严重变形、断丝、锈蚀，导致绳套断裂，危及人身及设备安全，绳套未拴挂牢起吊时脱落，人员被绳套弹打，手扶位置不当被绳套挤伤	(1)佩戴好安全带； (2)严格执行设备安装规程，保证安装质量，钢丝绳套应无打扭、接头、电弧烧伤、退火、挤压扁等缺陷，钢丝绳套拴挂牢固、人员站位正确，使用推拉杆或牵引绳，岗位之间加强配合，做到“三不伤害”

续表

工作内容	操作步骤及标准	风险提示	风险规避措施
吊装摆放： （1）吊装摆放发电房； （2）吊装摆放配电房； （3）吊装摆放油罐区； （4）吊装摆放机泵组	（1）发电房一次就位，放置于预制好的基础上，发电房底座与基础之间无异物，保证发电房水平位置； （2）就位配电房，与发电房对齐，放置于预制好的基础上，配电房底座与基础之间无异物，保持配电房水平位置，保证配电房与发电房之间不低于2m的人行通道，通道内不允许摆放杂物，距离井口直线不得低于30m； （3）就位油罐在发电房斜后方，两者直线距离不低于30m； （4）辅助机泵组一次就位，放置于预制好的基础上，底座与基础之间无异物，保证机泵组水平位置	设备吊装就位时使用绳套不符合标准及未使用牵引绳，导致绳套断裂伤人或摔坏设备；就位时多人指挥，有时手势不明确、配合失误，易造成人身伤害	设备吊装就位时使用符合要求的标准绳套，必须使用牵引绳；专人指挥、手势明确、配合得当，并按标准安装
设备连接安装	（1）连接机组之间的进回油管线； （2）安装发动机消声器，将房子之间的防雨板搭接好； （3）安装发电房、配电房用电设施，供电电缆、控制电缆顺序一致，连接紧固，整齐美观；连接配电房与各动力设备的动力电缆、控制电缆及照明设施电缆；做到强弱电分离铺设；井场内电缆布线采用专用电缆槽走线，不能进电缆槽的架空高度应不小于2.5m，跨越人行道路时，距地面高度大于3m，跨越通车道路时，距地面高度应大于4.5m；以电缆作为照明电源线的，可采取架空的方式，也可将电缆埋入地下，深度不小于0.6m	（1）安装油管线时不紧固、排列不整齐，易造成油管线损坏，漏油污染环境及造成安全隐患；设备供油不足，进气停机，影响设备使用； （2）安装消声器不标准，造成振动过大；损坏波纹管，雨水进入发动机，发生设备事故；防雨板搭接不到位，下雨时易造成电线连接处短路、漏电，损坏设备及人身伤害； （3）相序不一致，使用电设备不能正常工作；控制电缆安装错误无法控制设备启停；各动力电缆连接不紧固，易造成电缆过热，产生火花，烧损电缆及用电器；照明设施安装不到位，夜间施工视线不清，易引发事故；电缆未进电缆槽，易加快电缆老化；布线杂乱，漏电伤人且不利于故障排除；架空高度及埋藏深度不足，过往车辆易拉断及压坏电缆伤人	（1）避免油管线碰伤、挤压，保证外表无破损，各连接接口密封紧固无渗漏、无滴油现象； （2）消声器连接、固定紧固，波纹管无破损，防雨板搭接到位，不漏、不渗，保证电线干燥的工作环境； （3）辅助零件连接处必须清洁无污物，电缆绝缘层无破损，电缆连接处清洁，固定牢固、走向清晰，无障碍物避免电磁干扰；电缆布线必须进电缆槽，按标准高度及深度架空和埋藏，按标识对点安装

3）设备调试

设备调试标准化操作规程如表18-7所示。

表18-7 作业机司机设备调试标准化操作规程

工作内容	操作步骤及标准	风险提示	风险规避措施
柴油发电机组	（1）启动前对柴油机各部件进行仔细检查，油、气、水、电、防冻液等符合使用要求，仪表和控制面板、关机和报警组件复位； （2）检查发电机与电控动力、控制电缆连接正确无误后方可启动发电机，切断输出总电源，并调试正常； （3）调试时应用兆欧表测量各项绝缘阻值，其阻值应符合要求； （4）启动发电机，按规定检查发电机运转情况及运行参数； （5）调整发电机到工作状态，闭合断路器合闸上网； （6）依次调试备用发电机	（1）润滑、冷却恶化损坏设备，仪表、关机组件不复位无法启动发电机； （2）电缆动力、控制电缆连接错误，易造成与对应控制不符，未切断输出总电源，易造成重大设备及人身伤害； （3）尘土过多、湿度过大，发电机绝缘阻值过低，使定子线圈损坏，或漏电伤人； （4）发电机运转部位连接不牢固、周围有异物，启动前没有发出信号或参数异常，易造成设备及人身伤害； （5）发电机参数异常易造成用电设备、发电机以及人身伤害	（1）润滑油和防冻液不足时及时添加，仪表和控制面板，关机和报警组件及时复位； （2）电缆线做好标记，安装时对应好标识，切断输出总电源； （3）定期做好发电机除尘、除湿工作，保证发电机工作环境良好； （4）启动前仔细检查发电机周围环境，保证无污物杂物，安全保护装置安装牢固，运行参数正常； （5）保证发电机各项参数在正常工作范围内； （6）调整备用发电机使其性能及参数达到正常工作状态
柴油发动机组	（1）启动前对柴油机各部件进行仔细检查，油、气、水、电、防冻液等符合使用要求，仪表和控制面板、关机和报警组件复位； （2）检查柴油发动机组分动箱处于工作状况，换挡阀处于空挡； （3）启动柴油发动机组，按规定检查发电机运转情况及运行参数	（1）润滑、冷却恶化损坏设备，仪表、关机组件不复位无法启动柴油机； （2）分动箱未处于工作状况，驾驶室换挡阀未处于空挡，断气刹未处于关闭状态，则整机处于行驶状态，易造成设备及人身伤害； （3）发动机运转部位连接不牢固、周围有异物，启动前没有发出信号或参数异常，易造成设备及人身伤害	（1）润滑油和防冻液不足时及时添加，仪表和控制面板，关机和报警组件及时复位； （2）保证发动机分动箱处于工作状况，换挡阀处于空挡； （3）启动前仔细检查发动机周围环境，保证无污物杂物，安全保护装置安装牢固，运行参数正常
配电房及用电附属设备	（1）配电房控制中心各控制开关、显示器以及照明系统正常； （2）储备罐、高架水罐、污水罐、井架照明等附属用电设备动力，控制电缆连接和开关均处在断开位置； （3）各电机启动前用兆欧表测量各项绝缘阻值，其阻值应符合要求； （4）电机控制中心各输出开关在断开位置，柜门关闭，各指示灯、仪表正常； （5）检查配电房内有无杂物摆放	（1）控制开关、显示器损坏使操作人员无法操作设备；照明系统故障，视线不清，影响操作； （2）闸刀在合闸位置，人员安装电缆时造成人身伤害； （3）尘土过多、湿度过大，发电机绝缘阻值过低，使定子线圈损坏，或漏电伤人； （4）开关在闭合位置，送电后未检查用电设备造成设备损坏及人身伤害；各仪表指示灯不正常，无法检测使用情况； （5）配电房内摆放杂物，影响人员操作	（1）保证配电房环境清洁，湿度、温度合适，线路连接紧固，开关灵活可靠，显示器及照明系统工作正常； （2）停机前所有闸刀应在停机位置，各柜体内无杂物，清洁干燥，无损坏，接地线连接牢固，定期检测电阻； （3）定期检测电机绝缘阻值，环境湿度大时合电加热除湿； （4）使用前检查断路器应在断开位置，各指示灯、仪表工作正常； （5）及时清理杂物

4）日常维护保养

日常维护保养标准化操作规程如表18-8所示。

表18-8 作业机司机日常维护保养标准化操作规程

工作内容	操作步骤及标准	风险提示	风险规避措施
发电机及发动机组: (1)检查冷却系统; (2)检查润滑系统; (3)检查燃油系统; (4)测试发电机定子和励磁绝缘; (5)检查进排气系统; (6)各种仪表和报警指示灯; (7)蓄电池液面、排气孔和充电系统; (8)风扇皮带紧固程度; (9)所有电器连接	(1)水泵供水正常温度合适,风扇皮带松紧合适,定期保养风扇轴承,散热水箱清洁,水位在最低刻度线以上2/3处,但不超过最高刻度线,检查水管线连接不渗不漏; (2)机油液位在“LOW”与“FULL”之间,按质按时更换机油及滤清器; (3)排放燃油箱水和其他沉淀物,保证清洁、检查更换燃油系统粗细滤器,燃油加注符合“三过滤一沉淀”要求; (4)定期测试发电机定子和励磁绝缘阻值,温度在标准范围内,清洁发电机内部灰尘; (5)检查空气滤清器保养指示器,清洁空气滤清器,不破损漏光,检查涡轮增压器固定、轴承,清洁积炭,各缸排温、排烟正常,无泄漏; (6)每天必须检查各种仪表,保证运行参数显示精确,报警指示灯灵敏可靠,能准确读取故障代码; (7)蓄电池液面高出极板10~15mm,密度符合要求,排气孔通畅,充电电压高出3V左右,充电电流符合要求,充电发电机安装固定运行无异常; (8)风扇运转平稳,皮带无损坏,松紧程度符合标准; (9)连接处清洁紧固,绝缘良好无老化破损	(1)冷却系统工作不正常,冷却液性能不符合标准,冷却液漏失液位不足,都将造成柴油机温度过高损坏设备; (2)润滑油不符合标准添加不及时,添加过多或过少,不按时更换滤芯,都将加剧设备磨损,造成设备故障损坏; (3)排污和滤芯更换不及时,燃油加注不符合要求,燃油杂质过多,造成柴油机功率不足、停机及喷油器、油泵损坏; (4)发电机内部尘土过多,绝缘阻值过低,造成发电机线圈损坏无法使用; (5)进排气系统检查不及时发生故障或过脏,造成燃烧不完全,柴油机功率不足,排温排烟异常,加速设备早期磨损; (6)仪表显示不正常不能观测发电机运转情况,不能准确监控设备状态,造成设备损坏; (7)电瓶排气孔堵塞,电解液液面高度不合适,充电电流过高或过低,易损坏蓄电池; (8)风扇皮带过松造成柴油机温度过高,产生重大故障; (9)连接固不牢引起烧损线路、电机损坏,造成人身伤害	(1)冷却液性能符合要求,液位在正常范围内,定期更换防冻液及滤芯,各配件保养及时,加强设备巡回检查; (2)定期检查油质油量按质更换,累计使用600h换滤芯和机油; (3)安排每班排放燃油箱及分水滤芯内污物和积水,保证燃油清洁,定期检查油质及滤芯,按时更换,累计使用600h更换,燃油加注符合“三过滤一沉淀”要求; (4)定期测试发电机定子和励磁绝缘阻值,温度在标准范围内,清洁发电机内部灰尘; (5)按指示器标准清洁、更换空气滤清器,累计使用1000h更换,确保无破损不漏光,清洁增压机叶轮和涡轮,保证正常供气,增压压力正常; (6)仪表不准确及时维修更换; (7)检查蓄电池液面高度,测量电解液密度; (8)检查皮带松紧度,有无偏磨、老化损坏,存在问题及时更换; (9)各控制开关及时检修紧固更换,保证正常使用
供(送)电系统: (1)空调; (2)室内清洁; (3)故障报警灯; (4)地线、电机急停;	(1)检查空调使用情况,要求室内温度在16~27℃范围内,空气流量满足使用要求; (2)电控房内保持清洁、	(1)温度过高、过低,造成电器元件发热损坏,热量不易散发; (2)室内灰尘多,造成设备连电短路,照明不	(1)保证空调性能的完好; (2)电控房内及时清理灰尘,室内杂物,保证照明设施完好; (3)及时分析故障报警灯

续表

工作内容	操作步骤及标准	风险提示	风险规避措施
(5)电动机; (6)整流柜; (7)控制开关、显示器、照明系统	干燥，各个门开关灵活，照明设施完好，室内不得有其他杂物; (3)记录各异常现象、故障指示、报警和故障代码; (4)检查接地线、接地端子完好，电机自带的急停检修按钮; (5)检查各电机运行正常，绝缘符合要求，经常测试出风口风量，距离井口直线不得低于30m; (6)整流柜内无故障或报警，观察面板显示清楚，柜内风机运转正常; (7)各控制开关、显示器以及照明系统正常	清操作错误易伤人; (3)故障报警灯出现异常现象，造成设备无法正常操作; (4)地线连接不良造成设备漏电易伤人，急停损坏设备无法紧急停车，不能起到保护作用; (5)设备振动大，造成设备早期损坏，风机风量少、散热差，电机绝缘损坏; (6)动力设备无法运行，风机损坏，整流柜温度高，电器设备绝缘损坏; (7)控制开关、显示器损坏使操作人员无法操作设备，照明系统故障，视线不清，影响操作	的各种异常现象，排除故障; (4)检查接地线、接地端子无锈蚀现象，电阻值小于4Ω，及时拆检急停，连锁装置; (5)及时检查电机运行，固定，清理风机风口; (6)分析整流柜报警原因，定期检修，清理柜内灰尘，检查风机; (7)保证配电房环境清洁，湿度、温度合适，线路连接紧固，开关灵活可靠，显示器及照明系统工作正常
供气系统	(1)每天检查储气罐工作压力，并放水排污，管线畅通无破损，密封良好; (2)每月检查单向阀、安全阀、压力表; (3)定期检测压力表、安全阀、气瓶罐体检测探伤周期	(1)管线破损、压力不足、气路水分多，造成气路阀件锈蚀，冬季堵塞气路，操作失灵; (2)单向阀、压力表、安全阀检查不到位，易发生事故伤人; (3)未定期检查检测探伤周期，可能造成设备及人身伤害	(1)及时放水排污，更换破损管线，保证气路密封良好; (2)定期检查单向阀、压力表、安全阀，如有问题及时拆检或更换; (3)严格按照设备检测周期定期检测
空气干燥系统: (1)除湿; (2)散热器; (3)控制阀; (4)散热器	(1)每天检查干燥器除水效果; (2)检查干燥器加热装置; (3)检查干燥器控制阀件; (4)每周检查干燥机散热装置	(1)气路中水分不能及时排除，气路水分多，造成气路阀件锈蚀，冬季堵塞气路，操作失灵; (2)加热装置失效，冬季施工堵塞气路，操作失灵; (3)阀件损坏，无法排除空气中的水分; (4)散热器堵塞，散热差，影响除湿效果	(1)保证干燥机自动排水正常; (2)定期检查加热装置; (3)定期拆检阀件，如有损坏及时修理或更换; (4)定期清理散热器灰尘
油罐区: (1)配电柜; (2)仪表、指示灯; (3)开关标识;	(1)性能良好，电器元件无超温、超负荷现象，无烧焦气味，保证“一机一闸一开关”的	(1)配电箱损坏，影响正常设备使用; (2)仪表、指示灯异常，影响正常操作及故障	(1)定期检查，及时除尘; (2)定期检查，确保仪表、指示灯完好; (3)定期检查，确保开关

续表

工作内容	操作步骤及标准	风险提示	风险规避措施
（4）中性线、地线； （5）电缆出线； （6）释放静电装置； （7）罐体及闸门开关； （8）柴油过滤器； （9）消防器材、标志牌及安全警戒带； （10）油料储备	用电管理原则； （2）仪表齐全、完好，指示准确； （3）仪表齐全、完好，指示准确； （4）连接装置准确，地线电缆符合标准，定期测试电阻值； （5）安装规范，电缆入槽，强弱电分离，电缆完好无老化破损； （6）安装规范，标识清楚，按需检测电阻值； （7）无锈蚀及燃油泄漏，闸门开关灵活有效，开关位置无误； （8）柴油过滤器固定牢固，无渗漏，排空空气，滤芯定时更换； （9）灭火器齐全、有效，油罐四周全封闭管理，标志牌清晰； （10）按需提报	判断； （3）开关异常，影响正常操作及故障判断； （4）连接不良，漏电伤人，损坏设备； （5）接线杂乱，易引起接线错误，使设备不能运转，漏电危及人身安全； （6）静电装置发生故障，易产生静电，威胁人生设备安全； （7）燃油泄漏，污染环境及人生设备安全； （8）柴油过滤器发生故障，易污染环境、设备故障； （9）灭火器失效，不能应急使用，未使用警戒带全封闭管理，不能保证人员设备安全，标志牌缺失、不清，不能准确提示； （10）未及时提报影响施工进度	完好； （4）及时紧固，保证连接良好，定期检测； （5）按规范要求连接、紧固，电缆入槽，强弱电分离，老化破损电缆及时更换； （6）定期检查，标识清楚，按需检测电阻值； （7）定期检查及调试闸门开关； （8）定期检查固定是否牢固，有无渗漏、排空空气，滤芯半年更换一次； （9）灭火器及时检查更换，油罐四周全封闭管理，标志牌擦拭干净，补齐； （10）及时提报油料

5）设备拆卸

设备拆卸标准化操作规程如表18-9所示。

表18-9 作业机司机设备拆卸标准化操作规程

工作内容	操作步骤及标准	风险提示	风险规避措施
发电机及其附件拆卸	（1）准备好工具，穿戴好防护用品，做好拆卸前准备； （2）拆除与配电房连接主电源电缆； （3）确保发电机及其附件完全冷却后拆除排气管	高处坠落，烫伤烧伤	佩戴好安全带，确保发电机及其附件完全冷却
配电房电缆拆卸	（1）准备好工具，穿戴好防护用品，做好拆卸前准备； （2）确保发电机停止运行，主电源未带电，所有开关处于关闭状态，拆除与发电机连接主电源电缆； （3）检查配电房内所有控制柜门完全关闭锁死，避免撞坏	电击伤人，设备损坏	确保发电机停止运行，主电源未带电，检查所有控制柜门完全锁死
动力电缆、控制电缆、照明设施拆卸	（1）准备好工具，穿戴好防护用品，做好拆卸前准备； （2）确保拆卸电缆未带电，拆除设备防爆接头，	电击伤人，电缆遗失	按操作步骤拆除电缆，岗位之间加强配合，做到“三不伤害”；加强

续表

工作内容	操作步骤及标准	风险提示	风险规避措施
动力电缆、控制电缆、照明设施拆卸	盖好防尘盖； （3）拆除后的电缆统一存放于密闭空间，防止受潮，避免缠绕、遗失； （4）拆除后的照明设施统一存放于配电房内，地面铺设胶皮，灯具玻璃朝下放置于胶皮上，避免损坏		保管，统一存放，避免遗失损坏
高架油罐	（1）准备好工具，穿戴好防护用品，做好拆卸前准备； （2）系好安全带，拆除高架油罐连接硬管线； （3）系好安全带，用不小于Φ16mm钢丝绳及3tU形环挂好高架罐吊耳；吊车试提高架罐取出支撑杆底部销子，用牵引绳牢牢拴住支撑杆，吊车缓慢下放高架罐；人员牵住牵引绳带动支撑杆缓慢后退，高架罐下放至人员能取出支撑杆顶部销子为止；吊车停止下放，保持平衡，将支撑杆尾部平稳放于地面；一人托住支撑杆顶部，一人取出顶部销子，取出销子后去支撑杆尾部抬起支撑杆，两人同时移动将支撑杆抬出高架罐底部，平稳放于地面，吊车继续下放高架罐，平稳放于高架罐支撑台； （4）拆除供回油软管线，统一存放于密闭空间，防止缠绕；软管线快速接头及高架油罐连接硬管线取出后需清洁包扎严实	绳套拴挂不牢，绳径或U形环小导致被吊物坠落，取支撑杆销子，可能造成人员夹伤，撞伤，压伤；软管线遗失，快速接头损坏，污染柴油	套拴挂牢固、人员站位正确，正确使用牵引绳；按要求使用钢丝绳及U形环，岗位之间加强配合协作，吊车使用时保持匀速平稳；软硬管线加强保管，统一存放，包扎严实